A MONSIEUR

HENRI GIFFARD

EN TÉMOIGNAGE DE MA VIVE AFFECTION

ET DE MON SINCÈRE DÉVOUEMENT

Gaston TISSANDIER

Décembre 1877.

HISTOIRE

DE

MES ASCENSIONS

RÉCIT DE VINGT-QUATRE VOYAGES AÉRIENS

(1868-1877)

PRÉCÉDÉ DE SIMPLES NOTIONS SUR LES BALLONS ET LA NAVIGATION AÉRIENNE

PAR

GASTON TISSANDIER

OUVRAGE ILLUSTRÉ DE NOMBREUX DESSINS

Par ALBERT TISSANDIER

PARIS

MAURICE DREYFOUS, ÉDITEUR

10, RUE DE LA BOURSE, 10

1878

... Je suivis les corps des deux martyrs de [illegible]. (Page 205.)

HISTOIRE

DE

MES ASCENSIONS

PRÉFACE

Tous les météorologistes s'accordent à reconnaître que les observations faites dans les régions élevées de l'air sont de nature à fournir des éléments d'une haute importance en faveur des progrès de la science du temps ; aussi a-t-on vu dans tous les pays civilisés, des savants se consacrer à la construction d'observatoires, au sommet des montagnes.

Le météorologiste, installé en permanence en haut d'un pic, peut entreprendre une série d'observations continues, et tous les hommes compétents sont d'accord sur l'utilité des stations de montagne pour l'étude des phénomènes aériens.

Mais, à côté de ces observatoires, la Science dispose en outre, pour étudier les grandes altitudes, des ressources que lui fournissent les aérostats, et que des catastrophes récentes ne doivent pas faire négliger. Les ballons nous donnent le moyen d'apporter à la Météorologie des observations précises sur les couches atmosphériques, où des reliefs du sol n'exercent aucune influence ; ils permettent au savant de suivre pendant un temps plus ou moins long, les courants qui se meuvent au sein de l'air, et de pénétrer dans des régions beaucoup plus élevées que celles où sont situées les stations de montagne.

a

Nous ne croyons pas qu'il soit nécessaire d'insister sur l'importance de l'aérostation scientifique. Elle est incontestable ; mais il nous semble d'ailleurs, que le meilleur moyen de plaider la cause des ascensions météorologiques en ballon, est d'énoncer succinctement le résumé des faits qui ont été recueillis pendant un certain nombre de voyages aériens. Le lecteur voudra bien tenir compte des difficultés matérielles qui entravent de semblables expéditions, quand, pour la plupart, elles ont été le fruit de l'initiative privée, et s'il trouve dans les pages qui suivent quelques observations qui lui paraissent dignes d'intérêt, il se rendra compte de l'importance de celles que pourraient recueillir des observateurs consciencieux et dévoués à la Science, s'ils avaient à leur disposition de plus importantes ressources.

Il y a environ dix ans, que pour la première fois l'horizon des nuages s'est ouvert à mes yeux, dans la nacelle d'un ballon. Depuis cette époque, j'ai exécuté un grand nombre de voyages aériens, dont je présente au public le récit complet.

La plupart de ces ascensions ont été exécutées avec mon frère, Albert Tissandier, qui a retracé à l'aide du crayon les spectacles sans cesse nouveaux, toujours intéressants, souvent incomparables, que l'atmosphère ouvre aux yeux de l'explorateur. Les nombreux dessins aérostatiques qu'il a faits d'après nature, forment une collection d'une haute valeur météorologique et artistique. Je n'émets pas seulement ici une opinion fraternelle, mais je traduis en même temps celle de quelques savants distingués, et d'appréciateurs impartiaux.

Il m'a semblé que le meilleur moyen de préparer le lecteur à suivre utilement le récit d'ascensions scientifiques, était de retracer succinctement les principaux faits de l'histoire des ballons. — Aussi, dans la première partie de cet ouvrage, me suis-je efforcé de condenser de *Simples notions sur les ballons et la navigation aérienne,* et de réunir en un seul groupe, des documents qu'il n'est plus permis à personne d'ignorer aujourd'hui.

L'Aéronautique, peut se diviser en cinq branches distinctes : 1° *le ballon* proprement dit; 2° *l'aérostation météorologique,* exploration et étude scientifique de l'atmosphère ; 3° *les ballons militaires,* aérostats captifs, reconnaissances militaires, poste aérienne ;

4° *direction des aérostats* et navigation aérienne ; 5° *aviation* ou vol mécanique dont le principe a été désigné sous le nom de *plus lourd que l'air*.

Le lecteur trouvera dans la *Première partie* le résumé des principaux événements qui se signalent dans l'histoire de l'aéronautique ainsi comprise ; il se rendra compte de l'état présent de la navigation aérienne, de ce que l'on peut en attendre dans l'avenir, en se basant sur les faits et en prenant pour guide les règles de la logique et du raisonnement scientifique.

La deuxième partie, comprend le *Récit de vingt-quatre voyages aériens*. Un diagramme explicatif, indique nettement le chemin parcouru pendant chaque voyage, l'altitude atteinte, la nature et la situation des nuages, la direction des courants, leur température et les circonstances atmosphériques qui s'y rattachent. De nombreuses gravures sur bois, dessinées par Albert Tissandier représentent les spectacles observés, les effets de nuages, les couchers du soleil, les phénomènes d'optique qui se sont offerts à nos yeux ; ces dessins très-exacts, accompagnent sans cesse les descriptions

J'ai toujours été de l'opinion de ceux qui veulent que la science soit présentée sous une forme attrayante et animée. Je me suis bien gardé de dépouiller le récit de son côté purement pittoresque, et j'ai voulu retracer avec fidélité les épisodes que nous avons rencontrés dans le pays des nuages.

Les ascensions en ballon, à la façon des jours, se suivent et ne se ressemblent pas. Le lecteur en jugera par l'histoire de celles que nous lui offrons, et qui comprend hélas ! à côté d'aventures émouvantes ou gaies, un drame effroyable, celui de la fin tragique de Crocé-Spinelli et de Sivel, morts pour la science dans les hautes régions de l'atmosphère.

Je ne terminerai pas ces quelques observations préliminaires sans adresser l'expression de ma gratitude à tous ceux qui nous ont facilité l'entreprise de nos expéditions aériennes. — Nous avons eu l'honneur d'avoir été encouragés par l'*Académie des Sciences*, par l'*Association scientifique de France*, par l'*Association française pour l'avancement des sciences*. Un grand nombre de

savants émérites nous ont facilité notre tâche, et nous ont prodigué les utiles ressources de leur expérience. —Nous ne devons
pas l'oublier.

M. Henri Giffard, auquel l'Aéronautique doit une véritable
transformation, et qu'un de nos grands publicistes, M. Emile de
Girardin, a si bien appelé le *Fulton de la navigation aérienne* nous
a assuré, avec sa libéralité habituelle, l'exécution matérielle
d'un grand nombre de nos ascensions. L'éminent ingénieur a
été notre Mécène; c'est à lui que nous avons voulu dédier les
pages qui vont suivre.

Je veux remercier aussi, avec autant de cordialité que de sympathie, les vaillants aéronautes qui m'ont si souvent prêté un
concours dévoué.

G. T.

Décembre 1877.

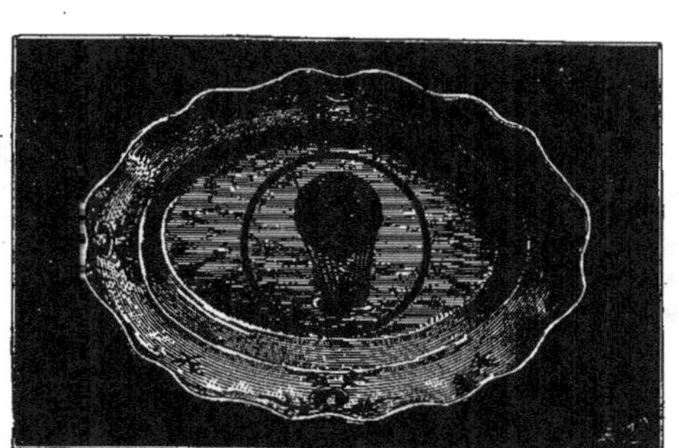

Plat de la fabrique de Saint-Amand figurant une ascension de Blanchard.

PREMIÈRE PARTIE

SIMPLES NOTIONS SUR LES BALLONS

ET LA NAVIGATION AÉRIENNE

CHAPITRE PREMIER

LES PRÉCURSEURS DES FRÈRES MONTGOLFIER

Il est probable que l'idée de s'élever dans l'air est très-ancienne. Le voyage légendaire d'Abaris qui fait le tour de la terre à cheval sur une flèche d'or, présent d'Apollon, l'histoire de l'oracle du fameux temple d'Hiérapolis qui monte au ciel, les infortunes de Dédale et d'Icare, les ascensions merveilleuses décrites dans les contes orientaux, et bien d'au-

1

tres fictions plus ou moins ingénieuses, nous donnent le témoignage des efforts, sinon matériels, au moins imaginaires, que l'homme a toujours faits pour s'affranchir des lois de la pesanteur. Le principe de l'aéronautique est si simple que l'on pourrait être porté à croire que quelque esprit ingénieux l'a conçu dès l'antiquité : pour imaginer le ballon, il suffit en effet de se rendre compte de ce fait élémentaire qu'une grande sphère d'étoffe mince, remplie d'air chaud plus léger que l'air ordinaire, doit monter dans l'atmosphère, exactement comme un morceau de bois s'élève dans l'eau, parce qu'il a une densité moindre que celle de ce liquide. Mais, d'autre part, ce qui nous permet vraisemblablement de supposer que l'expérience n'a jamais été faite dans les temps anciens, c'est que les physiciens d'alors n'avaient pas de notions exactes sur la nature de l'air, sur l'existence de gaz différents, sur leurs poids spécifiques ; c'est enfin que les récits qui nous sont restés d'ascensions dans l'atmosphère ne paraissent appartenir absolument qu'au domaine de la fable ; ils ne sont accompagnés d'aucun renseignement propre à mettre en évidence l'existence d'un système rationnel, ils rapportent un fait d'une façon trop obscure et trop incomplète pour qu'il soit possible d'y ajouter foi.

Nous ne dirons rien, par conséquent, de ces histoires plus ou moins invraisemblables, que l'on pourrait réunir en grand nombre ; nous ne parlerons ni de la fameuse colombe mécanique du philosophe Archytas qui, d'après Aulu-Gelle, se soutenait et volait dans l'air, en l'an 360 avant notre ère (¹), ni des anciens Capnobates de l'Asie Mineure, que la légende nous montre marchant dans l'atmosphère, ni de Simon le Magicien qui au dire de la fable volait dans l'espace, au temps de saint Pierre. Mais nous signalerons, dans des temps plus modernes, l'idée du jésuite Pierre Lana, qui, dans un ouvrage publié en 1670, imagina de représenter grossièrement un esquif soutenu par quatre sphères mé-

---

(1) *Aulus Gellius, Noctus Atticæ* ; lib. X, cap. xii.

talliques, dans lesquelles on pomperait l'air pour les rendre plus légères que le volume de l'air déplacé, et pour déterminer leur ascension
dans l'atmosphère; nous mentionnerons un projet analogue du P. Gal-
lien, en 1755, et nous nous arrêterons surtout sur un physicien portugais qui vivait au commencement du xviii° siècle, et qui aux yeux de
quelques historiens passe pour être le véritable inventeur des ballons.

Ce physicien, nommé Gusman ou Gusmaõ (Bartholomeu-Lourenço de),
naquit à Santos, au Brésil, alors colonie portugaise, vers 1685, et mourut après 1724. Il était le frère d'Alexandre Gusmão, célèbre homme
d'État brésilien, et après avoir renoncé à l'état ecclésiastique auquel il
s'était d'abord destiné, il se voua à l'étude des sciences physiques.

C'est dans les premières années du xviii° siècle que Gusmaõ conçut le
le projet de construire une machine au moyen de laquelle on pourrait
voyager au sein de l'air. L'un des membres les plus distingués de l'Académie de Lisbonne, Freire de Carvalho ([1]) qui paraît avoir étudié tous
les documents relatifs à ce fait important, dit que « de l'examen de
divers mémoires, soit imprimés, soit manuscrits, il ressort bien que
Gusman avait inventé une machine à l'aide de laquelle on pouvait *se
transporter dans les airs d'un lieu à un autre.* » Mais il ajoute aussitôt
« qu'il est impossible, par ces mêmes descriptions, de se faire une idée
exacte de la machine elle-même. »

D'après certains récits du temps, l'auteur aurait mis en usage comme
moteur l'électricité et le magnétisme combinés ; quelques écrivains ont
dit que la machine avait la forme d'un oiseau, criblé de tubes à travers
lesquels passait l'air. Ces descriptions sont absurdes et inadmissibles.
Un artiste du xviii° siècle a donné de l'appareil de Gusmão un dessin que l'on peut voir aux Estampes de la Bibliothèque nationale et qui
est, suivant l'expression de M. Ferdinand Denis, auquel on doit une
savante étude sur Gusmão ([2]), « une curiosité inutile. »

([1]) Francisco Freire de Carvalho, *Memorias da Academia das Sciencias de Lisboa.*
([2]) *Nouvelle Biographie générale.* Paris, Firmin Didot, MDCCCLIX, tome 22.

Cependant, parmi les documents contradictoires de l'époque, il en est qui semblent offrir un intérêt historique de premier ordre. M. Carvalho a pu recueillir un exemplaire imprimé de la pétition adressée par Gusmão au roi de Portugal, en 1709. On y lit ce qui suit : « J'ai inventé une « machine au moyen de laquelle on peut voyager dans l'air bien plus « rapidement que sur terre ou sur mer; on pourra ainsi faire plus de « 200 lieues par jour, transporter des dépêches pour les armées et les « contrées les plus éloignées. On fera sortir des places assiégées les per- « sonnes que l'on voudra, sans que l'ennemi puisse s'y opposer. Grâce à « cette machine, on découvrira les régions les plus voisines des pôles. » Le roi fit répondre à l'inventeur, sous la date du 17 avril 1709, que si les effets annoncés pouvaient se réaliser, il le nommerait en récompense professeur de mathématiques à l'Université de Coïmbre, avec un traite- ment annuel de 600,000 reis (4,245 francs).

Il résulte d'une note imprimée en 1774 et dont M. Carvalho cite le texte, que les globes employés par Gusmão devaient être mus par la force du gaz qu'ils contiendraient. Dans un manuscrit du savant Ferreira, né à Lisbonne en 1667 et mort en 1735, on lit « Gusmão fit son expérience « le 8 août 1709, dans la cour du palais des Indes, devant Sa Majesté et une « nombreuse et illustre assistance, avec un globe qui s'éleva doucement « jusqu'à la hauteur de la salle des Ambassades, puis descendit de même. « Il avait été emporté par de certains matériaux qui brûlaient et aux- « quels l'inventeur lui-même avait mis le feu. » Ferreira, après avoir dit que l'expérience se fit *no pateo da casa da India* (dans la cour du palais des Indes), termine son récit par ces mots : *Esta experiencia se fez dentra da salla das audiencias* (cette expérience se fit dans la salle des Audiences). Il y a là une contradiction que sous signalons, sans prétendre l'expli- quer. M. Carvalho se tire d'embarras en supposant qu'il y eut deux expériences faites, l'une dans la cour, l'autre dans la salle.

Une preuve secondaire de l'expérience de Gusmão résulte de pièces de vers plus ou moins satiriques publiées en 1732 par Thomas Pinto Brandâo. L'une d'elles est intitulée : « *Au père Bartholomeu Lourenço, l'homme volant qui s'est enfui, et cela se comprend, puisqu'on a su qu'il était lié avec le Diable.* » Dans ces vers, on lit des passages analogues à celui-ci : « Gusmão s'est élevé dans les airs, il a volé ; il a volé avec ses ailes, au regret de bien des familles. Pour se faire de bonnes ailes, il a déplumé bien du monde (¹). »

En résumé, le manuscrit de Ferreira, parlant de l'invention de Gusmão, semble dénoter un ballon à air chaud ; les vers de Brandâo indiquent nettement, au contraire, un appareil volant au moyen d'ailes, et par cela seul un système d'un fonctionnement impossible. Enfin d'autres récits semblent faire comprendre que Gusmão se serait élancé de la tourelle da casa da India ; dans ce cas il serait admissible que l'inventeur ait employé un parachute, au moyen duquel il aurait plané au-dessus de la foule.

Il est certain qu'une mémorable expérience aérienne a été faite en 1706 par Gusmão ; une tradition constante en a conservé le souvenir ; mais nous ne croyons pas qu'il soit possible de rien préciser de net à l'égard du système employé. Nous nous bornerons à ajouter que Gusmão ne renouvela jamais son expérience. On l'accusa de magie, et il craignit sans doute les rigueurs du Saint-Office. Il s'occupa de navigation océanique et de construction navale jusqu'en 1724, époque où on le voit quitter clandestinement le Portugal. Il vécut quelque temps en Espagne et mourut à l'hôpital de Séville.

S'il est permis de rester encore sur la réserve au sujet de Gusmão, il n'en est pas de même en ce qui concerne le physicien anglais Tibère Cavallo qui, un an avant la découverte des frères Montgolfier, gonfla des bulles de savon avec du gaz hydrogène, et les vit s'élever jus-

---

(1) Nous devons à l'obligeance du savant directeur de la bibliothèque Sainte-Geneviève, M. Ferdinand Denis, la communication de l'ouvrage portugais de M. Carvalho et des vers de Brandâo, documents où nous avons puisé les renseignements qui précèdent.

qu'au plafond de son laboratoire. Avant de reproduire les incontestables documents que l'histoire nous a conservés à ce sujet, nous devons parler succintement de la découverte du gaz hydrogène.

Au xvii° siècle, un chimiste irlandais, Robert Boyle fit une expérience remarquable : il mit du fer dans un flacon de verre contenant de l'eau et de l'acide sulfurique, alors appelé huile de vitriol, et il vit se dégager un air qui remplissait le vase quand celui-ci était retourné sur l'eau. Robert Boyle n'alla pas plus loin; il se borna à constater ce fait curieux, sans étudier les propriétés du gaz qu'il venait d'obtenir et qui n'était autre que l'hydrogène. Plus tard, vers la fin du xvii° siècle, Nicolas Lemery publia en France un remarquable *Cours de chimie* (¹), où il dit que l'air, obtenu par l'action du fer et de l'huile vitriolique sur l'eau, est inflammable. Enfin, en 1766, Cavendish étudia les propriétés de l'hydrogène; il reconnut que ce gaz est environ sept fois plus léger que l'air ordinaire (²); d'abord appelé *air inflammable,* l'hydrogène reçut son nom actuel quand on découvrit qu'il *engendre de l'eau* en brûlant, c'est-à-dire en se combinant avec l'oxygène de l'air.

Dès que Cavendish eut constaté que le gaz hydrogène est beaucoup plus léger que l'air, l'idée des ballons pouvait naître. Elle naquit en effet, mais sans être mise immédiatement à exécution.

Il semble probable que le docteur J. Black, d'Édimbourg, eut la conception des aérostats, comme l'indiquent les passages de la lettre qu'il a écrite au docteur Lind après la découverte des frères Montgolfier.

« Il me parut, dit le docteur Black en 1784, suivre des principes de M. Cavendish que si une vessie suffisamment mince et légère était remplie d'air inflammable, la vessie et l'air qui y serait contenu, formeraient une masse moins pesante que le même volume d'air atmosphérique et qu'elle s'élèverait dans l'espace. J'en parlai à quelques-uns de mes

---

(1) *Cours de Chimie,* par M. Nicolas Lemery, 9e édition, 1 vol. in-8. Paris MDCCI.
(2) *Transactions philosphiques.* LVI° volume, 1766. Cavendish restait en dessous de la vérité ; l'hydrogène pur est quatorze fois et demie plus léger que l'air.

amis, et dans mes leçons, lorsque j'eus occasion de traiter de l'air inflammable, ce qui fut dans l'année 1767 ou 1768. »

Le docteur Black ne fit pas l'expérience; mais elle fut tentée, en 1782,
par un Anglais, Tibère Cavallo, comme le prouve incontestablement une
curieuse note présentée le 20 juin 1782 à la Société royale de Londres et
de laquelle nous empruntons les passages suivants :

... « Il s'agissait, dit Cavallo, après avoir exposé quelques notions sur
le gaz inflammable, de construire un vaisseau ou une espèce d'enveloppe
qui, remplie d'air inflammable, serait plus légère qu'un volume égal
d'air commun, et qui conséquemment pourrait monter, de même que
la fumée, dans l'atmosphère, car on savait bien que l'air inflammable
est spécifiquement plus léger que l'air commun... J'essayai les vessies
les plus minces et les plus grandes que je pus me procurer. Quelques-
unes furent nettoyées avec beaucoup de soin, en ôtant toutes les mem-
branes superflues, et les autres matières qu'il était possible d'enlever ;
mais malgré toutes ces précautions, la plus légère et la plus grande de
ces vessies préparées étant pesée, et le calcul nécessaire fait, il se
trouva que lorsqu'elle serait remplie d'air inflammable, elle serait au
moins de dix grains plus pesante qu'un égal volume d'air commun, et
que conséquemment elle descendrait au lieu de monter. Nous trouvâmes
aussi que quelques vessies qui servent aux poissons à nager étaient trop
pesantes. Je ne pus jamais réussir à faire aucune bulle légère et durable,
en soufflant de l'air inflammable dans une solution épaisse de gomme,
les vernis épais ni les peintures à l'huile. Enfin les bouteilles (bulles) de
savon remplies d'air inflammable furent la seule chose de cette sorte
qui s'éleva dans l'atmosphère, mais comme elles se détruisent facilement
et qu'on ne peut les manier, elles ne semblent applicables à aucune
expérience de physique. »

Tibère Cavallo dans son mémoire donne la description complète de
l'appareil qu'il emploie pour gonfler d'hydrogène les bulles de savon.
Les figures ci-jointes sont les *fac simile* de celles qu'a publiées le savant

anglais (¹), Il prépare le gaz dans une petite flole de verre, il en remplit
une vessie munie d'un tube, qu'il plonge dans un bassin plein d'eau de
savon; il la presse entre les mains, les bulles se dégagent. Gonflées de
l'air inflammable, elles s'élèvent dans l'atmosphère. Le physicien anglais
continue en ces termes :

« Dans les différentes tentatives que je fis pour la réussite de l'expérience dont j'ai déjà parlé, j'employai le papier, qui semblait propre
pour la construction d'une enveloppe, qui, remplie d'air inflammable,
seraitp lus légère que l'air commun. D'après cela, je me procurai de
très-beau papier de la Chine, je m'assurai de son poids; le calcul nécessaire étant fait, je donnai à cette enveloppe une forme cylindrique, ter-

Préparation de l'hydrogène par Tibère
Cavallo (178?).

Bulles de savon gonflées d'hydrogène et s'élevant
dans l'air (expérience faite en 178?).

minée par deux cônes très-courts, et la fis de telle dimension que, venant
à être remplie d'air inflammable, elle fût plus légère qu'un pareil volume
d'air commun, d'au moins vingt-cinq grains; en conséquence, elle devait
s'élever comme la fumée dans l'atmosphère.

« Après avoir essayé cette machine de papier en la remplissant d'air
commun, je mis dans une grande bouteille de l'acide vitriolique affaibli,
et de la limaille de fer pour retirer de l'air inflammable qui, à l'instant
de son dégagement, devait remplir cette enveloppe, qui avait communication avec la bouteille par un tube de verre, et était suspendue au-

(1) *Histoire et pratique de l'aérostation*, par M. Tibère Cavallo, traduit de l'anglais,
1 vol. in-8. A Paris MDCCLXXXVI.

Première ascension d'une montgolfière faite à Annonay en présence des États du Vivarais (5 juin 1783). — Page 13.

dessus de cette bouteille. On avait fait sortir l'air commun de la machine de papier, en la comprimant; mais je fus très-étonné de voir que, malgré le dégagement rapide de l'air inflammable, elle ne se remplissait nullement, et que, d'un autre côté, l'air inflammable répandait une très-forte odeur dans la chambre... L'air inflammable passait à travers les pores du papier, comme l'eau au travers d'un crible. »

On voit que jamais expérimentateur n'atteignit de plus près le grand but de l'aérostation. Tibère Cavallo est digne d'avoir son nom inscrit en première ligne parmi les précurseurs des Montgolfier, mais il se borna à exécuter une simple expérience de laboratoire; il ne songea pas à rendre les tissus imperméables pour conserver l'hydrogène, il s'arrêta au moment même où l touchait du doigt la solution du problème.

Il allait appartenir aux frères Montgolfier de lancer pour la première fois, à l'air libre la sphère aérostatique.

CHAPITRE DEUXIÈME

LES BALLONS A AIR CHAUD ET LES BALLONS A HYDROGÈNE

Il paraît à peu près certain que c'est vers le milieu de l'année 1782 que les frères Étienne et Joseph Montgolfier, industriels à Annonay en Vivarais, songèrent pour la première fois à exécuter des expériences sur une machine aérostatique. L'ascension naturelle de la fumée, celle des brouillards et des nuages, leur fournirent l'idée de l'aéronautique. Ils imaginèrent d'emprisonner la fumée dans un grand sac sphérique en papier, et ils supposèrent que cette fumée s'élèverait avec le récipient léger qui la contiendrait.

Étienne de Montgolfier, l'aîné, eut l'honneur d'exécuter la première expérience aérostatique à Avignon, vers le milieu de novembre 1782. La machine était de soie fine, ayant la forme d'un parallélipipède, dont la capacité était égale à 40 pieds cubes. L'on brûla du papier à l'ouverture, pour raréfier l'air, ou, d'après l'idée des inventeurs, pour former le nuage en question ; et quand la raréfaction fut à un certain point, la machine monta rapidement jusqu'au plafond (1).

Les frères Montgolfier firent avec non moins de succès une nouvelle tentative à Annonay, et bientôt ils procédèrent à une expérience publique.

Le jeudi 5 juin 1783, les États du Vivarais étant assemblés à Annonay,

(1) *Rapport fait à l'Académie des sciences*, 23 décembre 1773, signé par plusieurs membres. *Histoire et pratique de l'aérostation*, par M. Tibère Cavallo. Paris, 1786.

MM. de Montgolfier les invitèrent à voir leur nouvelle expérience aérostatique; une grande enveloppe de toile, recouverte de papier et d'une
forme presque sphérique, était entr'ouverte à sa partie inférieure, attachée à un châssis de bois d'environ 16 pieds carrés, sur lequel elle était
abandonnée à elle-même, comme un sac de toile vide. Quand cette machine fut enflée, elle avait 110 pieds de circonférence. Sa capacité était
d'environ 22,000 pieds cubes. Les frères Montgolfier commencèrent à
remplir la machine; ils le firent en brûlant sous son orifice de la paille
et de la laine hachée. On annonça aux spectateurs que cette enveloppe
prendrait une forme sphérique, et qu'elle monterait d'elle-même aussi
haut que les nuages. Quand l'aérostat s'éleva dans l'atmosphère, l'étonnement des spectateurs fut à son comble, et se manifesta bientôt en acclamations enthousiastes (1).

La nouvelle de cette expérience, parvenue à Paris, y produisit un effet
immense. Chacun se demandait par quel procédé merveilleux un résultat si nouveau avait pu être obtenu, car à cette époque le fait d'une machine gravissant d'elle-même les hautes régions de l'air passait à juste
titre pour profondément surprenant.

On apprit bientôt que les frères Montgolfier avaient été mandés de
suite à Paris; on les attendait, ils allaient venir, mais l'impatience générale était telle que les jours paraissaient des mois et les minutes des
heures. Une machine aérienne s'était envolée à Annonay, il fallait
qu'une machine semblable s'envolât de même à Paris.

Un professeur du Jardin des Plantes, Faujas de Saint-Fond, commença
par recueillir de l'argent pour tenter quelques expériences. Il prit,
comme on le voit, le problème par le bon côté, car si l'argent est le nerf
de la guerre, il est aussi celui de l'invention. Vite, une souscription est
ouverte pour couvrir les premiers frais de l'entreprise; dix mille francs
sont immédiatement recueillis. On sait que les frères Montgolfier ont

(1) *Description des expériences de la machine aérostatique de MM. de Montgolfier*, par
Faujas de Saint-Fond. Paris, 1784.

d'abord construit un globe en papier, une sphère souple et légère ; on court chez deux habiles constructeurs d'instruments de physique, les frères Robert, et on leur dit : « Fabriquez-nous de suite un globe, en papier, en soie, en n'importe quelle substance, pourvu qu'il soit léger, et qu'il puisse se remplir d'un gaz *moitié moins pesant que l'air*. » Le rapport succinct et incomplet de l'expérience d'Annonay contenait cette phrase telle que nous la soulignons.

Les frères Robert, malgré leur habileté, se trouvèrent aux prises avec les plus sérieux obstacles. Comment, en effet, confectionner le globe aérien ? Avec quelle substance le fabriquer ? Quelle doit être sa capacité ? Et surtout, une fois qu'il sera construit, avec quoi le gonfler ? Sur ces entrefaites, on vit apparaître un jeune professeur de physique qui devait vaincre les difficultés : c'était le professeur Charles.

Il était connu à Paris comme professeur et comme vulgarisateur de la science ; on accourait en foule aux intéressantes conférences qu'il donnait dans une des salles du Louvre, et que les expériences si populaires de Franklin sur l'électricité mettaient à l'ordre du jour. Charles avait le don de se faire comprendre, de frapper les yeux par des expériences grandioses ; il ne craignait pas d'embellir ses leçons par une certaine mise en scène, presque théâtrale ; il avait le don de captiver l'attention du public. On le voyait monter en chaire, vêtu d'une grande robe à la Franklin ; on écoutait avec religion ses paroles claires, attrayantes ; on applaudissait à ses discours. Ses expériences, nouvelles pour son époque, offraient un intérêt de premier ordre. S'il exposait à ses auditeurs les phénomènes de la chaleur rayonnante, il ne manquait pas d'enflammer des matières combustibles à de grandes distances, par la combinaison de miroirs paraboliques. S'il parlait de l'électricité, il avait soin de mettre en évidence la puissance de cet agent naturel, en foudroyant des animaux au moyen de l'étincelle qu'il faisait jaillir d'une puissante machine. Il amplifiait des objets imperceptibles à l'œil nu, au moyen de microscopes ; il savait en un mot parler aux yeux tout aussi bien qu'à l'intelligence. Charles était populaire; l'ascension aérostatique qu'il allait préparer et entreprendre allait immortaliser son nom.

A la nouvelle de l'expérience des frères Montgolfier, Charles comme nous l'avons indiqué, va trouver les frères Robert, et leur donne le plan du premier ballon à gaz. Il se rappella que le gaz hydrogène est beaucoup plus léger que l'air; il résolut aussitôt de l'employer pour le gonflement du premier aérostat que l'on confectionna en soie enduite d'un vernis imperméable. Le 23 août 1783, la machine étant fabriquée, sa forme offrit celle d'un globe de douze pieds de diamètre. Toute la journée du 24 fut employée à produire du gaz hydrogène pour gonfler la sphère aérienne, et le surlendemain on se mit en mesure de transporter pendant la nuit, au Champ de Mars, le premier aérostat à gaz, en l'attachant à un brancard.

« Rien de plus singulier, dit Faujas de Saint-Fond, que de voir ce ballon ainsi porté, précédé de torches allumées, entouré d'un cortége et escorté par un détachement du guet, à pied et à cheval. Cette marche nocturne, la forme et la capacité du corps qu'on portait avec tant de pompe et de précaution, le silence qui régnait, l'heure indue, tout tendait à répandre sur cette opération une singularité et un mystère véritablement faits pour en imposer à tous ceux qui n'auraient pas été prévenus. Aussi les cochers de fiacre qui se trouvèrent sur sa route en furent si frappés, que le premier mouvement fut d'arrêter leurs voitures, et de se prosterner humblement, chapeau bas, pendant tout le temps qu'on défilait devant eux. »

Le 27 août, le Champ de Mars est garni de troupes, et la foule immense ne tarde pas à en couvrir la surface tout entière. A cinq heures, un coup de canon annonce que l'expérience va commencer; il avertit en même temps les savants placés, sur la terrasse du Garde-Meuble de la Couronne, sur une des tours de Notre-Dame et à l'École militaire, et qui doivent appliquer des instruments à la mesure de la hauteur atteinte par le globe aérien.

Le ballon, débarassé des liens qui le retiennent, s'élève bientôt, à la grande surprise des spectateurs; il monte avec une telle vitesse qu'il est porté en deux minutes à plus de 500 mètres de hauteur. Là il rencontre un nuage obscur au sein duquel il se perd; un second coup de canon annonce sa disparition, mais on le voit percer la nue, reparaître à une plus grande élévation, et s'enfoncer au milieu d'autres nuages. La pluie qui survint au moment où le globe s'élevait ne l'empêcha pas de monter dans l'atmosphère.

L'idée qu'un corps voyageait dans l'espace semblait avoir alors quelque chose de si étrange, elle paraissait s'écarter à un tel point des lois de la physique, que tous les spectateurs de Paris, comme ceux d'Annonay, ne purent se défendre d'une impression qui tenait du vertige. Les hommes pleuraient d'émotion, et les dames élégamment vêtues, les yeux fixés sur le globe, recevaient la pluie sans en avoir conscience.

Cependant le plus jeune des deux Montgolfier venait d'arriver à Paris, où il avait été invité par l'Académie des sciences à répéter son expérience d'Annonay avec un ballon à feu gonflé par l'air chaud. Le 19 septembre 1783, une vaste sphère de 14 mètres environ de diamètre, construite en toile grossière et recouverte d'un fort papier, se gonflait à Versailles en présence du roi et de toute la cour. On fait brûler au-dessous de l'orifice de la machine plusieurs bottes de paille, l'air chaud va s'y engouffrer et l'arrondir.

..... « On la voit presque aussitôt s'élever, se gonfler et déployer avec rapidité les plis et les replis dont elle est composée; elle se développe en entier. Sa forme plaît à l'œil, sa capacité imposante étonne... Les cordes sont coupées et la machine s'élève pompeusement dans l'air, entraînant avec elle l'attirail dans lequel étaient renfermés un mouton et des volatiles(1). La machine s'éleva d'abord à une grande hauteur, en dé-

(1) Pilâtre de Rozier assistait à cette expérience, et il protesta énergiquement contre la présence de trois animaux dans la nacelle. Il s'offrit pour les remplacer; mais la crainte d'un sinistre fit qu'on s'y opposa. On se moqua beaucoup du voyage du coq,

Transport au Champ de Mars du premier ballon à gaz de Charles et Robert.
(26 août 1783). — Page 15.

crivant une ligne inclinée à l'horizon que le vent du sud la força de prendre; elle parut rester ensuite quelques secondes en station et produisit alors le plus bel effet. Enfin, elle descendit lentement dans le bois de Vaucresson, à 1 700 mètres du point d'où elle avait été enlevée (¹). »

A partir de ce jour, il n'était plus possible de douter des effets de l'aé-

du mouton et du canard, et les railleries se traduisirent par des caricatures et des écrits humoristiques. Nous avons entre les mains un opuscule fort curieux, daté de l'époque de cette expérience, et qui est intitulé : *Le Mouton, le Canard et le Coq*, fable dialoguée par M. C***. (Une brochure in-12, de 32 pages, Bruxelles et Paris, 1783). Nous croyons devoir en dire quelques mots à titre de curiosité peu connue.. L'auteur fait raconter leurs impressions de voyage aux trois animaux dans une forme quelquefois naïve et originale. On en jugera par les passages suivants :

« Le Canard. — Moi je vous avoue que si j'étais à barboter dans quelque pièce d'eau, peut-être ne voudrais-je pas en sortir pour monter aux astres. Mais enfin, nous sommes ici ; mon avis est d'y rester. Les canards ne haïssent pas les longues courses. Voyons ce que nous deviendrons.

« Le Coq. — Eh bien ! croyez-vous que je n'aie rien à regretter ?

« Le Mouton. — Vous ?

« — Le Coq — Moi-même. Je laisse sur la terre certains objets qui m'étaient fort chers, et à qui, sans vanité, je ne l'étais guère moins, un sérail bien fourni des plus gentilles poulettes. Je sçai qu'on en trouve assez partout, et si le sort me conduisait, par exemple, sur les côtes d'Afrique, il est là des poules de Numidie qui sont bien, dit-on, la plus charmante chose du monde... »

Plus loin, l'auteur aborde des sujets plus sérieux, et il fait dire au coq d'excellentes vérités.

« Le Coq. — On reprochait aux habitants de cette contrée de n'avoir rien inventé. Eh bien! la plus magnifique des inventions sera due à un Français. Je m'enorgueillis de cet honneur, moi, né parmi eux; moi, qui réveille les sçavants; moi, l'oiseau de la France; et je vais entonner mon chant éclatant, pour annoncer sa gloire à tout l'univers.

« Le Canard. — Voilà qui est fort bien. Vous parlez, vous chantez à merveille, et si ma voix était digne de se joindre à la vôtre, je crois que je chanterais aussi. Mais il me vient une idée assez fâcheuse.

« Le Coq. — Quelle est-elle ?

« Le Canard. — On connaît l'ambitieuse audace du genre humain. Les airs ont été jusqu'ici l'élémen, le vrai domaine de nous autres oiseaux. Si ces nouveaux navigateurs allaient nous déposséder de notre empire?

« Le Coq. — Je ne pense pas que nous ayons à le craindre... Grâce à la philosophie, aux sentiments d'humanité dont ils se piquent aujourd'hui, ce ne sera pas l'esprit d'ambition qui les poussera dans les cieux, ce sera la plus noble curiosité. Ils n'iront y conquérir que des vérités utiles, non des terres nouvelles, ou des isles inconnues. Ils iront épier les secrets de la Nature, la prendre sur le fait, au milieu des nuages, dans ce laboratoire immense de l'atmosphère. »

(1) Faujas de Saint-Fond, *Description des expériences aérostatiques*, 2ᵉ édition, p. 40 et suiv.

rostat des frères Montgolfier; aussi résolut-on de se servir du nouvel appareil pour transporter des observateurs au sein de l'atmosphère.

Un nouveau ballon à air chaud fut immédiatement construit : il n'avait pas moins de 15 mètres de diamètre, et 23 mètres de hauteur. On le gonfla pour la première fois rue de Montreuil au faubourg Saint-Antoine, chez M. Réveillon, et l'intrépide Pilâtre de Rozier y exécuta, le 15 octobre 1783, une première ascension captive. Le 19 octobre, le ballon retenu par des câbles monta à 200 pieds, avec Pilâtre de Rozier, et le même jour il éleva successivement dans les airs le même physicien accompagné de M. Giroud de Villette et de M. le marquis d'Arlandes.

Cette expérience mémorable laissa entrevoir l'espérance de pouvoir tenter un premier voyage aérien en abandonnant absolument la machine. « M. d'Arlandes et M. de Rozier, dit Faujas de Saint-Fond, désirèrent cet instant avec une ardeur qui caractérisait leur intrépidité. »

La machine aérostatique qui avait servi aux expériences d'ascensions captives fut transportée au château de la Muette, dans les jardins duquel l'ascension eut lieu le 21 novembre.

Le gonflement fut commencé à 11 heures du matin.

« Une heure et demie après, la machine gonflée fut promptement lestée avec les approvisionnements de paille nécessaire pour entretenir le feu pendant la route, et M. le marquis d'Arlandes d'un côté, M. de Rozier de l'autre, prirent leur poste avec un empressement sans égal. L'aérostate (1) quitta la terre sans obstacle et dépassa les arbres sans danger; elle s'éleva d'abord d'une manière assez tranquille pour qu'on pût la considérer à l'aise; mais à mesure qu'elle s'éloignait, l'on vit les voyageurs baisser leurs chapeaux et saluer les spectateurs, qui étaient tous dans le silence et l'admiration, mais qui éprouvaient un sentiment d'intérêt mêlé de crainte (2). »

(1) Lors de l'apparition des ballons, on appela les nouveaux appareils *aérostates* au féminin.

(2) Faujas de Saint-Fond, *Première suite de la description des expériences aérostatiques*, p. 16 et suiv.

Premier voyage aérien de Pilâtre de Rozier et du marquis d'Arlandes (21 novembre 1783).
Vue de la montgolfière au moment où elle quitte l'estrade où s'est opéré le gonflement.
D'après une estampe du temps). — Page 20.

Le globe aérien continua à s'élever pour longer l'île des Cygnes, et traverser la Seine à la barrière de la Conférence. Les rues de Paris regorgeaient de spectateurs, et les tours de Notre-Dame étaient couvertes d'observateurs et de curieux. Le ballon descendit lentement sur la Butte-aux-Cailles, le feu du foyer déjà ralenti s'éteignit et les deux voyageurs s'échappèrent de l'étoffe qui était retombée sur leurs têtes.

La foule accourut, et son enthousiasme fut tel, qu'elle mit en pièces l'habit que Pilâtre avait placé dans la nacelle pendant le voyage, et s'en partagea les morceaux.

Pendant que Pilâtre de Rozier et le marquis d'Arlandes prenaient possession de l'atmosphère au nom de la science, Charles et les frères Robert ne restaient pas inactifs; ils préparaient une souscription publique pour subvenir aux frais de la confection d'un ballon de taffetas gonflé de gaz hydrogène et destiné à enlever deux observateurs. Les frères Robert publièrent un manifeste aérien le 19 novembre 1783, (*Journal de Paris*), en annonçant que la machine aérostatique serait exécutée d'après les théories de M. Charles. C'est à ce grand physicien que l'on doit, comme on va le voir, la création du ballon à gaz et les principes du voyage aérien.

Charles se sert d'une étoffe de soie enduite d'un vernis imperméable. Il imagine de munir le ballon à sa partie supérieure d'une soupape à deux clapets, que l'on pourra mettre en jeu à l'aide d'une corde, et au moyen de laquelle il sera possible de modérer la force ascensionnelle de l'aérostat, ou de le faire revenir à terre en perdant du gaz. Charles se dit avec raison que, si le ballon descend dans l'atmosphère, le voyageur aérien doit avoir la possibilité d'arrêter sa chute; il a l'idée d'emporter dans sa nacelle du sable fin, du *lest* qu'il jettera au besoin par-dessus bord. Il recouvre le ballon d'un filet, à la partie inférieure duquel il fixera la nacelle légèrement construite, et muni d'une ancre destinée à s'attacher aux obstacles terrestres à la descente. Il construit enfin un appareil ingénieux pour la préparation en grand de l'hydrogène; l'eau, le fer et l'acide sulfurique réagissent dans plusieurs tonneaux circulairement rangés ; le gaz produit dans chacun d'eux arrive par des tuyaux de plomb dans une cuve centrale où il se lave, et se dégage par un orifice vertical aboutissant à l'appendice de l'aérostat. Charles songe encore à laisser

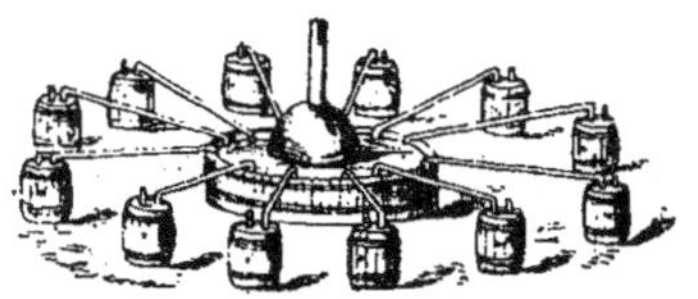

Appareil pour la préparation en grand de l'hydrogène, construit par Charles et Robert.

pendant l'ascension l'appendice inférieur ouvert, afin d'éviter la rupture de l'enveloppe par la dilatation. « L'air inflammable, comme dit Charles lui-même avec esprit, ne pouvait pas briser sa prison, puisque la porte lui en était toujours ouverte. » L'ingénieux physicien complète son matériel par le baromètre, qui lui donnera à chaque instant l'altitude à laquelle il plane ; en un mot, nous le répétons, il créa de toutes pièces l'art aérostatique.

La mémorable ascension de Charles et de Robert s'exécuta dans le jardin des Tuileries, le 1er décembre 1783, en présence de tout Paris. Le ballon gonflé d'hydrogène avait 26 pieds de diamètre. Charles nous a laissé de cette expérience un récit remarquable dont nous reproduisons ici quelques passages :

Le premier ballon à gaz hydrogène monté par Charles et Robert. (1er décembre 1783.)

..... « Il nous tardait de n'être plus sur terre. Le Globe et le char en équilibre touchaient encore au sol qui nous portait. Il était une heure trois quarts. Nous jetons 19 livres de lest, et nous nous élevons au milieu du silence concentré par l'émotion et la surprise de l'un et de

l'autre parti. Jamais rien n'égalera ce moment d'hilarité qui s'empara de
mon existence, lorsque je sentis que je fuyais la terre ; ce n'était pas du
plaisir, c'était du bonheur. Échappé au tourment affreux de la persécu-
tion et de la calomnie, je sentis que je répondrais à tout en m'élevant
au-dessus de tout. A ce sentiment moral succéda bientôt une sensation

Descente de Charles et de Robert en présence du duc de Chartres (1er décembre 1783), (p. 26).

plus vive encore : l'admiration du majestueux spectacle qui s'offrait à
nous. De quelque côté que nous abaissassions nos regards, tout était
têtes ; au-dessus de nous un ciel sans nuage ; dans le lointain, l'aspect
le plus délicieux. Oh ! mon ami, disais-je à M. Robert, quel est notre
bonheur ! j'ignore dans quelle disposition nous laissons la terre, mais

comme le ciel est pour nous ! Quelle sérénité ! Quelle scène ravissante !
Que ne puis-je tenir ici le dernier de nos détracteurs et lui dire :
Regarde, malheureux, tout ce qu'on perd à arrêter le progrès des
sciences.

« ..... Le baromètre descendit environ à 26 pouces; nous avions cessé
de monter, c'est-à-dire que nous étions élevés environ à trois cents
toises... Arrivés à la hauteur de Mousseaux, que nous laissions un peu à
gauche, nous restâmes un instant stationnaires. Notre char se retourna
et enfin, nous filâmes au gré du vent. Bientôt nous passons la Seine
entre Saint-Ouen et Asnières, et telle fut à peu près notre marche aéro-
graphique..... Il était trois heures et demi passées ; j'avais le dessein de
faire un second voyage et de profiter de nos avantages ainsi que du jour.
Je proposai à M. Robert de descendre. »

La descente a lieu, en effet, en présence de paysans nombreux et d'un
groupe de cavaliers, parmi lesquels se trouvaient le duc de Chartres et
le duc de Fitz-James. Robert sauta en dehors de la nacelle et Charles
repartit seul; il s'éleva rapidement à une hauteur assez considérable.

« Je passai en dix minutes, dit le voyageur, de la température du
printemps à celle de l'hiver. Le froid était vif et sec, mais point insupportable. J'interrogeais alors paisiblement toutes mes sensations, *je
m'écoutais vivre*, pour ainsi dire, et je puis assurer que, dans le premier
moment, je n'éprouvai rien de désagréable, dans ce passage subit de
dilatation et de température. Lorsque le baromètre cessa de monter, je
notai très-exactement 18 pouces 10 lignes. Cette observation est de la
plus grande rigidité. Le mercure ne souffrait aucune oscillation sensible.
J'ai déduit de cette oscillation une hauteur de 1,524 toises environ...

« ..... A mon départ de la prairie, le soleil était couché pour les habitants des vallons; bientôt il se leva pour moi seul et vint encore une fois
dorer de ses rayons le globe et le char. J'étais le seul corps éclairé dans
l'horizon et je voyais tout le reste de la nature plongé dans l'ombre.
Bientôt le soleil disparut lui-même, et j'eus le plaisir de le voir se cou-

cher deux fois dans le même jour... Je me rappelai la promesse que j'avais faite à Mgr le duc de Chartres de revenir à terre au bout d'une demi-heure. J'accélérai ma descente en tirant de temps en temps ma soupape supérieure. Bientôt le Globe, vide presque à moitié, ne me présentait plus qu'un hémisphère. J'aperçus une assez belle plage en friche auprès du bois de la Tour du Lay. Alors je précipitai ma descente. Arrivé à vingt à trente toises de terre, je jetai subitement 2 ou 3 livres de lest qui me restaient et que j'avais gardées précieusement. Je restai un instant comme stationnaire, et vins descendre mollement sur la friche même que j'avais pour ainsi dire choisie (¹). »

Ici doit s'arrêter l'histoire de la naissance d'une impérissable découverte, que l'on peut résumer par trois grands noms français : Montgolfier, Pilâtre de Rozier, Charles. Les Montgolfier créent, par l'expérience, le principe des ballons ; Pilâtre de Rozier, par son ascension, en démontre l'usage pour voyager dans les airs ; Charles transforme l'invention nouvelle, et crée l'art aérostatique.

(1) *L'art de voyager dans les airs ou les ballons,* contenant les moyens de faire des globes aérostatiques, suivant la méthode de MM. de Montgolfier, et suivant les procédés de MM. Charles et Robert. 1 vol. in-8°. Paris, 1781.

CHAPITRE TROISIÈME

Les ascensions exécutées par Pilâtre de Rozier et le marquis d'Arlandes, par Charles et Robert, eurent un retentissement extraordinaire dans toute l'Europe : elles excitèrent l'admiration et l'étonnement du monde entier. On entrevoyait le moment où l'homme allait prendre possession de l'atmosphère, comme il l'avait fait de la mer, pour s'y diriger,

Une caricature du temps de l'apparition des ballons (1781).

et y accomplir des voyages lointains ; on croyait à l'avénement prochain d'une ère nouvelle dans l'histoire de l'humanité. Paris était en fermentation comme à l'heure des grandes choses. On gonflait partout de petits ballons de baudruche que l'on lançait dans l'espace ; les journaux étaient remplis d'articles sur les aérostats, de projets ou de tentatives à exécuter. Au milieu de ce concert de louanges, on entendait bien, comme il arrive toujours, les huées des envieux ou des sots, et dans une brochure fort répandue, à cette époque, on condamnait les ballons comme le pire des fléaux. « Quelle serrure, y disait-on, assurera nos propriétés ? Quelle maréchaussée arrêtera les

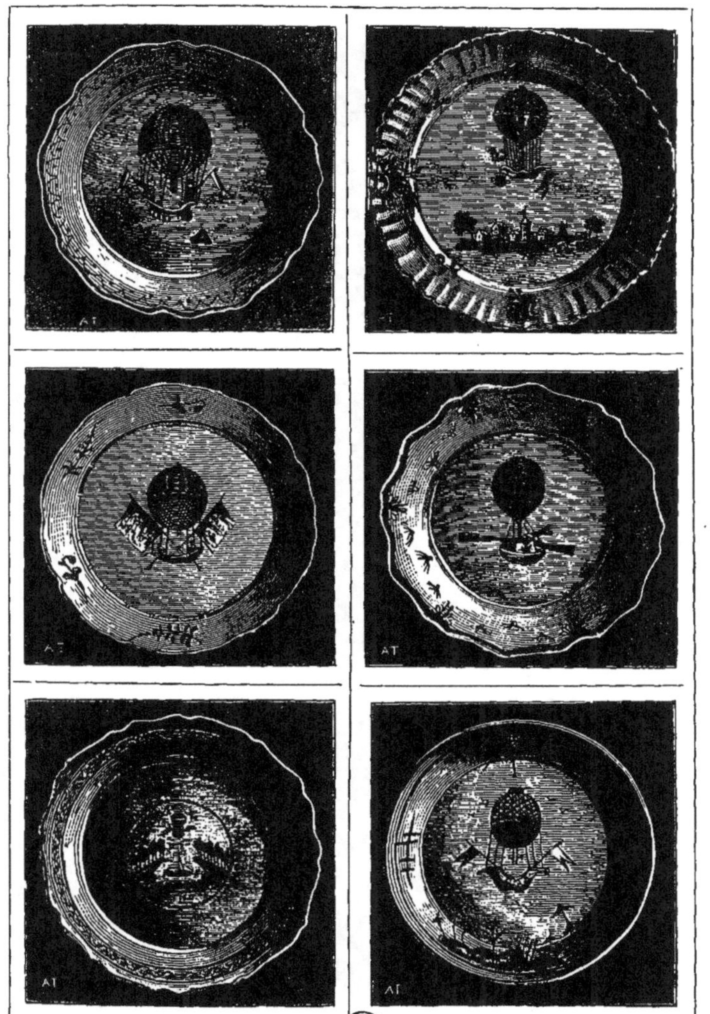

Anciennes assiettes à ballon (collection de MM. A. et G. Tissandier. — Page 31.

meurtres? Voilà nos villes, nos flottes, nos chefs brûlés, écrasés! etc. »
Les caricatures abondaient. Mais rien ne pouvait arrêter l'enthousiasme
populaire. On ne parlait que des ballons, on ne se préoccupait que des
voyages aériens, la mode elle-même empruntait à l'art nouveau des
termes qu'elle s'appropriait. Les gravures de l'époque nous représentent
notamment un chapeau de dame à *la Montgolfier*, et une élégante coiffure
à *l'air inflammable*. On voyait, chez les marchands de faïence, des assiettes de Rouen, ou de Lille, où les ballons étaient représentés (¹); des
montgolfières étaient dessinées partout, sur les éventails, sur les boîtes
de bonbons. Les portraits des inventeurs de l'art aérostatique, des frères
Montgolfier, de Charles et de Pilâtre de Rozier, étaient magnifiquement
gravés et tout le monde voulait avoir l'image de ces impérissables créa-
teurs. C'était une frénésie universelle.

Aussi ne s'étonnera-t-on pas que les expériences aérostatiques se suc-
sèdent rapidement. Après l'ascension de Charles, faite le 1ᵉʳ décembre 1783, nous signalerons les plus importantes de celles qui ont
été entreprises à cette époque.

Le troisième voyage aérien fut exécuté à Lyon le 19 janvier 1784, sous
la direction de Montgolfier l'aîné, avec un aérostat à air chaud de
102 pieds de diamètres sur 126 pieds de hauteur, et nommé le *Flesselles*.
Cet aérostat, comme le montre une belle gravure du temps, et que nous
reproduisons (p. 33), était magnifiquement orné. Les voyageurs qui
prirent part au voyage furent les suivants : Joseph de Montgolfier, Pilâtre
de Rozier, le comte de Dampierre, le prince Charles de Ligne, le comte
de Laporte d'Anglefort, M. Fontaine.

(1) Nous avons recueilli, mon frère et moi, une collection complète de ces assiettes
au ballon. Nous en reproduisons quelques-unes sur la planche ci-contre; ces assiettes
qui ont précédé les faïences, dites *patriotiques* de la Révolution, représentent les ascensions les plus célèbres. Sur l'une d'elles on voit Robert, et Charles laissant tomber
son chapeau de la nacelle. Sur un autre les mêmes aéronautes s'élevant des Tuileries,
avec la légende « adieu ». D'autres faïences représentent les tentatives de direction
avec les rames de Blanchard, etc. Le bidon Louis XVI donné à la fin de ce volume
porte la devise de Blanchard : *sic itur ad astra*.

Le quatrième voyage aérien fut exécuté à Milan le 25 février 1784, par
le chevalier don Paul Andreani, à l'aide d'une montgolfière.

La cinquième ascension aérostatique fut entreprise à Paris le 2 mars par
Blanchard qui construisit un ballon à gaz hydrogène semblable à celui

Ascension de Saint-Cloud, faite par les frères Robert et le duc de Chartres dans un ballon de
forme allongée (15 juillet 1784). — Page 35.

de Charles, mais dont la nacelle était munie de rames et d'un gouvernail
destinés à la direction. Jean-Pierre Blanchard avait résolu, longtemps
avant la découverte des frères Montgolfier, de s'élever dans l'atmosphère
au moyen d'appareils mécaniques, qui, nous devons le dire, dénotent
une absence complète des plus élémentaires notions physiques ou méca-

La montgolfière *le Flesselles* (3ᵉ ascension, 19 janvier 1781). — Page 31.

niques. Mais lorsque les ballons parurent, Blanchard se consacra avec passion et avec une rare intrépidité aux ascensions aériennes, et s'il échoua toujours dans ses tentatives de direction, son nom doit être inscrit parmi ceux des grands aéronautes français.

Le 12 juin de la même année Guyton de Morveau et de Virly s'élevèrent à Dijon avec l'aérostat l'*Académie de Dijon*, muni de rames et d'un gouvernail, destinés à la direction([1]). Le 15 juillet, les frères Robert et le duc de Chartres firent un voyage aérien à Saint-Cloud, dans un ballon à gaz de forme allongée. Le 14 septembre, un Italien, Vincent Lunardi, exécuta à Londres, dans un ballon à gaz, la première ascension qui ait eu lieu en Angleterre. Le 19 novembre, Blanchard s'éleva à Gand, et son ballon atteignit une grande hauteur, où l'aéronaute eut à subir pour la première fois l'influence de la dépression atmosphérique et d'un froid rigoureux. Le 7 janvier 1875, le même aéronaute, accompagné d'un Anglais, le docteur Jeffries, part de la côte de Douvres, et traverse en ballon le Pas-de-Calais, accomplissant sa descente dans le bois de Guines, près de la ville de Calais.

Si Blanchard ouvrit ainsi la voie des voyages aériens au-dessus de la mer, le glorieux Pilâtre de Rozier allait, par sa mort, inscrire un premier nom sur la liste des martyrs de l'aéronautique.

Pilâtre de Rozier avait annoncé qu'il allait franchir la Manche, dans un appareil formé d'un ballon à gaz au-dessous duquel était placé un aérostat cylindrique que l'on pouvait gonfler d'un air chaud, pour augmenter à volonté la force ascensionnelle du système. L'éclatant succès du voyage de Blanchard excita Pilâtre de Rozier à s'élever de Boulogne dans son appareil dangereux, en mauvais état, en compagnie d'un jeune physicien nommé Romain. On ne sait pas au juste quelle fut la cause de l'épouvantable catastrophe qui eut lieu ; on s'est demandé d'abord si le feu avait pris au ballon à gaz, ou si la soupape supérieure se

(1) *Description de l'aérostat « l'Académie de Dijon, »* 1 vol. in-8, à Dijon, 1784.

brisa (¹) ; quoi qu'il en soit, quand l'appareil se fut élevé à quelques centaines de mètres dans l'espace, on le vit tomber avec une rapidité efroyable, et venir échouer sur le rivage. — Pilâtre de Rozier avait cessé de
vivre : Romain respirait encore, mais il ne tarda pas à rendre le dernier
soupir !

L'année suivante, 1785, est marquée, par une tentative de direction
exécutée par Alban et Vallet dans un ballon à gaz dont la nacelle était munie d'hélices ; par l'incendie fortuite d'une montgolfière que l'abbé Miolan
et Janinet voulaient gonfler au Luxembourg, et par un voyage remarquable
exécuté en Angleterre par le Dr Potain. Ce savant traversa en ballon le canal
Saint-Georges qui sépare l'Angleterre de l'Irlande, et il mit pour la première
fois en évidence l'existence de courants aériens superposés, se mouvant dans
des directions différentes (²).

Ballon à gaz et montgolfière réunis. —
Aérostat dans lequel Pilâtre de Rozier
et Romain perdirent la vie (1781).

Blanchard pendant ce temps parcourait tous les pays de l'Europe, et offrait
partout le spectacle des ascensions aériennes. Il ne devait pas tarder à porter son aérostat jusque dans le
nouveau monde. Son rival Testu-Brissy s'efforça de marcher sur ses
traces ; il exécutait en 1785 son premier voyage aérien à Paris, et allait

(1) Plusieurs contemporains de Pilâtre de Rozier ont affirmé que le feu n'avait pas
été la cause de la catastrophe. D'autre part, quelques gravures du temps représentent
l'aérostat brûlant dans les airs. Il y a donc à cet égard contradiction dans les documents. Nous pouvons affirmer que le feu n'a pas été la cause du sinistre. Le musée de
Boulogne a conservé des peintures de la nacelle qui ne sont nullement brûlées.

(2) *Relation aérostatique dédiée à la nation irlandaise*, par le Dr Potain. Une brochure
grand in-8°, Paris, 1821.

Ascension de Dijon, faite par Guyton de Morveau et Virly dans un ballon muni de rames et d'un gouvernail (1er juin 1784). — Page 45.

obtenir le plus grand succès par les premières ascensions équestres que plus tard l'aéronaute Poitevin allait reprendre en 1850.

Jusqu'en 1794, les ballons se succèdent et les ascensions se multiplient ; mais on ne trouve absolument rien à signaler dans cette longue suite d'expériences presque exclusivement exécutées dans le seul but de satisfaire la curiosité publique. Cet ordre de choses allait bientôt se modifier. Sous la première République, au moment où la France allait avoir à soutenir des guerres terribles et glorieuses, le gouvernement prit la résolution d'employer les ballons pour les reconnaissances militaires, et une page mémorable va s'inscrire dans les annales de l'aérostation. Nous examinerons d'une façon spéciale les ballons militaires ; aussi laisserons-nous actuellement de côté ce chapitre rempli d'intérêt, pour continuer à passer en revue les principaux faits de l'histoire des ballons.

En 1797, nous voyons apparaître l'application du parachute aux voyages aériens, avec le nom célèbre de Jacques Garnerin. Garnerin et sa femme Élisa Garnerin, comme madame Blanchard et plus tard Poitevin et les Godard, exécutèrent un grand nombre d'ascensions où ils offraient au public le spectacle d'une descente en parachute, dont le principe est connu et dont les gravures ci-jointes expliquent la disposition.

Le ballon de Garnerin muni d'un parachute formant nacelle

Nous parlerons plus loin des ascensions scientifiques exécutée en 1803 par Robertson et en 1804 par Biot et Gay-Lussac ; aussi n'aurons-nous pas actuellement à signaler pendant une longue suite d'années de modifications importantes dans l'aéronautique.

Le parachute de Garnerin détaché du ballon et planant dans l'atmosphère (d'après une gravure du temps).

Pendant cinquante ans, les ascensions se sont succédé pour fournir au public un spectacle curieux, mais sans but déterminé ; il serait injuste toutefois d'oublier les noms des aéronautes intrépides, et souvent d'une grande valeur, qui ont continué à cultiver l'art des Montgolfier. Nous citerons en première ligne l'illustre aéronaute anglais Green, qui a accompli plus de 1,400 voyages aériens, et qui en 1836 est parti de Londres pour traverser, du haut des airs, la Manche, la France entière, une partie de l'Allemagne, et venir descendre dans le duché de Nassau.

On doit ajouter que Green remplacé dans les aérostats, l'hydrogène pur par le gaz de l'éclairage, moins léger, mais beaucoup moins cher, et qu'il a imaginé le *guide-rope*, ou corde destinée à modérer le traînage de l'aérostat contre terre à la descente, et à préparer en quelque sorte l'action de l'ancre.

Nous aurons enfin à mentionner quelques faits mémorables, quelques drames émouvants dont l'histoire de l'aérostation a toujours malheureusement donné de trop nombreux exemples.

Un des plus célèbres naufrages aériens est celui dont Zambeccari, noble italien, fut victime en 1804. Zambeccari avait eu la malencontreuse idée de vouloir unir, comme l'avait fait Pilâtre de Rozier, la montgolfière au ballon à gaz, c'est-à-dire, comme on l'a dit depuis, le feu à la poudre. Il essaya plusieurs fois de s'élever de Bologne : il échoua. Le public l'accabla de railleries ; on le traita de fou et de lâche. Le 7 septembre, le malheureux Zambeccari voulut encore une fois tenter la fortune ; cette fois, malgré des accidents survenus pendant le gonflement, il se vit contraint de partir à tout prix, au risque d'être lapidé par une foule passionnée.

« L'ignorance et le fanatisme, dit l'aéronaute italien lui-même, non sans amertume, me forcèrent d'effectuer mon ascension. »

Après beaucoup de retards et d'angoisses, le voyageur aérien quitta terre à minuit. « Exténué de fatigue, dit Zambeccari dans ses écrits, n'ayant rien pris de la journée, le fiel sur les lèvres, le désespoir dans l'âme, je m'élevai, sans autre espoir que la persuasion où j'étais que mon

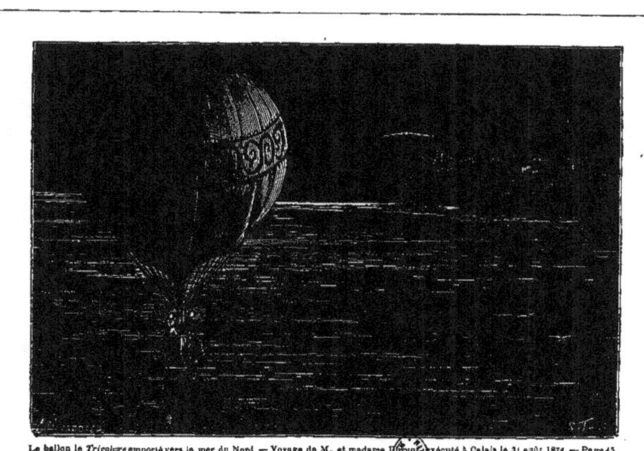

Le ballon le *Tricolore* emporté vers la mer du Nord. — Voyage de M. et madame Duruof exécuté à Calais le 31 août 1874. — Page 45.

globe, qui avait beaucoup souffert dans ses différents transports, ne pourrait me porter bien loin. »

Zambeccari était accompagné par deux fidèles amis, Andreoli et Grassetti. Plongés dans les ténèbres, accroupis dans la nacelle, ils eurent à souffrir les plus cruelles morsures du froid. A deux heures du matin, les voyageurs crurent entendre le mugissement de la mer. La nuit était si obscure qu'ils ne purent même pas observer le baromètre. Après une heure d'angoisses, ils se virent suspendus à quelques mètres seulement au-dessus des vagues de l'Adriatique.

Au lever du jour, Zambeccari aperçoit au loin un rivage qui s'ouvre à l'horizon. Mais les courants aériens tournent subitement et le rejettent vers la haute mer, c'est-à-dire vers l'agonie, vers le tombeau ! Voilà quelques navires qui apparaissent; mais le ballon peu connu est un objet d'effroi : les navires s'éloignent en toute hâte. Cependant le capitaine de l'un d'eux a pitié des naufragés. A huit heures du matin, les aéronautes sont hissés à bord du vaisseau : Grassetti donne à peine signe de vie, Zambeccari et Andreoli sont presque évanouis.

Quelques années plus tard, Zambeccari, cet homme dont un célèbre voyageur russe a pu dire : « Ses regards sont des pensées », est victime de son courage. Le 21 septembre 1812, le ballon de l'illustre aéronaute, forcé en quelque sorte à précipiter son ascension, est incendié au milieu des airs, non loin de Bologne, par le contact de l'appareil de dilatation avec le feu dont il est muni. On trouve à terre une machine mise en cendres, un corps humain en lambeaux, à moitié carbonisé. Voilà tout ce qui restait de Zambeccari et de sa fortune !

Bien des aéronautes ont été, comme Zambeccari, victimes des sarcasmes d'une partie de la foule. L'aéronaute français Arban se trouva, en 1846, dans une situation plus critique encore. Il avait annoncé une ascension à Trieste, le 8 septembre. A quatre heures de l'après-midi, non-seulement le ballon n'était pas gonflé, mais un accident survenu aux tuyaux à gaz rendait l'opération difficile et lente. Le public s'impatiente, murmure, profère des menaces. Arban, indigné, veut partir coûte que coûte. Il attache sa nacelle au cercle, mais le ballon, mal gonflé, n'a pas une force ascensionnelle suffisante pour s'élever. Cependant les huées s'accentuent. L'aéronaute exaspéré détache sa nacelle, se cramponne au cercle, et s'élève, sans guide-rope, sans ancre, à cheval sur une corde qu'il a fixée au filet. Dans un tel équipage, Arban a le malheur d'être saisi par un courant aérien supérieur qui le jette sur l'Adriatique. On le suit longtemps à l'aide de lunettes; on lance des barques et des canots à sa poursuite. Tout est inutile. L'aérostat se perd bientôt dans les brumes de l'horizon, Cependant Arban, toujours accroché à sa corde, plane pendant deux heures au-dessus des flots de l'océan ; puis il tombe dans la mer. A huit heures du soir, il est presque complétement englouti, mais la sphère de gaz le soulève encore de vague en vague. A onze heures, ses forces le trahissent. Il va périr, quand tout à coup, une barque apparaît; elle est montée par deux braves pêcheurs, François Salvagne et son fils. Les deux marins font force de rames, et recueillent à leur bord Arban, qui ressemble plus à un mort qu'à un vivant.

Quelques années après ce naufrage, Arban fait une ascension à Barcelone. Il se dirige vers la Méditerranée, et disparaît à tout jamais.

On voit que les sinistres aériens sont généralement dus à la perte de l'aérostat au-dessus de la mer. Plusieurs ascensions maritimes ont attiré spécialement l'attention du public dans ces dernières années; nous en résumerons l'histoire pour compléter un tableau rapide de quelques remarquables drames aériens.

En 1868, à Calais même, Duruof fait un premier voyage au-dessus de la mer du Nord, dans son ballon le *Neptune*, où il avait bien voulu m'offrir une place. Deux courants aériens superposés nous permirent, comme nous le verrons dans la deuxième partie de ce volume, de nous aventurer à deux reprises différentes à plusieurs lieues en mer, pour revenir deux fois sur le rivage.

Le 26 septembre 1860, le *Neptune* s'élève de Monaco, avec Duruof et

Bertaux; l'aérostat trouve au-dessus des nuages, comme à Calais, un courant supérieur qui le dirige au-dessus de la Méditerranée. Les nuages deviennent humides et surchargent le ballon d'un poids tel, que rien ne peut arrêter sa chute vertigineuse; il tombe au milieu de la Méditerranée; et est entraîné de vague en vague. Par bonheur, le vent inférieur souffle vers le rivage, où les deux voyageurs abordent comme l'auraient fait des marins dans une barque à voile.

Une autre fois encore, le 31 août 1874, Duruof, accompagné de sa jeune femme, fait une nouvelle ascension à Calais, où ils s'élève dans les airs, à sept heures du soir, malgré le vent qui souffle en droite ligne vers les profondeurs de la mer du Nord. Les deux aéronautes, excités par une certaine partie de la foule, étrangère à la ville de Calais nous devons le dire, croient que leur honneur est en jeu, et ils aiment mieux affronter les périls du voyage que les humiliations du public. Le petit aérostat le *Tricolore*, qui cube huit cents mètres, est tout frais verni; il traverse la ville de Calais, la jetée, et se perd bientôt dans la brume, déjà sombre, de l'horizon. Après une longue nuit passée à une faible hauteur au-dessus du niveau de l'océan, Duruof, au lever du jour, aperçoit quelques navires. Il prend la résolution de ramener le *Tricolore* à la surface de l'océan. Alors commence un naufrage terrible. La nacelle est baignée au sein des flots. Madame Duruof, épuisée d'émotion, de fatigue, reste assise au milieu du panier d'osier, où des vagues immenses l'engloutissent parfois complétement.

Des flots se heurtent sur l'enveloppe du ballon, qu'ils menacent de mettre en pièces. Cependant Duruof ne perd pas courage; ils soutient sa compagne, il la console, et lui montre un navire qui s'approche, un canot qui est mis à la mer, et où des marins font force de rames. Mais la malheureuse jeune femme n'entend plus rien, elle est presque évanouie, elle n'a plus conscience de ce qui se passe. Encore quelques minutes, et le dernier souffle qui l'anime va s'éteindre. Grâce au ciel! cette barque est conduite par deux robustes marins anglais, le capitaine Oxley et son second, Bascombe; ils approchent enfin du ballon le *Tricolore*, et ils en saisissent la corde d'ancre qui est à la surface des flots. Ils se mettent en mesure de la tirer. Mais l'aérostat est soulevé par le vent, il entraîne la chaloupe et menace de la faire chavirer. Moment terrible ! Les sauveteurs vont-ils périr avec les naufragés? L'énergie, l'audace, trouvent leur récompense. Duruof et sa femme sont sauvés et conduits à bord du navire anglais le *Grand-Charge*.

On voit par ces exemples que si des aéronautes se sont perdus en mer, il en est d'autres qui ont eu le bonheur d'échapper au péril et qui ont opéré leur descente à la surface de l'eau. Ces ascensions ne sont généralement au reste que des actes d'une témérité souvent stérile ; elles pourraient apporter au contraire le plus utile concours à l'étude de l'atmosphère, à la météorologie, si elles étaient exécutées dans des conditions spéciales, si les ballons était munis d'appareils qui fussent de nature à permettre à l'aéronaute de séjourner en quelque sorte à la surface de l'océan. Dans de telles conditions, il pourrait attendre le secours de quelque navire, sans craindre d'être entraîné au loin, par des vents impétueux.

L'infortuné Sivel, une des nobles victimes du *Zénith*, a réussi à exécuter plusieurs acensions maritimes, en diminuant singulièrement les chances de naufrage; il employait une corde traînante, munie à son extrémité inférieure d'un cône en toile, qui se remplissait d'eau, formait un frein pour l'aérostat, le maintenait captif au niveau de la mer; l'aéronaute attendait en toute sécurité des embarcations de sauvetage. Avec ce système si l'on désire continuer son voyage, à l'aide d'une cordelette fixée au fond du cône, on le retourne et le vide : aucun obstacle ne s'oppose plus alors à la marche du ballon.

Sivel est jadis descendu dans le golfe de Naples, où, grâce à son *cône-ancre*, il n'a pas été emporté au large, et où des barques n'ont pas tardé à venir à son aide. Le 19 août 1874, Sivel a pu de même s'élever de Copenhague, avec un vent de nord-ouest qui lui permettait de tenter une traversée du Sund pour atterrir en Suède. Mais vers le milieu du détroit, le vent passe au nord. Sivel a charge d'âmes : trois passagers ont tenu à l'accompagner dans son voyage, aussi ne veut-il pas se risquer dans une aventureuse traversée. L'aéronaute ouvre la soupape de son ballon, il se rapproche de la mer, il lance à l'eau son guide-rope muni du *cône-ancre;* l'appareil se remplit d'eau ; l'aérostat reste captif au dessus des vagues. Les voyageurs

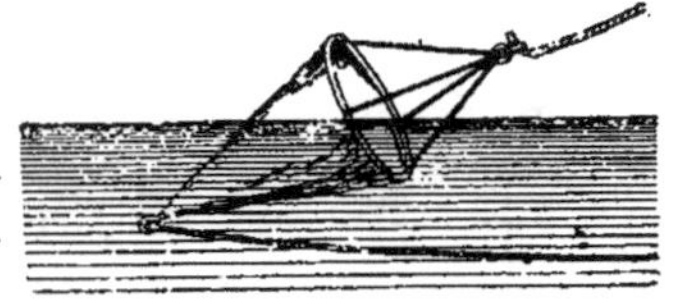

Le cône-ancre de Sivel pour les voyages aériens maritimes.

séjournent ainsi près d'une heure mollement bercés par la brise, à une centaine de mètres du niveau de l'océan.

Bientôt deux bateaux-pilotes fendent les vagues, accompagnés de trois bateaux de pêche, les marins saisissent les cordes qui sont lancées de la nacelle ; ils attirent à eux l'aérostat et le font descendre à bord. Le ballon est immédiatement dégonflé à l'aide de la corde de déchirure ; les voyageurs reviennent à terre, et terminent ainsi leur ascension par une expédition maritime.

Ce mode de descente aérostatique en mer est, on le voit, très-simple, très-efficace, très-pratique. De combien de perfectionnements semblables les ballons ne seront-ils pas susceptibles ?

Nous ne prolongerons pas l'énumération des ascensions et des drames aérostatiques, dont le récit pourrait prendre des proportions trop considérables. Le Nouveau Monde, l'Angleterre, l'Italie, la Russie, et surtout la France, qui a toujours gardé le premier rang dans l'aéronautique, ont été le théâtre d'une infinité de voyages aériens. Parmi les innombrables ascensions exécutées depuis trente ans, beaucoup d'entre elles n'ont fourni que des divertissements publics tout à fait stériles, et celles qui ont été faites pendant de longues années à l'Hippodrome de

Paris doivent être particulièrement citées à cet égard. On se rappelle encore *les filles de l'air*, habillées en déesses, qui s'élevaient en ballon, attachées à une nacelle dissimulée par un nuage de carton ; on n'a pas oublié les ascensions gymnastiques où l'*intrépide Thévenin* faisait

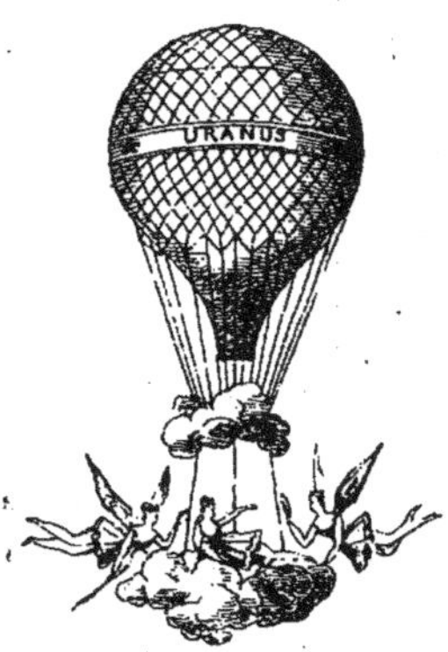

Les filles de l'air à l'ancien Hippodrome.

du trapèze au-dessous de la nacelle, etc. On a presque absolument renoncé à ces mises en scène inutiles et indignes de l'aéronautique. Nos aéronautes, aujourd'hui, exécutent encore de nombreuses ascensions publiques, mais ils popularisent ainsi un grand art, ils offrent l'exemple de l'énergie, du sang-froid, de l'intrépidité, et ils ont prouvé pendant la guerre que la patrie pouvait compter sur eux à l'heure du danger. Nous ne parlerons pas des centaines de voyages aériens que madame Poitevin, les frères Eugène, Louis et Jules Godard ont exécutés, ni de ceux qui ont été entrepris par les Duruof, les Camille d'Artois, etc. ; ils sont connus de tous et ont bien souvent attiré l'attention publique. Nous mentionnerons d'une façon spéciale les émouvantes campagnes du ballon le *Géant*, que Nadar avait exécutées dans le but de créer à l'aviation de puissantes ressources, et nous terminerons ce chapitre en donnant une idée de ce qu'est le ballon et de ce que sont les ascensions.

On est obligé de reconnaître que le ballon dont se servent les aéronautes actuels ne diffère guère des premiers aérostats. Tandis que toutes les applications de la science ont fait des progrès étonnants depuis quatre-vingts ans, le ballon est resté stationnaire. Nous

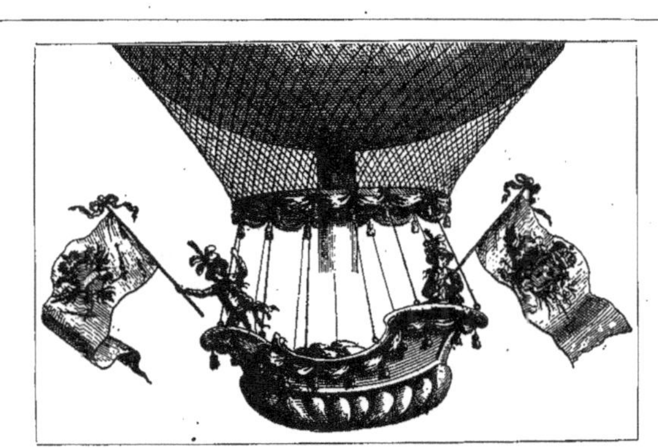

Spécimen d'une ancienne nacelle aérostatique. — Le ballon de Blanchard à la fin du XVIIIe siècle, d'après une gravure du temps. — Page 52.

analyserons les causes de ce *statu quo* en parlant des ballons dirigeables, et sans nous arrêter ici sur cette question, nous décrirons
en quelques mots l'aérostat.

C'est un sphère généralement allongée à sa partie inférieure, et
dont le volume varie, pour les ascensions ordinaires, de 600 à 3,000 mètres cubes. Les ballons du siége de Paris cubaient 2000 mètres (¹).

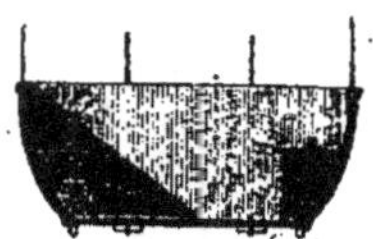

Nacelle d'un aérostat (coupe).

Ancre.

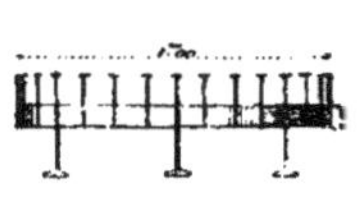

Cercle d'un aérostat.

Gabillot.

L'étoffe employée a longtemps été la soie; mais la soie est d'un
prix considérable, on l'a remplacée par la percaline. Les notions
les plus élémentaires de la géométrie permettent de tailler les *fuseaux;*

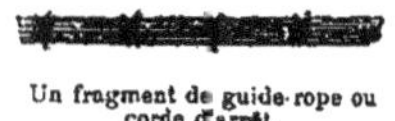

Un fragment de guide-rope ou corde d'arrêt.

lorsque l'étoffe est cou-
pée, les fuseaux sont
cousus soit à la main,
soit à la machine à cou-

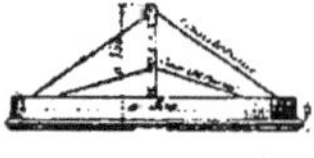

Soupape d'un aérostat fermée

dre. Quand le ballon est ainsi confectionné, on le rend imperméable
en l'enduisant d'un vernis formé
d'huile de lin réduite aux deux
tiers de son volume par l'ébullition.

Le ballon, à sa partie supérieure,

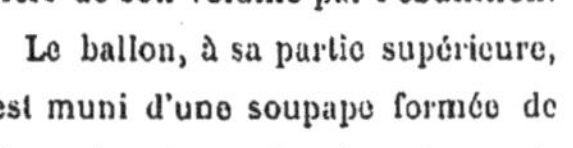

Un sac de lest.

est muni d'une soupape formée de
deux clapets que des tiges de caout-

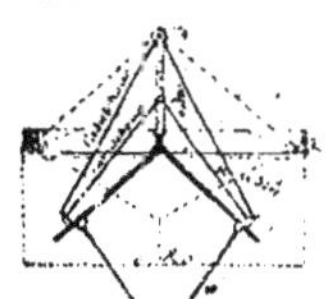

Soupape d'un aérostat ouverte.

chouc tiennent fermés, et qui s'ouvrent quand on
tire de la nacelle la corde qui s'y trouve fixée et qui pend naturelle-

(1) Quand on confectionnait les ballons avec de la soie, et qu'on les remplissait
avec de l'hydrogène dont la force ascensionnelle considérable est de 1,100 grammes

ment au milieu du ballon. A sa partie inférieure, le ballon est muni d'un orifice béant, l'*appendice*, destiné à permettre au gaz de s'échapper par la dilatation. La sphère d'étoffe, gonflée de gaz de l'éclairage, est maintenue par un filet qu'une couronne maintient au cadre de la soupape. Le filet, à sa partie inférieure, se termine par trente-deux cordelettes, qui se réunissent à un cercle de bois au moyen de boucles s'adaptant à des *gabillots*. La nacelle s'attache à ce même cercle par l'intermédiaire de cordes tressées dans l'osier dont elle est formée.

C'est au cercle que sont encore fixés les cordes d'ancre et le guide-rope destinés à l'atterrissage. Le guide-rope consiste généralement en une simple corde de 150 à 200 mètres, que l'on laisse traîner contre terre, quand la nacelle a touché le sol. Il est quelque fois formé d'une sangle plate hérissée de crins, et qui sous le même poids produit un frottement plus énergique, à la façon d'un véritable frein.

Autrefois les ballons se construisaient avec un grand luxe; nous croyons intéressant, après avoir décrit le ballon moderne, de donner une idée du ballon ancien. La nacelle de Blanchard, dont nous reproduisons le dessin d'après une gravure du temps, permettra de faire la comparaison (page 49).

Quand l'aérostat a quitté terre, il s'élève plus ou moins haut suivant la force ascensionnelle qu'il possède au départ. Un ballon de 2,000 mètres cubes a une force ascensionnelle de 1,400 kilogrammes, en admettant que le mètre cube de gaz de l'éclairage puisse enlever 700 gram., ce qui est à peu de chose près la vérité. Il faut déduire de cette force ascensionnelle le poids du ballon et de tout le matériel, qui est environ de 500 kilogrammes. S'il y a dans la nacelle six voyageurs pesant 70 kilogrammes chacun, soit 420 kilogrammes, le ballon sera équilibré à terre avec 480 kilogrammes de sable formant lest, ou 24 sacs de lest à 20 kilo-

environ par mètre cube, on pouvait leur donner un volume bien moindre. Un petit ballon de 400 mètres cubes suffisait amplement pour un voyageur. Avec la percaline et le gaz de l'éclairage, un ballon de 800 mètres peut enlever deux voyageurs, avec excès de lest, un ballon de 1,200 trois ou quatre et ainsi de suite.

grammes chacun. L'équilibrage du ballon s'opère par tâtonnement; pour déterminer l'ascension, il suffit de jeter quelques kilogrammes de lest.

Si le ballon n'est pas tout à fait imperméable, s'il se charge d'humidité, il tendra bientôt à redescendre; pour le maintenir dans l'air ou pour le faire monter, l'aéronaute jette du lest. S'il veut descendre, au contraire, il ouvre la soupape, et laisse échapper une certaine quantité de gaz.

Une fois dans l'atmosphère, l'aérostat se déplace avec le courant aérien dont il fait partie; aussi n'y a-t-il pas de vent en ballon, quand on se meut horizontalement. Le sentiment du calme, de l'immobilité absolue est ce qui frappe le plus le voyageur. L'aspect de la terre, légèrement creusée *en cuvette* au-dessous de la nacelle, offre encore un aspect nouveau et curieux. Cet effet s'explique très-aisément par les lois de la perspective. Le voyageur en ballon

Figure pour l'explication de la perspective aérienne.

La terre vue d'un aérostat.

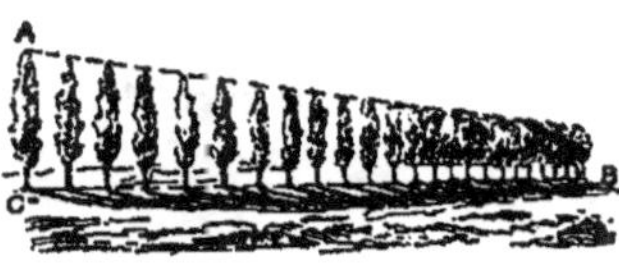

Seconde figure sur le même sujet.

voit se redresser l'horizon tout autour de lui, par la même raison qu'un observateur placé en haut d'un peuplier d'une longue avenue verrait sur l'horizontale A B le sommet de tous les arbres, et apercevrait la ligne de terre, comme si elle allait en montant. Si l'observateur était resté au pied de l'arbre, en C, c'est au contraire la ligne passant par le sommet des arbres qui lui semblerait descendre vers l'horizon, comme le fait voir notre seconde figure. L'effet de perspective dans l'aérostat est singulièrement augmenté, et il est plus saisissant encore, parce que nul objet ne vous rattache au sol et qu'on a le vide au-dessous de soi.

Il arrive très-fréquemment, dans le cours d'une ascension, que l'on perde complétement la terre de vue, quand on plane au-dessus des nuages ; d'autres fois, on ne l'aperçoit que d'intervalles en intervalles.

Le retour à terre, la descente, s'opère très-facilement et sans aucun danger, quand le vent est faible ; s'il souffle au contraire avec force, la nacelle est souvent heurtée violemment contre des obstacles, ou traînée contre le sol pendant quelques minutes. Mais avec le sang-froid, l'habitude du voyage aérien, on ne court réellement que de faibles risques dans les ascensions ordinaires, exécutées avec un bon matériel et conduites par une main habile et expérimentée.

Les documents les plus précis semblent indiquer que depuis 1783 plus de vingt mille personnes ont voyagé en ballon. On ne compte guère plus de vingt victimes, soit une par mille. Le nombre des sinistres est incomparablement plus élevé, à proportions égales, que dans les voyages en chemin de fer ou même en bateau à vapeur, mais il est encore assez faible pour rassurer les plus prudents et les plus timides. Ajoutons que sur les vingt catastrophes que l'on cite, il y en a plus de la moitié qui sont dues à l'incapacité, ou à une témérité mal raisonnée, et nous aurons convaincu nos lecteurs que le voyage aérien n'est pas dangereux.

CHAPITRE QUATRIÈME

L'illustre Charles a été véritablement prophète, en parlant de l'avenir qui était réservé à la découverte des ballons, à laquelle il venait de prendre en 1783 une si grande part. Il a annoncé les innombrables difficultés de détail que comportait la construction d'un ballon dirigeable ; il a dit qu'un long espace de temps s'écoulerait probablement avant que cette merveille ne soit créée par la science. Il a insisté sur les ressources de premier ordre que les ascensions pouvaient fournir à la météorologie, pour « mesurer les hauteurs de diverses couches de vent, leur densité, leur force ; prendre de l'air des nuées, l'analyser, etc. (¹). » Il a su prévoir enfin les aérostats militaires, voire même les ballons du siége de Paris. « N'oublions pas, dit-il en 1784, que les aérostats donnent la possibilité de transporter des lettres et des effets par-dessus une armée ennemie ; celle de demander des secours, et peut-être même, quand les neiges séparent les pays, de profiter des vents convenables, d'enjamber les plus hautes chaînes de montagnes, pour se communiquer les nouvelle pressées. »

Les prévisions de Charles, au point de vue de l'usage des ballons par les armées en campagne, allaient se réaliser dix ans après.

(1) *L'Art de voyager dans les airs.* Paris, 1784, page 37.

En 1793, lors du siége de la ville de Condé, le commandant
Chanal, homme d'action et d'intelligence, enfermé dans la place forte
investie, cherchait à tout prix à donner de ses nouvelles, à envoyer
des dépêches au colonel Dampierre, qui commandait une division
française hors des ligues d'investissement. Il recourut aux ballons. Il
fit construire un aérostat de papier qu'il lança en liberté dans l'espace, avec un petit paquet de dépêches. L'appareil tomba juste au milieu
du camp ennemi, et fournit au prince de Cobourg des renseignements sur la situation de la forteresse. Un tel début n'était pas
d'heureux présage pour la fortune future des aérostats messagers !

Mais ce fait isolé passa inaperçu : pendant que le commandant
Chanal tentait cette expérience, le célèbre chimiste Guyton de Morveau envisageait sous un tout autre aspect l'usage qu'on pouvait faire
des ballons pendant la guerre. Il proposa d'organiser des postes de
de ballons captifs pour étudier les mouvements de l'ennemi, pour surveiller du haut des airs ses allures et ses changements de position.

Sa proposition fut immédiatement acceptée par le Comité de salut
public.

La seule condition qui fut imposée à Guyton de Morveau, c'était de
préparer l'hydrogène destiné à gonfler ses ballons, sans employer d'acide
sulfurique fabriqué avec le soufre, dont on avait besoin pour
faire de la poudre. Lavoisier venait de découvrir un nouveau mode
de préparation de l'hydrogène, par l'action de fer chauffé au rouge
sur la vapeur d'eau. Guyton de Morveau, sans perdre de temps, court
au laboratoire de Lavoisier, fait en grand, un essai qui réussit; il
communique ce résultat important au Comité de salut public qui l'en-
courage dans ses essais. Aussitôt le célèbre chimiste s'adjoint un
physicien distingué, nommé Coutelle, et très-connu à Paris par
le beau cabinet de physique qu'il avait organisé avec toutes les ressources de la science de son temps.

Coutelle fait fabriquer à la hâte un aérostat de 9 mètres de diamètre ; il étudie les vernis, les conditions d'une bonne fabrication. Le Comité de salut public l'installe au Tuileries dans la salle des Maréchaux où il construit un grand fourneau, muni d'un long tube de fonte au milieu duquel la vapeur d'eau se décomposera par le contact de tournure de fer chauffé au rouge. Quand tout est prêt, Coutelle fait une première expérience; la production de l'hydrogène s'opère avec une grande facilité, comme le constatent les physiciens Charles et Conté, qui assistent aux détails de l'opération.

Dès le lendemain, Coutelle reçoit l'ordre d'aller se mettre à la disposition du général Jourdan qui vient de recevoir le commandement de *l'armée de Sambre-et-Meuse*. Il part, il arrive à Maubeuge. Mais l'armée française a quitté ses positions, il faut courir à six lieux de là, à Beaumont, chercher le quartier général. Coutelle arrive enfin près du général Jourdan, qui le reçoit d'un air rébarbatif. « Un ballon, dit-il, qu'est-ce que c'est que cela? Vous m'avez tout l'air d'un suspect, j'ai bonne envie de vous faire fusiller. » Coutelle s'explique. Le général Jourdan se calme; il ne demande pas mieux que de faire des essais; il appellera l'aérostier dès que le moment sera venu d'agir.

Cependant des expériences se continuent à Paris, avec Conté, cet homme si habile que Monge avait pu dire en parlant de lui : « il a toutes les sciences dans la tête et tous les arts dans la main, » et bientôt avec Coutelle qui est revenu de Beaumont. Un ballon construit dans de bonnes conditions s'élève quelques jours après à 500 mètres à l'état captif, et ouvre à l'œil un espace très-étendu; le Comité de salut public se décide à décréter la formation d'une compagnie d'*aérostiers militaires* à la tête de laquelle il place Coutelle.

Peu de temps après, Coutelle est à Maubeuge, avec son ballon et son équipe. La place vient d'être assiégée par les Autrichiens.

Le capitaine aérostier se met en mesure de construire son fourneau à gaz, de gonfler l'aérostat qu'il a baptisé l'*Entreprenant;* quand tout est prêt, il s'en va prévenir le général commandant en chef et le supplie de le faire agir immédiatement. Le lendemain, une sortie s'organise contre les Autrichiens ; Coutelle s'élance dans la nacelle de l'*Entreprenant* que

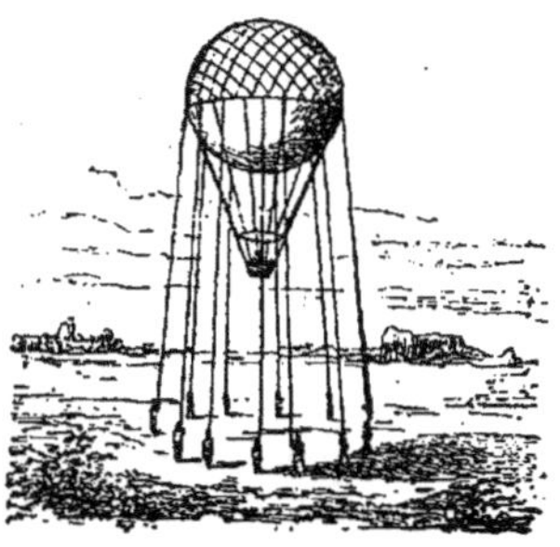

Le ballon captif de Contelle destiné aux observations militaires.

remorquent avec des cordes une poignée de soldats; il s'avance jusque sous le feu des ennemis, et deux de ses hommes sont grièvement blessés.

Rentré en ville après cette affaire, le ballon l'*Entreprenant* exécute des ascensions captives deux fois par jour. Du haut des airs, Coutelle lance à terre de petites dépêches attachées à un sac de sable, et fournissant le récit du spectacle qui s'offre à ses yeux. Chaque jour il donne de nouveaux détails sur les travaux des assiégeants qu'il

Le ballon de Coutelle sous sa tente-abri.

surveille du haut de son observatoire aérien.

L'ennemi s'inquiète vivement de ce ballon si nouveau pour lui, et qu'il voit planer dans l'espace, comme un œil mystérieux l'épiant sans cesse. Il lui tire des coups de canon, mais sans l'atteindre; quelques soldats autrichiens sont frappés d'une terreur superstitieuse devant ce globe, qu'ils considèrent comme une œuvre diabolique ; parfois ils s'agenouillent et se mettent en prières à l'aspect d'un tel prodige (¹).

Peu de temps après, le général Jourdan se dispose à aller investir Charleroi, où l'armée hollandaise se prépare contre la France à une rude résistance. Il donne l'ordre à Coutelle de transporter son aérostat de Maubeuge à Charleroi, qui n'est pas éloigné de moins de douze lieues. Ce n'est pas une entreprise facile, mais, malgré toutes les difficultés de la route, Coutelle arrive à bon port avec l'*Entreprenant* qu'il a fait transporter tout gonflé.

Il a fallu attacher à la hâte, tout autour du ballon, des cordes d'équateur, destinées à remorquer l'appareil par des piétons. Il a fallu faire passer l'*Entreprenant* au-dessus des toits de la ville de Maubeuge, lui faire franchir des bastions et des fossés ; il a fallu enfin tromper la vigilance des ennemis, leur dissimuler le passage d'un globe de soie de 10 mètres de haut ; l'entreprise a réussi au prix des plus rudes fatigues !

Quand l'*Entreprenant* apparaît aux yeux des Français campés autour de Charleroi, les soldats courent à sa rencontre en faisant retentir l'air de clameurs de joie. Ils lèvent les bras au ciel, en signe d'admiration, et bientôt la fanfare militaire retentit pour souhaiter la bienvenue au nouvel appareil.

Avant le fin du jour, Coutelle dirige son ballon captif vers la ville, et fait une reconnaissance importante ; il a aperçu les assiégés et a pu donner des renseignements utiles sur leurs forces et leurs positions. Le lendemain, l'aérostier de la République reste huit heures consécutives dans la nacelle, en compagnie du général Morelot ; le surlendemain, Charleroi capitule. La garnison hollandaise tout entière est faite prisonnière.

Quelques heures après, les Autrichiens accoururent au secours de la place investie, mais trop tard !

(1) *Mémoires sur Carnot.*

La prise de Charleroi eut une importance capitale dans les opérations de l'armée française, et le ballon de Coutelle n'a certainement pas été étranger à ce succès, qui prépara pour Jourdan la victoire de Fleurus.

En effet, les Autrichiens s'avancent rapidement vers Charleroi, sous les ordres du prince de Cobourg. L'armée française les attend de pied ferme sur les hauteurs de Fleurus, d'où elle va se précipiter bientôt pour écraser l'ennemi.

Vers la fin de la bataille, l'aérostat l'*Entreprenant* s'élève dans les airs, et pendant plusieurs heures de suite Coutelle envoie au général en chef des notes précieuses sur les mouvements de l'ennemi.

Jourdan n'hésita pas à reconnaître les services des aérostiers militaires, et Carnot, dans ses *Mémoires*, déclare que sans l'*Entreprenant* bien des opérations de l'armée autrichienne auraient été cachées au général français, par des accidents de terrain qui n'arrêtaient pas le regard de l'aéronaute juché dans sa nacelle.

Malheureusement, malgré cette brillante campagne, les aérostiers militaires devaient bientôt être arrêtés par de nombreux obstacles. — Coutelle, après Fleurus, suivit l'armée française avec son ballon, mais arrivé près des hauteurs de Namur, il reconnut que l'*Entreprenant*, usé par le service, était hors d'état de rester gonflé.

Pendant que ces événements se passaient, la Convention nationale ayant eu connaissance des premiers résultats fournis par les observations aérostatiques, prenait la décision de former une deuxième équipe d'aérostiers militaires, qui resterait à Meudon, où devait s'organiser une école aérostatique sous le commandement de Conté. Cette école aérostatique a très-heureusement fonctionné pendant plusieurs années; nous publions, à ce sujet, des gravures faites d'après les aquarelles inédites de Conté, et qui montrent comment on vernissait alors les ballons remplis d'air, et comment on les protégeait en campagne contre les efforts du vent. (Pages 64 et 65).

Bientôt nous retrouvons Coutelle au siége de Mayence d'où l'armée française veut déloger les Autrichiens. L'intrépide aérostier continue ses reconnaissances militaires.

Il reçoit un jour l'ordre de s'approcher de la ville avec son ballon captif, pour donner des renseignements sur l'état des fortifications. Il s'élance dans la nacelle, mais le vent souffle en rafales, et à peine l'aéronaute parvient-il à s'élever dans l'espace, car des bourrasques rejettent sans cesse l'*Entreprenant* vers la terre. A chaque rafale, les soixante-quatre aérostiers qui retiennent les câbles sont soulevés du sol. La nacelle par moments se heurte ; elle ne tarde pas à se briser sous l'action de chocs trop énergiques.

Malgré les efforts de Coutelle, malgré les tentatives renouvelées ailleurs, les aérostiers militaires ne retrouvèrent plus l'occasion de se signaler comme à Maubeuge, comme à Fleurus. Après quelques insuccès, après quelques accidents, au lieu de persévérer, Hoche se présenta, qui ne croyait pas aux ballons et qui demanda le licenciement du corps des aérostiers. Cependant l'école de Meudon resta toujours ouverte ; elle aurait certainement exercé de nombreux praticiens, contribué à l'organisation des équipes, à la construction des ballons, mais Bonaparte, à son retour de l'expédition d'Égypte, la fit fermer sans rémission. Le futur empereur connaissait les fondateurs de cette école, Coutelle et Conté, il savait quel était leur zèle pour la liberté, et leur dévouement pour la République.

L'école aérostatique fut fermée : elle attend encore sa réouverture !

L'étranger ne manqua pas de profiter des enseignements fournis par le ballon de Fleurus. Mais il ne se rencontra nulle part un autre Coutelle ou un nouveau Conté, car les différentes entreprises depuis, ne donnèrent aucun résultat. En 1812, les Russes étudièrent les aérostats au point de vue militaire ; ils ne se décidèrent pas à les utiliser pour les reconnaissances, mais ils songèrent à les employer à l'état libre, pour faire tomber, du haut des airs, des bombes sur l'armée française. Ils modifièrent ensuite ce projet, et firent construire à Moscou un immense ballon qui devait pouvoir porter au moins cinquante hommes. Cet aérostat ne fut jamais achevé; il est probable du reste qu'il n'aurait pu répondre aux espérances qu'il avait fait naître.

En 1815, Carnot, commandant en chef la ville d'Anvers, assiégée par l'ennemi, fit exécuter des reconnaissances en ballon captif, mais on manque de renseignements précis sur les expériences qui furent exécutées.

En 1826, l'attention du gouvernement français fut sérieusement attirée sur la question des ballons militaires, par un ancien professeur de l'Ecole militaire, M. Ferry. Une commission fut nommée, elle approuva les projets de M. Ferry, et termina son rapport en disant que les premiers travaux des aérostiers de la République devaient être continués.

Le gouvernement de la Restauration engloutit le rapport de la commission et le mémoire de M. Ferry dans le profondeurs les plus cachées de ses cartons ministériels !

En 1849, les Autrichiens, pendant le siége de Venise, gonflèrent des petits ballons de papier, munis de bombes, qui devaient tomber sur la ville assiégée. Ils lancèrent deux cents de ces ballonneaux incendiaires. Les ballons s'élèvent, ils marchent sur Venise, ils s'élèvent encore, et sont pris par un contre-courant qui les ramène sur la campagne occupée par l'armée autrichienne, où les bombes incendiaires viennent tomber, sans causer de grands dégâts.

Depuis cette époque, on ne retrouve plus les ballons militaires que de l'autre côté de l'Atlantique. Pendant la guerre des États-Unis, le général Mac-Clellan recourut, en 1861, aux aéronautes La Mountain et Allan qui employaient des ballons de soie gonflés par l'hydrogène; ce gaz était produit dans des batteries rectangulaires montées sur des roues et trainées par des chevaux. Il se formait par voie humide, sous l'action du fer en contact avec de l'eau acidulée. La Mountain part un jour du camp de l'Union, traverse Washington dans un ballon que les hommes tiennent captif, puis, coupant ses cordes, il s'élève en liberté. Il embrasse d'un seul coup d'œil le panorama des positions ennemies, et prend des notes minutieuses qu'il communique au gé-néral Mac - Clellan, après être descendu à Maryland.

M. Allan entreprit sans grand succès des expériences de télé-graphie aérostatique; mais, dans cet ordre de tentatives, d'au-tres essais satisfai-sants furent tentés en Amérique, comme nous l'apprend le *Journal militaire de Darmstadt.*

Gonflement d'un ballon militaire en Amérique au moyen des batteries montées sur roues.

« Dans les derniers jours de mai 1862, dit ce journal, l'armée unio-niste, campée devant Richmond, lança au-dessus de la place un ballon captif. Un appareil photographique fut dirigé vers la terre et permit de prendre, en perspective, sur une carte, tout le terrain de Richmond à Manchester, à l'ouest, et à Chikahoming, à l'est. La rivière qui arrose la capitale, les cours d'eau, les chemins de fer, les chemins de traverse, les marais, bois de pins, etc., furent tracés ; on y porta aussi la dispo-sition des troupes, batteries d'artillerie, infanterie et cavalerie. On en tira deux exemplaires. On les divisa en 64 parties, comme un champ de bataille, avec les signes conventionnels, A, A°, etc. Le général Mac-Clellan eut un de ces exemplaires, le conducteur du ballon eut l'autre.

« L'armée fut d'abord retenue dans le camp, par le mauvais temps, une journée tout entière ; le 1ᵉʳ juin, l'aérostat s'éleva, vers midi, à une hauteur de plus de mille pieds, au-dessus du champ de bataille, et se mit en relation avec le quartier général par un fil télégraphique. Pendant une heure, les mouvements de l'ennemi furent signalés avec exactitude.

Tente-abri destinée à garantir du vent un aérostat militaire.
(d'après une aquarelle inédite de Conté). — Page 60.

Une demi-heure plus tard, la dépêche porta : *Sortie de la maison Cadeys.* Mac-Clellan put, en un [instant, donner ordre d'avancer au général Heinsselman, et prescrivit au général Summer, qui était déjà au delà de Chikahoming, de marcher tout de suite sur la petite rivière. Les deux divisions, réuries en deux heures de temps, faisaient face à l'ennemi, et défendaient le champ de bataille. Partout où les assiégés hasardèrent le combat, ils furent repoussés avec des pertes considérables, et furent attaqués sur les points les plus faibles par des forces supérieures. Ils

Opération du vernissage d'un ballon à l'ancienne école aérostatique de Meudon,
(d'après une aquarelle inédite de Conté). — Page 60.

dirigèrent cortre le ballon un canon rayé, d'une énorme portée. Les projectiles firent explosion, près du ballon, et si près que les aéronautes jugèrent prudent de s'éloigner. Le ballon fut descendu à terre; lancé dans une autre direction, et assez haut pour être hors de portée des pièces ennemies, il fut mis de nouveau en communication avec la terre ferme, et l'armée assiégeante eut avis que de fortes masses de troupes accouraient sur le champ de bataille dans une autre direction. Dès qu'elles furent arrivées à la portée du canon des fédéraux, elles se virent prévenues avec une rapidité qui dut leur paraître inconcevable. Il semblait que le Dieu des batailles les eût complétement abandonnées en ce jour. Elles se voyaient conduites en avant pour servir de but au canon des Yankees. Elles ne pouvaient suivre aucune direction, sans rencontrer un mur de baïonnettes impénétrable. Toutes les tentatives de l'armée du Sud pour enfoncer les lignes ennemies ayant échoué, Mac-Clellan commanda une attaque générale à la baïonnette et repoussa ses adversaires avec une perte énorme. Ce général n'eût pu obtenir un succès aussi complet sans le secours du ballon, et sans l'appareil dont il était muni ([1]). »

L'aérostation militaire, malgré ses triomphes, devait disparaître dans un long oubli. Il a fallu que l'ennemi vienne nous écraser pour nous faire sortir de notre torpeur ; il a fallu que Paris, la première métropole du monde fût investie, cernée, bloquée par les innombrables légions des Barbares modernes, pour que l'on s'aperçût enfin que les ballons valaient la peine d'être gonflés.

L'histoire n'oubliera pas les aérostats du siége de Paris, car ils représentent le seul succès que la France ait remporté sur l'ennemi. En passant dans les airs, au-dessus des armées victorieuses, les aéronautes ont montré que, malgré les défaites et l'abus de la force, un grand peuple sait toujours rencontrer, quand il le veut, le chemin de la liberté.

Rappelons que pendant le siége de Paris 64 ballons ont franchi les lignes ennemies, 5 d'entre eux ont été faits prisonniers, 2 autres se sont perdus en mer. Ils ont enlevé dans les airs 64 aéronautes, 91 passagers, 363 pigeons voyageurs, et 9 000 kilogrammes de dépêches, représentant 3 000 000 de lettres du poids de 3 grammes. (Voir l'*Appendice*.)

([1]) *Application des aérostats à l'art de la guerre*, publié dans le *Journal militaire de Darmstadt*, traduit par le colonel d'Herbelot.

CHAPITRE CINQUIÈME

Le globe terrestre peut être considéré comme entouré de deux océans concentriques, l'un liquide, qui ne couvre que les trois quarts de sa surface, c'est la mer; l'autre gazeux, qui l'enveloppe complétement, c'est l'atmosphère.

Tandis que la science de la mer est créée, la science de l'air est encore à faire. La météorologie est à l'état d'enfance, elle ne fait que balbutier ses premiers mots; elle n'entrevoit que vaguement jusqu'ici les lois qui dirigent les courants atmosphériques. Cela tient à ce que l'observateur terrestre ne peut apprécier que les vents superficiels; plongé dans les bas-fonds de l'océan atmosphérique, il ignore ce qui se passe dans les hautes régions de l'air. La météorologie est une science de faits et d'observation; pour lui apporter les faits, il faut aller les chercher; pour bien connaître ces fleuves de l'air, il faut se baigner dans leurs cours, il faut y monter, de même que pour étudier les fleuves de la mer il a fallu y naviguer. Si l'explorateur veut accomplir ce voyage de l'oiseau, le ballon est jusqu'ici l'unique et admirable engin qui puisse l'emporter dans le pays des nuages. Le ballon constitue la meilleure des sondes atmosphériques, puisqu'elle entraine avec elle le sondeur lui-même.

L'application des aérostats à la météorologie a été comprise par tous les savants, dès l'apparition même des premiers ballons. « L'aérostat, disent en 1783 les membres de l'Académie des sciences, chargés du rapport sur la machine inventée par les Montgolfier, pourra être employé dans beaucoup d'usages pour la physique, comme pour mieux connaître les vitesses et les directions des différents vents qui soufflent dans l'atmosphère... pour s'élever jusque dans la région des nuages, et y aller observer les météores (1). »

Les hommes les plus illustres, Euler, Guyton de Morveau, Arago, ont affirmé l'importance des observations météorologiques en ballon, et, à notre époque, nos savants les plus éminents ont toujours encouragé l'étude de l'atmosphère par les voyages aériens. Lors de la séance générale de la Société française de navigation aérienne en 1874, l'honorable .président de cette Société, M. Hervé Mangon, a parfaitement résumé dans une éloquente allocution l'opinion des savants actuels :

« Les applications de l'aéronautique aux études météorologiques, a dit M. Mangon, sont nombreuses et importantes ; elles doivent être actuellement, permettez-moi de vous le répéter après M. Janssen, le but principal de vos efforts et de vos travaux. Les phénomènes qui s'accomplissent dans l'atmosphère sont à peine connus ; nous ignorons comment se forment la grêle, les orages, les brouillards, les aurores boréales ; nous ne connaissons pas davantage les lois des courants aériens. Obligés de ramper à la surface de la terre, les observateurs ne pouvaient étudier, en effet, que la couche inférieure de l'atmosphère ; ils ne pouvaient faire que de la météorologie incomplète, de la météorologie à deux dimensions, si l'on peut parler ainsi. Il appartient, au contraire, aux aéronautes de parcourir l'espace en tous sens, de constituer la météorologie complète, la météorologie à trois dimensions (2). »

L'année précédente, M. Janssen, président de la Société, disait avec non moins de conviction en parlant de l'aérostation scientifique :

« Il y a là un champ immense d'études et toute une science à créer.

(1) *Rapport fait à l'Académie des sciences sur la machine inventée par MM. de Montgolfier*, le 23 décembre 1783, par Le Roy, Tillet, Brisson, Cadet, Lavoisier, Bossut, le marquis de Condorcet et Desmaret.
(2) *L'aéronaute*, 8e année, 1875, p. 11 et suiv.

Cette science ne pouvait se constituer sans l'instrument indispensable, qui est l'aérostat. Le champ est immensément riche, il est vierge, et les premiers qui s'y élanceront, s'ils sont instruits, persévérants, courageux, y feront des découvertes capitales (¹). »

On se demandera peut-être, comment il se fait que les résultats obtenus au point de vue météorologique, dans plus de vingt mille ascensions exécutées depuis l'expérience d'Annonay, n'aient encore qu'une faible importance. Nous ferons observer que parmi ces nombreux voyages, il y en a tout au plus une centaine qui aient été entrepris par des observateurs munis d'appareils et d'instruments, et que si les promenades aériennes sont en quelque sorte innombrables, les explorations véritablement scientifiques sont extrêmement rares.

Charles avait compris l'importance de l'aérostation scientifique ; s'il eut l'insigne honneur de créer l'art aéronautique, il eut encore celui d'emporter pour la première fois dans la nacelle aérienne les instruments de mesure de la pression atmosphérique et de la température. Mais Charles, après la belle ascension qui a immortalisé son nom, ne remonta jamais dans les airs.

Blanchard dans sa seizième ascension aérostatique, exécutée à Gand le 20 novembre 1785, s'éleva, comme nous l'avons dit précédemment, à une grande hauteur; il prétend même, mais, hâtons-nous de le dire, sans preuve suffisante à l'appui, qu'il monta à 32 mille pieds. Cela n'est pas vraisemblable. Cependant il ressentit l'influence de la dépression atmosphérique.

« Je voguais, dit-il, dans l'immensité des airs à la merci des vents, éprouvant un froid que jamais mortel n'a ressenti dans les climats les plus rigoureux. La nature languissait; j'éprouvais un engourdissement, prélude d'un sommeil dangereux (²). »

(1) *L'aéronaute*, 7ᵉ année, 1874, p. 48 et suiv.
(2) *Relation du seizième voyage aérien de M. Blanchard, fait à Gand le 20 novembre 1785*. Une brochure grand in-8°. A Gand, 1786.

Blanchard manquait d'une instruction scientifique sérieuse, et, malgré l'admiration que doit inspirer son intrépidité et son amour de l'aérostation, il ne faut accepter ses affirmations qu'avec une certaine réserve.

Le physicien Robertson exécuta en 1803 la première ascension véritablement scientifique. Le beau voyage qu'il accomplit à Hambourg le 18 juillet 1803, avec son compagnon Lhoëst, attira l'attention du monde savant dans l'Europe entière. Pour la première fois il atteignit d'une façon certaine les hautes régions de l'atmosphère, et entreprit une série d'expériences sur le magnétisme, l'électricité, la température, etc. Robertson rapporte les effets de la dépression à grande hauteur.

« Nous éprouvions une anxiété, un malaise général; le bourdonnement d'oreilles que nous souffrions depuis longtemps augmentait d'autant plus que le baromètre dépassait les 13 pouces. La douleur que nous éprouvions avait quelque chose de semblable à celle que l'on ressent lorsque l'on plonge la tête dans l'eau. Nos poitrines paraissaient dilatées et manquaient de ressort; mon pouls était précipité; celui de M. Lhoëst l'était moins : il avait, ainsi que moi, les lèvres grosses, les yeux saignants; toutes les veines étaient arrondies et se dessinaient en relief sur mes mains. Le sang se portait tellement à la tête qu'il me fit remarquer que son chapeau lui paraissait trop étroit. Le froid augmentait d'une manière sensible; le thermomètre descendit alors assez brusquement jusqu'à 2 degrés et vint se fixer à 5 1/2 au-dessous de glace, tandis que le baromètre était à 12 pouces 4/100. A peine me trouvai-je dans cette atmosphère, que le malaise augmenta; j'étais dans une apathie morale et physique; nous pouvions à peine nous défendre d'un assoupissement que nous redoutions comme la mort ([1]). »

Robertson a fixé, d'après le baromètre, la hauteur qu'il a atteinte,

<hr>

[1] *Mémoires récréatifs, scientifiques et anecdotiques du physicien-aéronaute* E.-G Robertson. 2 vol. in-8°, ornés de planches et de figures. Tome deuxième, p. 65 et suiv. Paris, 1840.

nonpas à 7,400 mètres comme on l'a dit dans la plupart des *Traités aéronautiques*, mais à 3,679 toises, ou 7,170 mètres (la toise valant
1^m,949).

En quittant l'Allemagne, Robertson se rendit en Russie. Les résultats
qu'il avait obtenus, lors de son ascension sur la décroissance du magnétisme terrestre, attirèrent l'attention de l'Académie des sciences de Saint-
Pétersbourg, qui lui proposa de les vérifier dans une nouvelle expérience.

La deuxième ascension de Robertson eut lieu avec le concours d'un
savant moscovite, Saccharoff, et confirma les premières affirmations du
physicien français.

Les faits si nouveaux, si imprévus qui venaient d'être mis en évidence
soulevèrent des objections au sein de l'Académie des sciences de Paris
et Laplace ne tarda pas à demander que l'on entreprît de nouvelles
expériences : la proposition du grand astronome fût appuyée par Ber-
thollet et par quelques autres académiciens. Chaptal, alors ministre de
l'intérieur subvint aux frais de l'entreprise.

Biot et Gay-Lussac furent désignés pour exécuter l'ascension et Conté,
l'ancien directeur de l'École aérostatique de Meudon, fut chargé de construire et d'appareiller l'aérostat.

C'est du jardin du Conservatoire des Arts et Métiers que Biot et Gay-
Lussac s'élevèrent, le 20 août 1804 ; ils exécutèrent une série d'expériences thermométriques et barométriques, ils observèrent l'influence
exercée par la dépression de l'air sur quelques animaux qu'ils avaient
emportés ; ils s'attachèrent à l'étude des manifestations électriques et
surtout à celle de la décroissance de la propriété magnétique avec l'altitude. Quant à ce qui concerne ce dernier point, ils établirent que la propriété magnétique n'éprouve aucune diminution appréciable depuis la
surface de la terre jusqu'à 4,000 mètres, altitude maxima qu'ils avaient
atteinte.

Biot et Gay-Lussac constatèrent enfin pour la première fois que l'hygromètre marchait constamment vers la sécheresse à mesure qu'ils s'élevaient dans l'atmosphère ; ils indiquèrent ainsi la loi de décroissance de l'humidité avec l'altitude.

Ce premier voyage aérien offrait à la science un grand nombre de problèmes à élucider. Gay-Lussac résolut de recommencer l'expérience, et le 16 septembre 1804 il entreprit seul une magnifique ascension à grande hauteur et s'éleva à l'altitude de 7016 mètres.

Dans ce voyage, Gay-Lussac recueillit de l'air à 6,500 mètres, pour le soumettre à l'analyse, il mesura à l'altitude de 4,000 mètres environ, les oscillations de l'aiguille aimantée, il confirma ses premières observations sur la décroissance de l'humidité de l'air avec l'altitude. Il apporta enfin des documents d'un haut intérêt sur les effets physiologiques de la raréfaction de l'air, à l'altitude de 6,977 mètres au-dessus de Paris ou de 7,016 mètres au dessus du niveau de la mer.

« Quoique bien vêtu, dit Gay-Lussac, je commençais à sentir le froid, surtout aux mains, que j'étais obligé de tenir exposées à l'air. Ma respiration était sensiblement gênée, mais j'étais encore bien loin d'éprouver un malaise assez désagréable pour m'engager à descendre. Mon pouls et ma respiration étaient très-accélérés : aussi, respirant fréquemment dans un air très-sec, je ne dois pas être surpris d'avoir eu le gosier si sec, qu'il m'était pénible d'avaler du pain. Avant de partir, j'avais un léger mal de tête provenant des fatigues du jour précédent et des veilles de nuit, et je le gardai toute la journée, sans m'apercevoir qu'il augmentait. Ce sont là toutes les incommodités que j'ai éprouvées (¹). »

Les mémorables expériences dont nous venons de présenter un tableau sommaire ont ouvert la voie à celles que les savants ont exécutées depuis vingt ans. Un bien long intervalle de temps s'est écoulé entre l'ascension de Gay-Lussac, et celles que MM. Barral et Bixio ont exécutées en 1850 dans le dessein d'entreprendre une nouvelle série d'observations et d'expériences scientifiques.

(1) *Annales de chimie*, t. LII, p. 75-94 an XIII.

Biot et Gay-Lussac dans leur nacelle. (Ascension du 20 août 1804.) — Page 60.

Le 29 juin 1820, à 10 heures et demie du matin, MM. Barral et Bixio partirent de l'Observatoire de Paris, dans la nacelle d'un aérostat gonflé à l'hydrogène pur, et que Dupuis-Delcourt avait mis à leur disposition. M. Regnault avait construit les instruments, baromètres, thermomètres, hygromètres, ballons pour recueillir l'air, destinés au voyage. Mais par suite d'un accident, l'ascension ne dura que quarante-cinq minutes, et ne put donner de résultats. Un second voyage fut accompli par les mêmes observateurs, le 27 juillet, et il se signala par des circonstances remarquables. A la hauteur de 7004 mètres, les voyageurs rencontrèrent pour la première fois un nuage formé, non pas de vésicules d'eau, mais de paillettes de glace, et ils y virent descendre le thermomètre à 39° au-dessous de zéro. Les expériences exécutées pendant le voyage furent nombreuses et intéressantes; l'altitude atteinte fut considérable. Les voyageurs s'élevèrent en effet à 7 030 mètres, ils eurent à souffrir des atteintes d'un froid rigoureux, sans cependant être gênés dans leur respiration. L'observation du nuage à glace fut considérée à juste titre comme un fait d'une haute importance; Arago en fit ressortir toutes les conséquences météorologiques.

Depuis cette ascension, la météorologie scientifique n'a pas cessé d'être cultivée pendant un long espace de temps. En 1852, Welsh, accompagné de l'aéronaute anglais Green, exécuta quatre belles ascensions, et atteignit successivement les hauteurs de 5 960, 6 006 et 6 990 mètres [1].

Dix années se passèrent depuis lors, sans que la science ait eu à enregistrer des explorations aériennes à grande hauteur. En 1861, M. James Glaisher, directeur de l'Observatoire météorologique de Greenwich, commença, sous les auspices de l'Association britannique, une série d'ascensions qui devaient le conduire à plusieurs reprises à des hauteurs bien supérieures à celles que ses prédécesseurs avaient atteintes, et qui allaient faire de lui le maître de l'aérostation scientifique. M. Glaisher a

---

[1] *OEuvres d'Arago.* Voyages scientifiques.

exécuté trente voyages aériens, pendant lesquels il s'est peu à peu aguerri à affronter les effets de la raréfaction de l'air et de l'abaissement de température. Le savant anglais a voulu s'*entraîner* par des tentatives préliminaires pour s'élever dans les régions aériennes éloignées du sol ; n'ayant pas encore entre les mains les ressources de l'inhalation de l'oxygène, il a pensé qu'il était utile de procéder par phases successives, de s'habituer peu à peu à vivre dans des milieux où la pression barométrique est de plus en plus faible. C'est ainsi que M. Glaisher a pu dépasser à trois reprises différentes, dans ses voyages de Wolverhampton à Solihull, de Cristal-Palace à New-Haven et de Wolverton à Ely, l'altitude de 7 000 mètres, où Gay-Lussac n'avait conduit son ballon qu'une seule fois avant lui. Mais le véritable titre de gloire du savant anglais est son ascension du 5 septembre 1862, exécutée avec M. Coxwell. Les deux intrépides explorateurs lancèrent leur esquif aérien jusqu'à 8 800 mètres environ au-dessus du niveau de la mer; ils faillirent payer de leur vie cette magnifique hardiesse...

.... « Tout à coup, dit M. Glaisher, je me sentis incapable de faire aucun mouvement. Je voyais vaguement M. Coxwell dans le cercle, et j'essayais de lui parler, mais sans parvenir à remuer ma langue impuissante. En un instant, des ténèbres épaisses m'envahirent; le nerf optique avait subitement perdu sa puissance. J'avais encore toute ma connaissance, et mon cerveau était aussi actif qu'en écrivant ces lignes. Je pensais que j'étais asphyxié, que je ne ferais plus d'expériences et que la mort allait me saisir... D'autres pensées se précipitaient dans mon esprit, quand je perdis subitement toute connaissance, comme lorsque l'on s'endort..... Ma dernière observation eut lieu à 1 h. 54. Je suppose qu'une ou deux minutes s'écoulèrent avant que mes yeux cessassent de voir les petites divisions des thermomètres et qu'un même laps de temps se passa avant mon évanouissement; tout porte à croire que je m'endormis à 1 h. 57 d'un sommeil qui pouvait être éternel. »

Pendant ce moment si tragique, si terrible, M. Coxwell voulut s'efforcer d'arrêter la marche de l'aérostat, qui montait toujours vers des régions plus élevées. Il se hisse dans le cercle pour tirer la corde de la soupape ; il s'aperçoit avec effroi que ses mains deviennent noires comme celles d'un cholérique, que des cristaux de glace se déposent partout autour de l'orifice de l'appendice, et que ses forces l'abandonnent. Il veut lever les bras, mais ses membres sont inertes. Heureusement, sa tête et son corps sont encore doués de la faculté de se mouvoir ; dans un effort suprême, il saisit avec ses dents la corde de la soupape, la tire avec violence, et fait ainsi échapper une quantité de gaz suffisante pour que l'aérostat revienne bientôt vers des niveaux inférieurs.

Depuis les expériences de M.Glaisher, plusieurs ascensions scientifiques ont été exécutées en France, en outre de celles que nous allons décrire dans la deuxième partie, par M. W. de Fonvielle, par M. Camille Flammarion, qui ont apporté à la météorologie un grand nombre de faits intéressants. M. Flammarion a notamment exécuté, eu compagnie de de M. Eugène Godard, plusieurs beaux voyages de longue durée que le lecteur pourra lire dans le livre des *Voyages aériens* (¹).

Comme exemple d'observation due aux aérostats de courants aériens rapides, je citerai un des plus remarquables voyages aériens connus jusqu'à ce jour. C'est celui de M. Rolier, qui a été entrepris pendant le siége de Paris.

Le 24 novembre 1870, M. Rolier, accompagné d'un franc-tireur, s'élevait de la gare du Nord, à minuit, par un vent assez violent et par un ciel sombre. Les voyageurs allaient être entraînés à l'altitude de 2,000 mètres par un fleuve aérien d'une vitesse peu commune. Leur ballon allait en effet traverser en quinze heures de temps le nord de la France, la Belgique, la Hollande, la mer du Nord et une partie de la Norvége, pour aller échouer au mont Lid, à 300 kilomètres au nord de Christiana,à 1,600 kilomètres de Paris !

(1) *Voyages aériens*, par J. Glaisher, C. Flammarion, W. de Fonvielle et G. Tissandier. La gravure qui représente cette scène émouvante est empruntée à cet ouvrage.

Si les ballons, comme on le voit, offrent de précieuses ressources à
l'étude des courants aériens, ils ne sont pas moins utiles en ce qui concerne les températures de l'atmosphère, les expériences hygrométriques,
les investigations relatives à l'électricité, au magnétisme, en ce qui
regarde enfin l'observation des nuages, de ces massifs de vapeur qui fer-
tilisent nos campagnes en apportant dans leur sein l'eau de l'océan distil-
lée par le soleil. Ces nuages, entraînés par les courants atmosphériques,
nous donnent la pluie féconde; ils nous fournissent encore la chaleur
des tropiques, qu'ils emmagasinent pendant leur formation et qu'ils
distribuent dans les régions du Nord, lorsqu'ils reprennent l'état liquide.

Après le siége de Paris, l'aérostation scientifique entra dans une voie
nouvelle, la *Société française de navigation aérienne* fut fondée; elle prit
une extension considérable, grâce au zèle de quelques-uns de ses membres; elle fut bientôt présidée par M. Janssen, par M. Hervé Mangon
et enfin par M. Paul Bert. Crocé-Spinelli et Sivel résolurent de marcher
sur les traces des Gay-Lussac et des Glaisher, et ils entreprirent le
26 avril 1873, en compagnie de MM. Pénaud, le docteur Pétard et Jobert,
une première ascension scientifique d'un intérêt réel.

L'année suivante, Crocé-Spinelli et Sivel exécutèrent une ascension à
une grande hauteur avec le projet de mettre à profit les nouvelles doc-
trines physiologiques mises au jour par le digne élève de notre illustre
M. Claude Bernard : M. Paul Bert.

M. Paul Bert, dans un des plus remarquables travaux physiologiques
de notre époque, a jeté une vive lumière sur l'influence que les modifications dans la pression barométrique exercent sur les phénomènes de la vie. Avant lui, M. le Dr Jourdanet s'était attaché à l'observation des effets produits par les faibles pressions barométriques sur les
hauts plateaux des montagnes; et les résultats de ses études furent plei-
nement confirmés par les savantes expérimentations de M. Bert (¹).

______

(1) *Influence de l'air sur la vie de l'homme.* 2 vol. in-8° illustrés. G. Masson, 1875.

La première idée qui s'est présentée non-seulement aux voyageurs ayant eu à subir l'action du *mal des montagnes* ou du *mal des aérostats* dans les hautes régions de l'atmosphère, mais aux médecins et physiciens, c'est que, par suite de la diminution du poids de l'atmosphère vers les grandes altitudes, il se faisait un appel des liquides organiques du centre du corps vers sa surface décomprimée. Un calcul simple montre en effet que sur la surface du corps d'un homme de moyenne taille, l'air du niveau des mers exerce une pression de 15,000 kilogrammes environ; si donc cet homme est transporté à 5,500 mètres de hauteur, là où le baromètre s'est abaissé de moitié, la pression est moitié moindre, et, a-t-on dit, il est déchargé de 7,500 kilogrammes. De là le gonflement des veines de la peau, les congestions, les hémorragies nasales et pulmonaires.

Une semblable théorie, pendant longtemps admise, est dénuée de vraisemblance; elle a été d'ailleurs complétement détruite par les travaux de M. Paul Bert, appuyés sur la base solide d'expérimentations rigoureuses. M. Bert a démontré : 1° que la diminution de pression n'est pas la cause des accidents; 2° que ceux-ci sont dus à une trop faible *tension* de l'oxygène respiré par les hommes ou les animaux qui sont soumis dans l'air ordinaire à une faible pression; et qu'il suffit par conséquent de quelques inspirations d'oxygène dans un air raréfié pour lutter contre les effets de l'asphyxie. M. Bert n'a pas craint de vérifier sur lui-même les résultats de ses expériences. Il s'est emprisonné dans une cloche métallique où une pompe aspirante faisait le vide; il a pu supporter à plusieurs reprises des dépressions correspondantes à des hauteurs de 7,000 et 8,000 mètres, et là, en proie à l'apathie, à la faiblesse du *mal des montagnes*, il s'est ranimé par l'inspiration du gaz oxygène.

Sivel et Crocé-Spinelli ont, eux aussi, à deux reprises différentes, expérimenté, dans les cylindres d'acier de la Sorbonne, l'action bienfaisante et protectrice de l'oxygène. Enfin, le 22 mars 1874, ils s'élevèrent en ballon à l'altitude de 7,300 mètres, emportant avec eux des ballonnets remplis de mélanges d'air et d'oxygène dans les proportions déduites des expériences de M. Bert.

Ils éprouvèrent au delà de 7,000 mètres les effets du *mal des montagnes*, faiblesse, picotements dans la tête, sensations de compression du front, etc.; mais ils constatèrent qu' « une inspiration d'oxygène faisait disparaître en grande partie les sensations douloureuses. »

Cette ascension eut une grande importance au point de vue physiologique, en apportant une confirmation nouvelle aux recherches de M. Paul Bert, et en ouvrant la voie aux explorations des hautes régions de l'atmosphère. Elle en eut une autre en ce qui concerne les observations spectroscopiques.

« M. Janssen avait prêté à Crocé-Spinelli un petit spectroscope, en lui indiquant les points à observer. Il s'agissait surtout de savoir ce que devenaient, dans les hautes régions, les deux bandes obscures qui se trouvent à droite et à gauche de la double raie du sodium et qui sont celles de la vapeur d'eau. M. Janssen, qui leur attribue une origine terrestre, pensait que si l'on s'élevait suffisamment haut dans l'atmosphère pour laisser au-dessous de soi presque toute la vapeur d'eau, les bandes devraient devenir tout à fait invisibles. Suivant le P. Secchi, au contraire, qui admet de la vapeur d'eau dans le soleil, les bandes devaient persister. Les observations faites semblent donner raison à M. Janssen ([1]). »

Le succès de cette entreprise, faite sous les auspices du ministère de l'instruction publique, de l'Académie des sciences, et dont il nous est malheureusement impossible d'énumérer tous les résultats, stimula le zèle et l'activité de la *Société française de navigation aérienne*. L'année suivante, grâce au concours de l'Académie des sciences, d'un grand nombre de sociétés savantes et de savants éminents, la *Société de navigation aérienne* organisa une nouvelle campagne d'ascensions scientifiques. Il fut décidé

____

([1]) *L'aéronaute*, 7ᵉ année, mai 1874, p. 146.

M. Glaisher, évanoui dans sa nacelle, à l'altitude de 8,000 mètres (5 septembre 1862). — Page 76.

que l'on exécuterait en 1875 deux voyages aériens dans le ballon le *Zénith*, construit par Sivel ; l'un de longue durée et l'autre à grande hauteur.

Ces deux ascensions, dont la seconde a été fatale, sont encore présentes à tous les esprits ; elles sont décrites tout au long dans la seconde partie de ce volume. Nous n'avons pas à nous y arrêter actuellement.

Nous ne terminerons pas ce chapitre sur les applications scientifiques des aérostats sans répondre à certaines objections, à certaines critiques empreintes d'ignorance ou d'hostilité à l'égard de l'aéronautique. A quoi servent les explorations en ballon? A quoi bon risquer sa vie dans les hautes régions de l'atmosphère? Quels services les ballons ont-ils rendus jusqu'ici? Fourniront-ils jamais à la science des résultats importants? Telles sont les questions qui n'ont pas manqué d'être faites et qui se font souvent encore. Y répondre victorieusement est une entreprise facile.

Nous ne croyons pas devoir insister longuement sur les immenses services que la météorologie est susceptible de rendre aux sociétés Sans nous étendre en longs arguments, nous ne prendrons que des faits incontestables. Un grand savant et un grand météorologiste, Maury, dont aujourd'hui un savant marin, M. L. Brault est le digne successeur, eut l'idée de recueillir et de compulser les observations faites sur la pression barométrique, sur la direction et l'intensité des vents à la surface de la terre entière, et cela au moyen des livres de bord de tous les navires qui sillonnent l'étendue des mers. Il fit appel à toutes les nations civilisées et, avec leur concours, il rédigea des cartes où il avait pu grouper la direction des courants, des vents moyens, observés sur une même région. Grâce à ces cartes et à la connaissance des vents régnants, le voyage de Baltimore à l'équateur, qui demandait une moyenne de *quarante et un jours*, fut réduit à *vingt-quatre jours*, et ainsi de même pour d'autres traversées. Suivant le proverbe anglais, on sait que le temps est de l'argent; par conséquent, les résultats scientifiques de l'ordre de ceux que nous venons d'énumérer, en économisant le temps, sont une source de fortune et de richesse publique. Je n'ai choisi que cet exemple parce qu'il est frappant; mais il serait facile d'en trouver d'autres. Nul ne peut nier que la connaissance des lois météorologiques n'ait pour tout le monde le plus grand intérêt. Or les notions ne peuvent s'acquérir à ce sujet que par l'étude de l'atmosphère. On est arrivé déjà à des résultats importants, en étudiant seulement les couches d'air qui baignent la surface de la terre. Que sera-ce quand on connaîtra bien les couches d'air des hautes régions, où, comme nous le disions au début de ce chapitre, se forment les météores? Vouloir nier qu'il n'y a pas de grands résultats à obtenir par l'exploration méthodique de l'atmosphère, c'est nier l'évidence.

Quant à ce qui concerne les ascensions à de grandes altitudes, on doit y attacher une importance de premier ordre; les difficultés et les dangers qui semblent entourer le but à atteindre ne doivent pas arrêter ceux qui ont l'ambition de tenter les grandes entreprises. Quand bien même une ascension vers de hautes régions n'amènerait pas de résultats immédiats, elle n'en doit pas être moins considérée comme une belle expérience, et le seul fait d'avoir dépassé les limites précédemment atteintes est une œuvre glorieuse, car celui qui a franchi des bornes inaccessibles avant lui, ouvre la voie à des successeurs qui dépasseront ces limites, séjourneront plus longtemps dans les hautes régions pour y recueillir le fruit d'observations nouvelles. Les applications de la science, chemins de fer, télégraphe électrique, photographie, métallurgie, arts industriels, sont, ne l'oublions pas, les résultats directs de recherches purement scientifiques, qui dérivent elles-mêmes de l'étude de la nature, de celle du monde matériel qui nous entoure. Étudier la nature, explorer le monde matériel, aller là où nul homme n'a été auparavant, c'est étendre le domaine de nos investigations, c'est faire quelque chose pour la science, c'est travailler à l'utile, au bien de l'humanité.

Les résultats obtenus par les ballons au point de vue météorologique n'ont pas jusqu'ici apporté des lois nouvelles à la science ; mais, comme nous l'avons dit, les ascensions réellement scientifiques se comptent par douzaines seulement, depuis la découverte des ballons. En outre, il serait injuste d'oublier que les ascensions ont fourni des notions importantes sur la décroissance des températures et de l'humidité de l'air avec l'altitude, sur la constitution des nuages et surtout des nuages à glace, sur la superposition des courants aériens de nature et de directions différentes, sur des phénomènes lumineux, sur la vitesse des vents dans les hautes régions, etc. Si l'art de l'aérostation scientifique est en enfance, en se développant il est certainement appelé à fournir le plus puissant concours à une science encore à créer : la science de l'air. Ajoutons en dernier lieu que le savant qui étudie l'atmosphère à l'aide du ballon, apprend à manier et à connaître le ballon lui-même, admirable machine susceptible de bien des perfectionnements, et destinée à être transformée dans un avenir peut-être proche en un navire dirigeable, sillonnant au gré du pilote les immensités de l'atmosphère, comme le bateau parcourt aujourd'hui les immensités de l'océan.

CHAPITRE SIXIÈME

Le grand problème de la direction des aérostats a préoccupé les esprits
depuis le premier jour de leur découverte. A peine l'expérience d'Annonay a-t-elle lieu que l'on voit surgir de toutes parts d'innombrables
projets ; mais la plupart sont uniquement basés sur de simples aperçus,
sans qu'il soit tenu compte en aucune façon ni des résistances, ni des
poids des machines, ni même souvent de la description de leurs organes.
Dès l'origine des ballons, la question a été cependant envisagée par des
hommes supérieurs, et la plupart, à cette époque, n'ont pas craint d'affirmer que tout semblait annoncer la possibilité de diriger les aérostats.
« On sent que tous les usages du ballon se multiplieront, lorsque cette
machine aura été perfectionnée, et même qu'ils deviendront d'une tout .
autre conséquence si on parvient jamais à la diriger, comme tout semble
en annoncer la possibilité (¹). » Meusnier, Monge, Lalande, Guyton de
Morveau, ont avancé les mêmes espérances. Il est d'ailleurs probable
que, dès l'origine de la découverte, on envisageait surtout le problème
au point de vue théorique et qu'on le considérait comme facile à résoudre, sans bien se rendre compte qu'il n'y a pas là un principe à trouver, mais seulement d'innombrables difficultés de détails et de construction à vaincre. Sauf de bien rares exceptions, les tentatives de direction

(1) *Rapport fait à l'Académie des sciences;* par Lavoisier; Condorcet, etc., 23 décembre 1783.

des aérostats ne furent entreprises que d'une façon grossière, ridicule, insuffisante ; elles ne valent même pas la peine d'être examinées. Hormis les expériences de Guyton de Morveau, tout incomplètes qu'elles sont, elles n'en ont pas moins été conçues par un esprit émérite, qui envisagea sérieusement quelques parties du problème ; nous ne trouvons dans la longue histoire de l'aérostation que des essais puérils et indignes d'être discutés. Des rêveurs ignorants munissent l'aérostat de voiles, sans se rendre compte qu'il se déplace avec la masse d'air où il est immergé, sans savoir que le vent n'existe pas en ballon quand il se meut horizontalement, et que des voiles resteront toujours à l'état de lambeaux qu'une brise ne gonflera jamais. D'autres, proposent des systèmes extravagants où les rêves d'une imagination affolée tiennent lieu de base véritablement sérieuse et scientifique.

Les hommes intelligents, les ingénieurs, les physiciens, les savants, abandonnent peu à peu la cause des aérostats, tombée entre les mains de rêveurs et d'utopistes ; par moment, des Deghen eu des Petins ont le privilége d'attirer l'attention de la foule, mais leurs échecs, que les hommes compétents peuvent facilement prévoir, n'en contribuent pas moins à donner aux yeux du public une apparence de confirmation à l'opinion de ceux qui nient la possibilité de diriger les aérostats.

Il faut arriver en 1852 pour rencontrer des expériences d'une importance capitale conçues par une intelligence d'élite, par un grand mécanicien qui devait jeter les véritables bases de la navigation aérienne. En 1852, M. Henri Giffard, le futur inventeur de *l'injecteur* qui porte aujourd'hui son nom, après de longues et persistantes méditations sur ce grand problème, comprit d'abord qu'il fallait, pour diriger un aérostat, modifier sa forme sphérique. « Que faire, dit le savant ingénieur, pour réduire au minimum la résistance du milieu, ou, en d'autres termes, pour faciliter au plus haut point le passage de cette masse à travers l'atmosphère? La réponse se fait naturellement... Il faut donner au volume gazeux le plus grand allongement possible dans le sens de son

mouvement, de telle sorte que l'étendue transversale qu'il offre et
de laquelle dépend en grande partie la résistance soit diminuée dans la
même proportion (¹). »

Aérostat dirigeable de M. H. Giffard, conduit dans les airs
le 24 septembre 1852 (2).

Dès 1852, M. Giffard avait construit un aérostat allongé qui cubait
2,400 mètres. Le premier navire aérien avait 44 mètres de longueur et

(1) *Application de la vapeur à la navigation aérienne.* Copie du brevet pris en
France, à Paris, le 20 août 1851, par M. Henri Giffard. Une brochure in-4° avec
planches.
(2) Gravure extraite des *Merveilles de la science*, de M. Louis Figuier. — Furne,
Jouvet et Cⁱᵉ, éditeurs.

12 mètres de diamètre au milieu. Un filet l'entourait et servait de support à une traverse horizontale de bois qui portait à son extrémité une espèce de voile triangulaire formant gouvernail. La nacelle, attachée à la

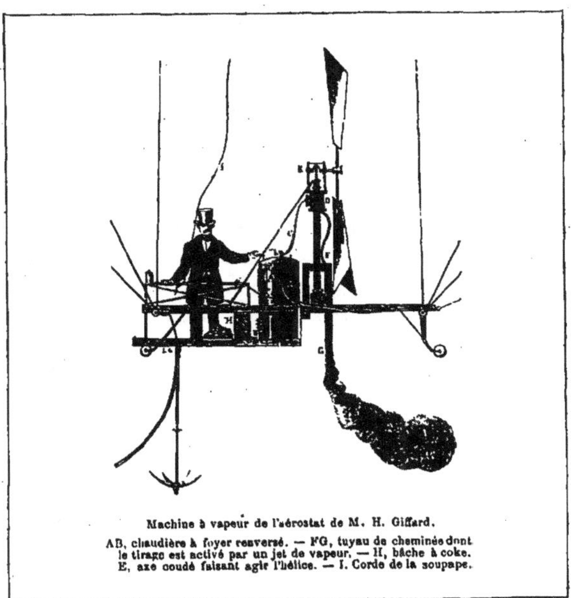

Machine à vapeur de l'aérostat de M. H. Giffard.

AB, chaudière à foyer renversé. — FG, tuyau de cheminée dont le tirage est activé par un jet de vapeur. — H, bâche à coke. E, axe coudé faisant agir l'hélice. — I. Corde de la soupape.

traverse de bois, consistait en un châssis où se fixaient la machine à vapeur et tous ses accessoires. Celle-ci faisait mouvoir une hélice motrice qui pouvait faire cent dix tours à la minute; la force développée pour la faire tourner était de trois chevaux, ce qui représentait celle de vingt-cinq à trente hommes.

L'expérience s'exécuta le 26 septembre 1852. Le ballon, conduit par

M. Giffard, s'éleva pour la première fois au sifflement aigu de la vapeur ;
arrivé à une certaine hauteur, il pivota sous le jeu de son gouvernail ; il
se maintint dans un état de stabilité absolue au sein de l'atmosphère ; il
se dévia sensiblement de la ligne du vent. Sa vitesse de transport en tous
sens était de 2 à 3 mètres par seconde. Celle du vent, ce jour-là, était de
beaucoup supérieure ; l'inventeur savait d'après ses calculs qu'il ne pouvait obtenir la direction absolue.

A dater de ce moment, nous ne saurions trop l'affirmer, le principe
de la direction des aérostats était créé. M. Giffard avec une puissance
de conception qui ne se rencontre que chez l'innovateur, avait résolu un
grand nombre de difficultés. Il venait de prouver que l'emploi d'un aérostat allongé, qui est le seul dont on puisse espérer la direction, était
aussi avantageux que possible, par sa stabilité dans l'air, par la facilité
de son atterrissage. Il a pu, pour la première fois, faire dévier le ballon
de la ligne du vent. Pour la première fois enfin, il a associé ces deux
forces, la machine à vapeur et l'aérostat ; grâce aux dispositions nouvelles d'un foyer à flamme renversée le danger de cette union terrible
du feu et du gaz combustible venait d'être rendu illusoire.

En 1855, M. Henri Giffard avait construit un second navire aérien plus
grand, plus allongé encore ; il cubait 3,200 mètres, et était muni d'une
machine à vapeur plus puissante. Il s'éleva de l'usine de Courcelles, et,
malgré la fatale violence du vent lors de cette deuxième expérience, les
spectateurs virent par instants le navire aérien tenir tête au courant
aérien, qui devait cependant l'entraîner encore.

Pourquoi de tels aérostats ne se sont-ils pas dirigés d'une manière absolue ? Parce que leur vitesse propre était de 3 à 4 mètres par seconde,
et que celle du vent était supérieure. Mais donnez au navire aérien une
vitesse propre de 10 mètres, de 15 mètres à la seconde, c'est-à-dire, supérieure à celle des vents moyens ; il remontera les courants d'intensité
moyenne. Est-il possible de munir l'aérostat de machines à vapeur assez
puissantes pour obtenir ce résultat ? Il suffit de lui donner un volume

plus considérable, car, d'après les principes de la géométrie, on sait que
la surface des aérostats ne croit pas proportionnellement avec leur volume. Plus le ballon est volumineux, c'est-à-dire plus il peut enlever de
poids, et plus sa surface est relativement petite. En d'autres termes,
plus le navire aérien est grand et puissant, plus la résistance que lui oppose l'air est faible. Au lieu de construire un ballon allongé de 2,000
à 3,000 mètres cubes, il en faut confectionner un de 20,000 à 30,000
mètres cubes. Dans ce dernier cas, il aura une force ascensionnelle considérable; en effet,, s'il est gonflé d'hydrogène pur, il pourra enlever un
poids de 20,000 kilogrammes, en supposant qu'il pèse lui-même 10,000
kilogrammes environ. Le moteur puissant dont il pourra être muni,
dans ces circonstances, lui assurera évidemment la direction dans tous
les sens.

Il n'y a ici nulle difficulté théorique, mais il s'en présente plusieurs
des plus importantes dans la pratique. Il faut, pour un tel aréostat, un
tissu solide, imperméable; du gaz hydrogène préparé par une méthode
prompte et économique : en un mot, il faut, pour le construire, changer
de toutes pièces l'art de la confection des ballons. C'est ce que M. Giffard
a compris. En s'engageant dès 1855 dans la voie de ces perfectionnements indispensables, il a su résoudre les problèmes qui mènent au
ballon dirigeable : solidité de tissu ; préparation en grand du gaz hydrogène (¹). Pour s'exercer à ces modes de constructions aérostatiques nouvelles, il a créé les ballons captifs à vapeur, dont le public a pu admirer
les dispositions et le mécanisme à l'Exposition universelle de Paris
en 1867.

En 1869, M. Giffard construisait à Londres un nouvel aérostat captif,
qui atteignait des dimensions considérables. Ce ballon, le plus grand
globe aérien qui ait jamais été confectionné, ne cubait pas moins de
12,000 mètres. Il était situé au centre d'une charpente circulaire de

(¹) Voyez *Appendice*.

20 mètres de haut. Ce magnifique appareil enlevait dans l'espace 32 voyageurs, à 600 mètres d'altitude, retenus à terre par un cable de 4,000 kilogrammes. La corde où était attaché ce Léviathan de l'air s'engageait dans la gorge d'une poulie de fer, et s'enroulait autour d'un treuil de fonte que mettait en mouvement une machine à vapeur de 150 chevaux. L'étoffe du ballon de Londres, formée de feuilles de caoutchouc et de tissus de toile, superposés alternativement, était recouverte extérieurement d'une mousseline enduite d'un vernis imperméable. Les 12,000 mètres cubes d'hydrogène pur, emprisonnés dans ce gazomètre sphérique, ont pu y séjourner plus d'un mois sans déperdition. M. Giffard travaille actuellement à la construction d'un autre ballon captif, plus pro-

Poulie de fer du ballon captif de Londres.

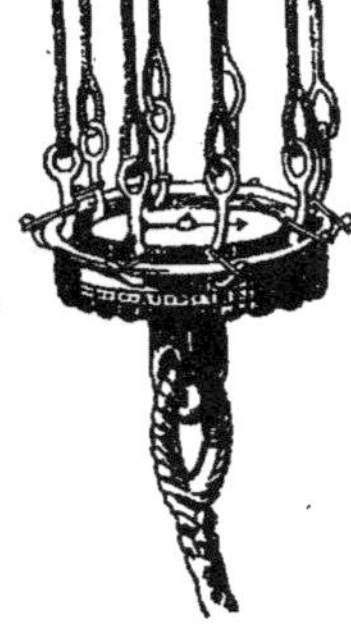

Peson du ballon captif de Londres reliant l'aérostat à son câble.

digieux encore. Ce ballon qui fonctionnera, à Paris, pendant l'Exposition de 1878, n'aura pas moins de 34 mètres de diamètre. Il cubera 25,000 mètres, et enlèvera 50 personnes à 600 mètres de hauteur. Ce sera une des œuvres mécaniques les plus hardies et les plus grandioses de notre temps. Nous donnons ci-contre la coupe de cet aérostat, et a vue de la nacelle telle qu'elle se trouvera suspendue dans les airs à l'extrémité de son câble. (Pages 96 et 97).

On voit que désormais la construction de navires aériens gigantesques n'offre plus d'obstacles insurmontables. Il suffirait d'employer ces nouveaux et puissants moyens de confection, pour mettre au jour un aérostat allongé de grande dimension analogue à celui qui a sillonné l'espace en 1852. La solution du grand problème de la navigation aérienne ne nécessite plus aujourd'hui la découverte d'un principe. C'est ce que M. Dupuy de Lôme a compris récemment en reprenant les expériences de M. Giffard, en construisant un vaisseau aérien dont le public s'est si

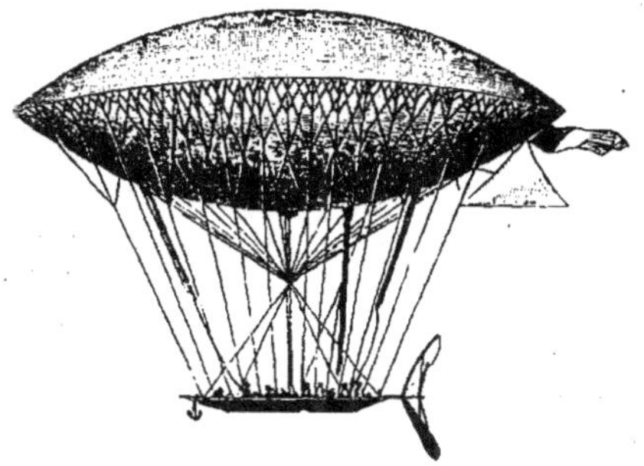

Le ballon dirigeable de M. Dupuy de Lôme.

vivement préoccupé. Il est à regretter que le ballon de l'illustre constructeur des navires cuirassés n'ait pas été plus volumineux, plus allongé, et n'ait pas été muni d'un moteur à vapeur. Espérons que ces belles expériences seront prochainement reprises, et qu'il sera bientôt donné à l'homme de prendre véritablement possession de l'empire de l'air !

Il est probable qu'un certain nombre de nos lecteurs trouveront que nos affirmations sur la direction des aérostats allongés, sont encore prématurées ; mais nous espérons arriver à les convaincre qu'il n'y a rien qui ne soit rigoureusement évident dans ce que nous avons avancé jusqu'ici. Il nous suffira de répondre aux objections qui ont été faites à la navigation aérienne par les aérostats.

« Les ballons, a-t-on entendu dire bien souvent, ne peuvent pas se diriger dans l'air, parce qu'ils ne trouvent pas de point d'appui. » Rien n'est plus contraire à la vérité. En effet, un ballon immergé dans l'atmosphère peut être assimilé à un bateau sous-marin entièrement immergé dans l'eau. Personne ne met en doute qu'un bateau sous-marin, muni d'un puissant moteur et d'une hélice, ne puisse facilement remonter des courants océaniques. Le ballon allongé remontera de même des courants aériens, si la vitesse de ceux-ci est inférieure à celle que l'appareil recevra de son moteur. Il est vrai que les courants aériens, que les vents, en un mot, atteignent parfois des vitesses considérables qui dépassent 20 mètres et même 30 mètres à la seconde. Nous ne prétendons pas que dans ces conditions atmosphériques, généralement rares, le navire aérien puisse se diriger dans tous les sens. Mais s'il a une vitesse propre de 10 mètres ou 12 mètres à la seconde, il lui sera possible, même dans ces circonstances défavorables, de se dévier sensiblement de la ligne du vent et de se diriger par conséquent sinon en suivant une route droite, au moins en décrivant, une série de zigzags. La question du point d'appui est étrangère à cette insuffisance relative de force. Le navire aérien pourvu d'un moteur trouve son point d'appui dans l'air même, comme le navire sous-marin le trouve dans l'eau. Les deux cas sont comparables entre eux. La seule différence qu'on y constate, est celle qui se rapporte à la densité des milieux. Mais dès l'instant que nous avons l'aérostat qui flotte dans l'air, nous pouvons le diriger danr l'air, de la même façon que le navire sous-marin, flottant dans l'eau, peut se diriger dans l'eau.

« Les aérostats allongés, dit-on quelquefois encore, doivent atteindre de très-grandes proportions : en théorie, cela est facile de les concevoir ; mais est-il bien possible de les construire en pratique ? » Nous répondrons à ceci : M. Giffard a construit des ballons imperméables gonflés à

l'hydrogène pur et cubant jusqu'à 12,000 mètres cubes. Il les a faits de
forme ronde, parce qu'il les destinait à des ascensions captives, mais
il n'y avait qu'à modifier la coupe de l'étoffe pour leur donner une forme
allongée. Il n'est pas un instant permis de mettre en doute aujourd'hui
la possibilité de construire un navire aérien de 20,000, de 30,000 mètres
cubes et même plus. Cela est absolument démontré par l'expérience.
Dans ces corditions, la machine motrice que l'on enlèverait pourrait
atteindre le poids de quelques milliers de kilogrammes. Elle serait d'une
puissance considérable, et sans donner ici des chiffres que tout le monde
peut calculer et vérifier, elle assurerait facilement à l'aérostat une vitesse propre de 8 à 12 mètres par seconde. Ce navire aérien se dirigerait
d'une façon absolue, au milieu de courants aériens de vitesse moyenne,
c'est-à-dire plusieurs mois dans l'année. Nous ajouterons qu'il y a dans
de telles constructions des difficultés sérieuses, — cela est incontestable,
— mais elles ne sont pas de nature à apporter, en aucune façon, des
obstacles insurmontables.

Parmi les autres objections, nous en citerons quelques-unes qui trai-
tent de questions secondaires : « Le moteur à vapeur, dit-on, brûlera
constamment du charbon qui se perdra dans l'atmosphère sous forme de
gaz acide carbonique, oxyde de carbone, produits de la combustion.
Le navire aérien perdra constamment de son poids. » Cela est vrai, mais
on peut atténuer cet inconvénient en utilisant comme combustible
l'hydrogène contenu dans l'aérostat et que l'on serait obligé de perdre
pour éviter l'ascension du navire aérien; on peut condenser la vapeur d'eau
de la chaudière, pour n'en perdre que des quantités insigniflantes, etc.
Quoi qu'il en soit, le navire aérien ne fonctionnera dans l'air que
pendant un temps limité; mais ce temps sera assez considérable pour
entreprendre, pendant 12 heures ou 24 heures même, des voyages importants. Pour des pérégrinations au long cours, il est évidemment nécessaire d'envisager la construction de ports d'atterrissage où le navire
aérien s'approvisionnerait tout à la fois d'hydrogène et de charbon. Mais

ne dépassons pas le présent au delà de toute mesure, et contentons-nous d'avoir *démontré la possibilité de construire, avec les ressources actuelles, un*

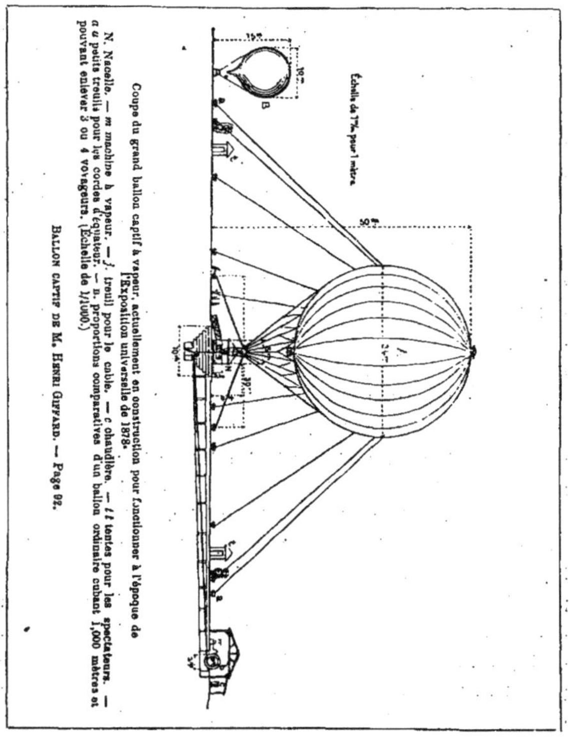

Coupe du grand ballon captif à vapeur, actuellement en construction pour fonctionner à l'époque de l'Exposition universelle de 1878.

N. Nacelle. — *m* machine à vapeur. — *j.* treuil pour le cable. — *c* chaudière. — *t t* tentes pour les spectateurs. — *a a* petits treuils pour les cordes d'équateur. — n. proportions comparatives d'un ballon ordinaire cubant 1,000 mètres et pouvant enlever 3 ou 4 voyageurs. (Échelle de 1/1000.)

BALLON CAPTIF DE M. HENRI GIFFARD. — Page 92.

navire aérien capable d'être dirigé dans tous les sens par un temps relativement calme, et pendant une durée de quelques heures. Oui, nous le répétons avec

La nucelle de ballon captif à vapeur construit par M. Giffard pour l'année 1878. — Page 92.

une conviction profonde et sur la foi des expériences déjà faites, une telle construction peut être exécutée dès à présent, quand on le voudra.

Ici nous serons conduit à une dernière objection que le lecteur ne manque certainement pas de se faire : « Pourquoi la construction d'un navire aérien dirigeable ne s'exécute-t-elle pas, puisque cela est possible? » Parce que, répondrons-nous, elle nécessite la dépense de quelques centaines de mille francs, en comprenant les frais d'inévitables tâtonnements, d'essais préliminaires, etc. Il est très-facile de trouver des capitaux pour des entreprises commerciales ou industrielles dont les bénéfices sont assurés : pour la construction, par exemple, de chemins de fer, de bateaux à vapeur qui transportent des voyageurs, des marchandises, et qui rapportent l'intérêt du capital et au delà; pour la fondation d'une usine qui promet de gros bénéfices, etc. Mais le premier navire aérien ne pourra être qu'un appareil de démonstration scientifique, et il faut cependant qu'il coûte très-cher, parce qu'il est indispensable qu'il soit très-volumineux. On ne peut pas le construire sur un petit modèle, comme le premier bateau à vapeur de Fulton; il faut qu'il naisse *Léviathan*, il faut qu'il contienne 30,000 francs d'hydrogène pur dans ses flancs (¹), formés de 40,000 francs de tissus ; il faut qu'il enlève un moteur d'un prix très-élevé ; s'il est, en effet, de dimensions modestes, s'il ne cube que 2,000 à 3,000 mètres cubes, comme les ballons ordinaires, il sera condamné à l'impuissance. Voilà l'objection sérieuse. Voilà ce qui arrête la construction du navire aérien. Mais là où il n'y a plus qu'affaire d'argent, on peut raisonnablement dire qu'il n'y a pas impossibilité.

Nous ne croyons pas devoir terminer ce chapitre sans examiner les conséquences de la construction d'un navire aérien dirigeable. Elles sont considérables.

Le navire aérien flottant dans un milieu d'une faible densité ne pourra

(1) L'hydrogène pur préparé par voie humide, au moyen de la méthode ordinaire, revient environ à 1 franc le mètre cube.

jamais se comparer aux bateaux, quant au poids qu'il lui sera possible
de transporter, et encore moins aux chemins de fer sur lesquels glissent
des trains chargés de milliers de tonnes ; mais il pourra servir au transport rapide de certaines marchandises précieuses, ou à celui des voyageurs. Avec lui, il n'y aura plus de barrières à la surface des continents.
Le pôle n'aura plus de mystères ; les déserts de l'Afrique, les forêts de
l'Australie s'ouvriront.

L'air, parcouru sur de grands espaces, ne tardera pas à être étudié
comme l'océan. On y révélera les lois de ses mouvements, et la connaissance des courants ne manquera pas d'être utilisée dans les voyages
atmosphériques au long cours.

Le navire aérien doit être considéré enfin comme l'engin de guerre le
plus terrible qu'on puisse imaginer, puisque les frontières naturelles ou
les forteresses, ne l'arrêteront pas, et qu'il sèmera impunément la mort
et l'incendie sur sa route. Nul ne saurait prévoir les conséquences de
cette arme formidable mise entre les mains des nations. N'abandonnons
pas toutefois l'espérance de voir un jour les développements du progrès
inaugurer l'ère de la paix et de la concorde.

CHAPITRE SEPTIÈME

Dans tous les temps, les hommes ont pu concevoir l'idée de voyager dans l'atmosphère au moyen d'appareils mécaniques. Mais la plupart des projets qui ont été proposés ne méritent pas qu'on s'y arrête, tellement ils s'éloignent des règles les plus élémentaires de la physique. Le *Journal des savants* du 13 septembre 1768 nous parle des ailes d'un nommé Le Besnier, qui étaient attachées chacune à un châssis oblong que l'on devait faire mouvoir avec les mains et les pieds. Plus tard, nous voyons Blanchard publier des projets tout à fait ridicules et insuffisants. Dans ces derniers temps, nous avons vu l'infortuné de Groof périr misérablement (9 juillet 1874), en se séparant d'un ballon qui l'avait enlevé avec un châssis muni de deux ailes qu'il devait faire agir. Précédemment Leturr, en 1854, trouva la mort en se séparant aussi d'un ballon où il s'était élevé avec un système de parachute muni de rames. Nos gravures représentent ces deux appareils qui ont entraîné leurs auteurs dans une chute mortelle contre le sol. (Pages 104 et 105.) Les plus simples calculs démontrent que des ailes capables de soutenir dans l'air le poids d'un homme, exigeraient, pour être mises en mouvement d'une manière efficace, des efforts bien supérieurs à ceux que l'homme le plus vigoureux est susceptible de produire.

La force de l'homme étant jugée insuffisante, on s'est demandé si des machines légères et puissantes ne seraient pas capables de faire mouvoir des ailes ou d'imprimer un mouvement de rotation à des hélices, de manière à pouvoir élever le mécanisme et son moteur. Ce principe a été popularisé par M. Nadar et par quelques savants qui s'étaient occupés depuis longtemps de l'aviation, parmi ceux-ci nous citerons MM. de La Landelle, Ponton d'Amécourt et Babinet. Babinet affirmait que la direction des ballons était une chimère, une utopie, mais il parlait du ballon rond et non du ballon allongé. D'ailleurs Babinet, ne l'oublions pas, affirmait avec non moins d'énergie que la pose d'un câble électrique au fond de l'Océan était une folie, une œuvre insensée, ce qui n'empêche par les dépêches électriques de franchir aujourd'hui les mers, entre le nouveau monde et l'ancien continent, et même autour du globe tout entier. M. Nadar, avec une ardeur peu commune, construisit le ballon le *Géant*, au moyen duquel il voulait recueillir, par les spectacles publics de grandes ascensions, les fonds nécessaires à l'exécution d'une machine aérienne plus lourde que l'air et s'élevant à l'aide d'une hélice. L'histoire du *Géant*, le voyage dramatique du Hanovre, ont fourni une page curieuse aux annales de l'aérostation, mais l'aviation n'en a pas reçu de nouveaux progrès.

Depuis plusieurs années, la question a été reprise sous une autre face, en France et à l'étranger, par quelques savants éminents qui se sont adonnés à l'étude physiologique et mécanique du vol des oiseaux et des insectes. Nous citerons surtout en France les remarquables travaux de M. le docteur Marey, professeur au Collége de France, qui, à l'aide d'appareils d'enregistrement nouveaux et ingénieux, a jeté sur la question de l'étude du vol une vive et féconde lumière. Dans un ordre d'idées plus pratique et se rattachant plus spécialement à l'aéronautique, nous parlerons enfin des travaux de plusieurs membres de la *Société française de navigation aérienne*, et surtout de ceux qui ont été exécutés par M. A. Pénaud, par M. Tatin et par le docteur A. Hureau de Villeneuve et Crocé-Spinelli. — Les résultats obtenus par trois de ces savants ont été couronnés par l'Académie des sciences, qui a sanctionné leur importance. **M. A.** Pénaud a construit de véritables oiseaux artificiels qui se soutiennent mécaniquement dans l'atmosphère. Il peut être considéré comme l'un des meilleurs juges dans cette question de l'aviation; aussi nous lui céderons la parole et nous lui laisserons exposer lui-même le résultats obtenus par la science jusqu'à ce jour :

« L'étude des appareils d'aviation et du vol des oiseaux a été l'objet de nombreux travaux et c'est dans le monde bizarre des hélicoptères, des aéroplanes et des orthoptères que nous voulons introduire aujourd'hui le lecteur.

« Les hélicoptères se soutiennent à l'aide d'hélices dont les axes diffèrent peu de la verticale. Leur translation peut être obtenue soit par ces hélices de suspension elles-mêmes, soit à l'aide d'hélices propulsives spéciales. Les aéroplanes sont des surfaces à peu près plates, inclinées d'un petit angle sur l'horizon et poussées horizontalement par des propulseurs qui sont, en général, des hélices. Enfin les orthoptères ont pour organes principaux des surfaces animées de mouvements à peu près verticaux, et alternatifs le plus souvent. C'est dans ce système que rentrent les ailes des oiseaux et les surfaces à mouvements de queue de poisson. Citons encore deux systèmes anglais : les revolving aéroplanes de MM. Moy et Schil, et les roues planantes de M. J. Armour.

« Les exemples de vol mécanique sont plus nombreux qu'on ne pense : on trouve d'abord la flèche, qui vole en sifflant, la pierre plate et le disque des anciens; la fusée, qui est en partie soutenue par l'appui que trouvent sur l'air les gaz qu'elle émet; puis le boomerang, la curieuse arme australienne dont nous avons réussi récemment à reproduire le vol dans tous ses détails. Nous avons encore le strophéor, dont nous avons montré à un grand nombre des membres de la Société de navigation aérienne de nouvelles propriétés. Dans cette expérience, faite à Vincennes le 25 août dernier, nous l'avons vu voler horizontalement à une distance de 80 mètres, et venir ensuite, rapide comme la flèche, repasser au-dessus de son point de départ.

« Nous nous arrêterons sur les appareils à ressort, créés spécialement pour mettre en lumière le principe de l'aviation, et nous allons décrire plusieurs de ces appareils encore peu connus, qui viennent de donner, sous des formes aussi saisissantes que variées, la démonstration du vol mécanique.

« Le premier hélicoptère paraît être celui que Launoy et Bienvenu

Appareil volant dans lequel Leturr a trouvé la mort le 27 juin 1854. — Page 101.

présentèrent à l'Académie en 1784. Il était formé de deux hélices superposées, tournant en sens contraire par l'effort d'un arc de baleine agissant sur une mince tige, à la manière du drille sur le foret. De cette époque jusqu'en 1863, trois autres hélicoptères paraissent encore avoir été construits ; mais ils étaient oubliés de tous, lorsque MM. de Ponton d'Amécourt, de La Landelle et Nadar inventèrent et montrèrent les appareils à ressort de montre que chacun connaît, et qui montaient à 2 ou 3 mètres.

Ces courageux champions du *plus lourd que l'air* eurent de nombreux imitateurs de leur hélicoptère.

« Tous ces appareils, pour la plupart coûteux, délicats, se brisant facilement en retombant, avaient un grave défaut : c'est que leur marche, qui ne durait qu'un instant, semblait plutôt un saut aérien qu'un véritable vol; à peine étaient-ils partis, leurs hélices s'arrêtaient et ils redescendaient.

Appareil volant dans lequel de Groof a trouvé la mort le 9 juillet 1874.— Page 101.

« Préoccupé, il y a quelques années, de l'insuffisance de la démonstration, je fis des recherches sur les moyens d'avoir des modèles plus satisfaisants. La force des ressorts solides était seule d'un emploi simple, mais le bois, la baleine, l'acier, ne fournissent qu'une force minime eu égard à leur poids ; le caoutchouc était bien plus puissant, mais la charpente nécessaire pour résister à sa violente tension était nécessairement assez lourde. J'eus alors l'idée d'employer l'élasticité de torsion du caoutchouc, qui donna enfin la solution tant cherchée de la construction facile, simple et efficace des modèles volants démonstrateurs.

« J'appliquai d'abord le nouveau moteur à l'hélicoptère, et la figure ci-dessous (page 109) représente l'appareil que je montrai en avril 1870 à notre vénérable doyen, M. de La Landelle. Il est extrêmement simple : ce sont toujours deux hélices superposées tournant en sens contraire ; leur distance est maintenue par de petites tiges, au milieu desquelles se trouve le caoutchouc.

« Pour mettre l'appareil en mouvement, on saisit de la main gauche l'une de ces petites tiges, et l'on fait tourner avec la main droite l'hélice inférieure dans le sens contraire à celui de la rotation utile. Lorsque la lanière de caoutchouc est ainsi tordue sur elle-même d'une façon suffisante, il ne reste plus qu'à abandonner l'appareil à lui-même ; on le voit alors (selon les proportions de ses différentes parties) monter comme un trait à plus de 15 mètres, planer obliquement en décrivant de grands cercles, ou enfin, après s'être élevé de 7 à 8 mètres, voler presque sur place pendant 15 à 20 secondes, et parfois jusqu'à 26 secondes.

« Voyons maintenant ce qui a été fait en aéroplanes. Étudiés en grand au commencement du siècle par sir G. Cayley, ce grand nom qui domine l'aviation, par Henson en 1844, puis par MM. du Temple, de Louvrié, etc., ils ont été, dans ces dernières années, l'objet d'essais intéressants. M. Stringfellow a fait, en 1868, un petit aéroplane à vapeur qui courait avec rapidité sur un fil de fer, mais sans parvenir à quitter le fil de fer. MM. du Temple et Julien obtinrent mieux, en employant le caoutchouc par tension, car leurs appareils allaient, en planant, tomber parfois à une douzaine de pas. M. Jobert faisait, de son côté, en 1869, une espèce de strophéor horizontal armé d'un plan sustenteur. Il a vu son appareil, lancé d'une fenêtre, franchir une cour de près de 15 mètres de long.

« Convaincus que le caoutchouc par torsion donnerait de bien meilleurs résultats, nous pensâmes à l'appliquer à l'aéroplane, après l'avoir appliqué à l'hélicoptère. L'événement confirma notre attente, et notre deuxième figure (page 112) représente un aéroplane à peu près pareil à celui qui évolua devant la Société de navigation aérienne, au mois d'août 1871. Cet appareil, par sa translation ascendante et son équilbre parfait, donnait pour la première fois une démontration complète du vol aéroplane. Outre la question de force, il y avait ici, en effet, comme pour tous les appareils qui se meuvent horizontalement, une autre question des plus graves, l'équilibre, et c'était à ce moment, où nous n'avions pas retrouvé les travaux de Cayley, une question entièrement obscure et restée sans solution. Après quelques recherches, nous eûmes la bonne forture d'en venir à bout à l'aide d'études sur la chute de diverses surfaces, et surtout de charmants papillons planeurs que construisait M. Pline.—M. Pline obtient l'équilibre de ses papillons découpés dans une feuille de papier, en les chargeant à l'avant d'un petit poids, et en leur donnant un galbe savamment compliqué. Simplement abandonnés en l'air, ils s'élancent au loin en descendent obliquement, suivant une ligne se rapprochant de l'horizontale, et réalisent à volonté les plongées et les ressauts des oiseaux.

« De ces faits, interprétés par le calcul, nous arrivâmes à dégager dans sa simplicité un principe général d'équilibre, et nous fûmes conduits à l'emploi d'un petit gouvernail horizontal, incliné de quelques degrés vers le dessous du plan sustenteur derrière lequel il se trouve. Ce dispositif réussit, et il n'y eut plus qu'à construire le type que représente la figure ci-dessous, et dans lequel l'hélice est à l'arrière, pour qu'elle ne reçoive pas le choc de l'appareil venant heurter un obstacle. (Page 112.)

« Après ce que nous avons dit de l'hélicoptère, le jeu de l'aéroplane est facle à comprendre. Sur la figure, (page 112) on voit clairement le grand plan sustenteur incliné d'un petit angle sur l'horizon, puis le gouvernail dont le bord postérieur est légèrement relevé : et enfin l'hélice, à deux pales, actionnée par la détorsion de la lanière de caoutchouc suspendue au-dessous de la tige qui sert de colonne vertébrale à l'appareil.

« Si, après avoir tordu convenablement le caoutchouc sur lui-même, on abandonne l'appareil à lui-même dans une position horizontale, on le voit descendre un instant; puis, sa vitesse acquise, se relever et décrire d'un mouvement régulier, à 7 ou 8 pieds du sol, une course de 40 mètres environ et qui dure 11 secondes. Certains modèles ont même franchi plus de 60 mètres en se maintenant 13 secondes dans les airs, libres, comme l'oiseau, de tout lien avec le sol.

« Pendant tout ce temps, le gouvernail réprime avec une exactitude parfaite les inclinaisons ascendantes et descendantes, dès qu'elles se produisent; et l'on observe alors assez souvent des oscillations dans le vol, comme nous en voyons décrire aux passereaux et principalement au pic-vert. Enfin, lorsque le mouvement est sur sa fin, l'appareil tombe doucement à terre, suivant une ligne oblique, et restant lui-même parfaitement d'aplomb.

« Dans l'expérience de 1871, l'aéroplane parcourut plusieurs fois, avec vitesse et dans différents sens, un des ronds-points du jardin des Tuileries. Le 27 novembre dernier, il a eu le même succès, rue de Grenelle, dans la belle salle de la Société d'horticulture, au milieu d'une nombreuse assemblée.

« Notre aéroplane a déjà une petite famille : MM. Montfallet, Pétard et Crocé-Spinelli ont varié ses formes de différentes manières, avec des résultats divers.

« Passons maintenant aux oiseaux mécaniques.

« Construire un hélicoptère était relativement aisé; construire un aéroplane l'était déjà moins; mais l'oiseau mécanique offrait de sérieuses difficultés.

« Toutes les légendes que l'on trouve un peu partout sur des appareils volant avec des ailes sont, en effet, plus invraisemblables les unes que les autres, et il est clair qu'il ne suffit pas à un inventeur de déclarer qu'il a obtenu tel ou tel effet avec un appareil qu'il ne peut faire voir; or il est certain que jusqu'à ces derniers temps aucun oiseau mécanique n'avait été montré fonctionnant.

« M. Marey, dont on connaît les belles expériences physiologiques sur le vol des oiseaux, a construit en 1870 des insectes artificiels qui

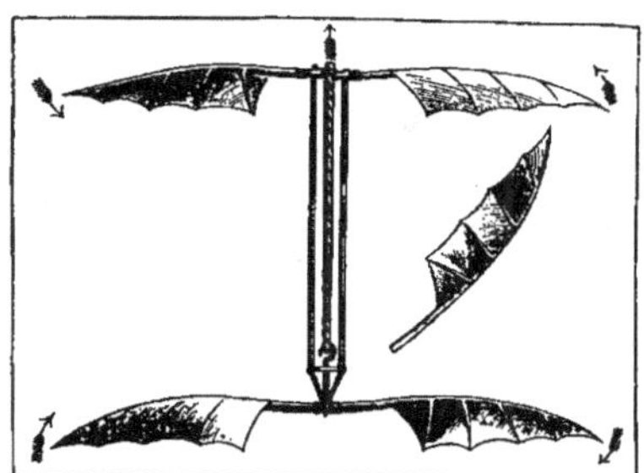

Hélicoptère Pénaud. — Page 106.

attelés à un petit manége et munis d'un contre-poids égal aux deux tiers de leur propre poids, s'élevaient et tournaient en battant des ailes. L'air comprimé qui les animait leur était envoyé au travers de l'axe du manége, par une pompe à air manœuvrée à la main.

« Ces insectes, que M. Marey montrait récemment encore à l'*Association scientifique de France*, constituaient en 1870 un premier pas très-intéressant; mais il restait à gagner encore les deux tiers restants du poids en perfectionnant l'action de l'aile et à faire emporter aux appareils leur moteur, au lieu de les mettre en mouvement par une force extérieure.

« En septembre 1871, M. Hureau de Villeneuve et moi, nous appliquions, chacun de notre côté, le caoutchouc tordu au problème de l'oiseau mécanique, utilisant tous deux l'habileté de M. Jobert pour la construction des pièces d'acier de nos appareils.

« Nos théories de l'aile étaient tout à fait différentes : M. Hureau de Villeneuve partait de ses savantes recherches sur l'articulation scapulo-humérale de la chauve-souris, et dans son oiseau les axes de rotation des ailes étaient obliques entre eux et avec l'axe du corps. Ces ailes, à peu près rigides, étaient ainsi animées dans leur ensemble d'un mouvement conique, et leurs changements de plan étaient causés simplement par ce mouvement.

« Pour ma part, j'appliquais, dans ce qu'elle a d'essentiel, la théorie que l'on peut appeler classique, celle dont Borelli, Cayley, Strauss-Durckeim, etc., se sont faits les défenseurs, et dont M. Marey a donné dans ces dernières années de brillantes confirmations à l'aide de sa belle méthode exprimentale. J'utilisais, il est vrai, de nombreuses observations sur le vol des oiseaux et des études mathématiques que j'avais pu faire, et qui me conduisirent, en la précisant, à modifier sensiblement la théorie ordinaire.

« Dans mes ailes, les changements de plans sont obtenus par la mobilité du voile de l'aile et des petits doigts qui le supportent autour de la grande nervure, qui ne participe pas à la rotation. Un petit tenseur en caoutchouc part de l'angle intéro-postérieur de la surface de l'aile, et vient s'attacher, d'autre part, vers le milieu de la tige qui forme le bâti de l'appareil. Ce tenseur, dont la fonction est semblable à celle de la patte postérieure de la chauve-souris, joue le rôle d'écoute élastique par rapport à notre aile, qui ressemble si bien à une voile aurique. Les torsions et les changements de plans de cette aile se trouvent ainsi réglés par l'action combinée de la pression de l'air et de ce ressort de rappel.

« La figure de la page 113 montre les ailes en train de s'abaisser : le tiers interne de l'aile est vu par sa face supérieure et fait cerf-volant. Les deux tiers externes, correspondant à la rame et aux remiges des oiseaux, sont vus par leur face inférieure, et propulsent en même temps qu'ils soutiennent.

« Mais arrêtons ici, malgré leur importance, ces détails abstraits et techniques, et parlons des résultats. Les deux appareils furent présentés ensemble le 20 juin 1872, à la Société de navigation aérienne. L'oiseau de notre collègue avait une remarquable puissance de coup d'aile ; à chaque battement, on voyait son corps se soulever avec force. Malheureusement, ces battements étaient très-peu nombreux, et, arrivé dans son mouvement vertical à 1 mètre environ, l'oiseau redescendait en faisant parachute.

« Mon oiseau ne pouvait pas partir verticalement, mais il se transportait horizontalement avec rapidité, et s'élevait même suivant des rampes de 15 à 20 degrés. Nous avions enfin le plaisir de voir un oiseau mécanique se mouvant librement dans les airs, sur un espace de 12 à 15 mètres, et parvenant à une hauteur de 2 mètres environ au point le plus haut de sa course.

« Ce premier modèle était parfois irrégulier, et le mécanisme fatiguait beaucoup. Pour remédier à ces graves inconvénients, je fus conduit à l'emploi d'un léger volant. Muni de ce nouvel organe, mon oiseau peut être construit avec beaucoup moins de soin, et donne des résultats plus constants. Voici, d'après l'intéressant journal *l'Aéronaute*, comment il s'est comporté le 27 novembre 1874. « Après s'être « abaissé de 50 centimètres pendant qu'il prenait sa vitesse à l'aide « de battements d'ailes vigoureux, l'oiseau de M. Pénaud se meut « horizontalement, d'un vol rapide et facile, jusqu'à une distance « de 9 mètres. Parvenu ainsi au milieu de la salle, il s'élève par une « courbe à 5 mètres environ au-dessus du niveau de son point de dé- « part, en perdant peu à peu sa vitesse de translation. Après être resté « un instant suspendu dans les airs à la même place, il redescend,

« reprend sa course et se relève de nouveau un peu plus loin. De ce
« second point culminant, l'oiseau dont les battements commencent
« à se ralentir, vole légèrement, en s'éloignant toujours de son point
« de départ, jusqu'à venir se poser doucement sur les spectateurs
« assis au fond de la salle. Ce vol avait duré 7 secondes environ.

« Les oiseaux à caoutchouc ont fait fortune : MM. Gauchot et Tatin

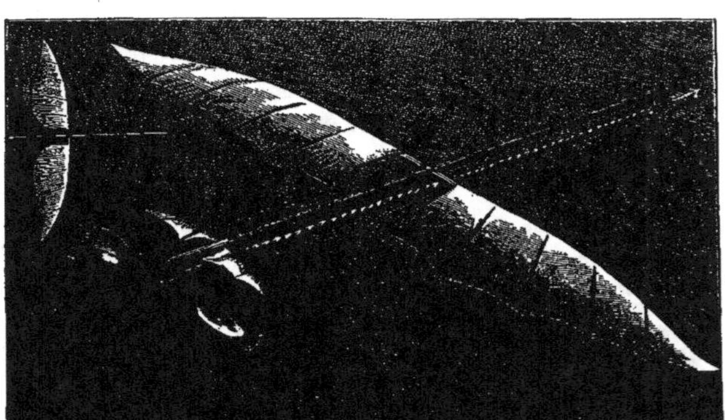

Aéroplane Pénau l. — Page 107.

« en ont construit récemment, qui sont des merveilles de mécanisme,
« et qui ont donné les résultats les plus remarquables. M. Hureau de
« Villeneuve, après avoir fait, en 1873, un modèle plus grand de son
« appareil, a perfectionné son premier type au mois de décembre
« dernier. Nous avons vu son oiseau perfectionné, animé d'une toute
« légère impulsion, aller frapper un mur avec force, après une course
« horizontale de 7 mètres environ ; M. de Villeneuve évaluait sa
« vitesse de translation à 9 mètres par seconde. M. Jobert a aussi imagi-
« né récemment un mouvement d'ailes très-ingénieux, etc. »

« Tel est l'état de la question : après ces modèles à ressort vont
venir, peut-être bientôt, des modèles à vapeur. Mais pour passer de
ces derniers aux grands appareils emportant des voyageurs, il y a
d'immenses difficultés à vaincre. Les hélicoptères et les oiseaux mécaniques paraissent même tout à fait impossibles à réaliser en grand.
A notre avis, les aéroplanes donnent seuls de l'espérance ; toutefois

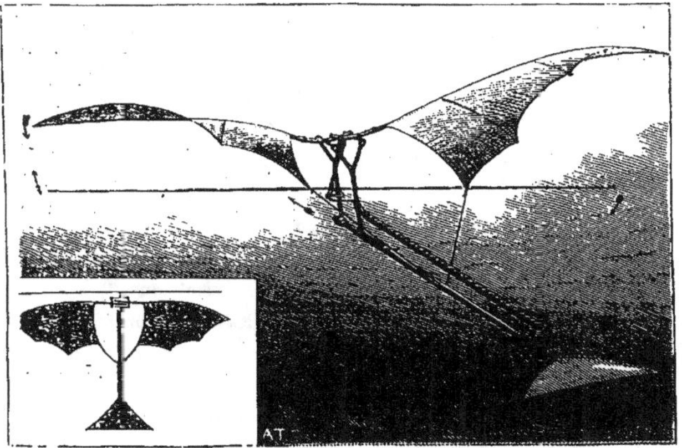

Oiseau mécanique Pénaud. — Page 110.

nous pensons que de longues années nous séparent encore de la
réalisation de l'aviation, bien que le principe en soit démontré vrai
dès aujourd'hui.

« Il n'en est pas de même de la direction des ballons. Selon nous,
on fera, lorqu'on le voudra, des ballons dirigeables, utilisables pour
les voyages de découvertes et le transport des voyageurs et des objets précieux, en leur donnant un volume supérieur à 100000 mètres
cubes, une forme en fuseau, un moteur thermique et des hélices.

La voie est déjà tracée par les grands et magnifiques travaux que
M. Giffard poursuit depuis plus de vingt ans et qui ont été fort utiles à
M. Dupuy de Lôme dans la construction de l'aérostat si remarquable dans son ensemble et ses détails que cet éminent ingénieur a
essayé, en 1872, avec un plein succès de ses prévisions. Les énormes
dimensions que nous venons d'indiquer sont nécessaires pour obtenir
la vitesse de 12 à 15 mètres par seconde, sans laquelle ce mode de
locomotion serait inutile et souvent impossible, et pour pouvoir
résister d'une façon continue aux intempéries de toute nature. Mais
on pourra faire la démonstration de la possibilité de la direction avec
des ballons d'un cube incomparablement moindre (tel que 1 000 à 3000
mètres). Ces petits ballons, bien qu'incapables de rester en l'air plusieurs jours de suite, et d'atteindre la même rapidité de marche que
les gros, pourront cependant obtenir pendant plusieurs heures, une
vitesse de 6 à 8 mètres (qui correspond encore par les vents les plus
défavorables à une déviation importante), et devenir immédiatement
applicables à l'art militaire et aux recherches scientifiques (1). »

On voit que M. Pénaud, un des savants les plus compétents sur
le *plus lourd que l'air*, reconnaît les immenses difficultés du problème
de l'aviation pratique.

Tandis que les ressources actuelles de la science peuvent assurer
la construction d'un aérostat dirigeable, elles sont insuffisantes pour
permettre de concevoir un appareil de vol mécanique assez puissant
pour enlever un homme.

Nous ne craignons pas d'émettre une telle assertion en toute certitude,
malgré les affirmations contraires de certains partisans exagérés du
plus lourd que l'air. Nous avons la persuasion que tous ceux qui tente-
ront de planer au sein de l'air avec des ailes, seront condamnés à finir
aussi malheureusement que de Groof dont nous parlions au commence-

(1) Extrait du journal *la Nature*.

ment de ce chapitre, ou à trouver le sort piteux de l'infortuné Deghen
qui fut jadis, bafoué, chansonné et qui plus est, roué de coups par la foule

Vers la fin de 1809 on apprit qu'un horloger allemand, nommé Deghen
venait de s'enlever dans l'air comme un oiseau, au moyen d'ailes de son
invention, qu'il fixait à son corps. Deghen annonça bientôt qu'il allait

venir à Paris offrir le spectacle de son expérience. Elle s'exécuta le 5 octobre 1812, devant une foule considérable. Deghen était muni d'ailes fixées à ses épaules ; il se trouvait en outre attaché à un petit ballon qui devait le maintenir dans l'espace. Il ne réussit qu'à se traîner contre terre malgré des efforts énergiques.

Nous ne pouvons résister au plaisir d'offrir ci-contre à nos lecteurs le *fac simile* d'une amusante caricature du temps qui représente le malheureux Allemand, un peu trop rudement corrigé par les assistants. Sur la plaisante gravure, on remarque des canards, emblèmes de la véracité des affirmations de l'inventeur ; ils voltigent autour de l'appareil, tandis que le nouvel Icare subit le trop sévère châtiment de son échec (¹).

Puisse ce dessin guérir les hommes volants, et faire ouvrir les yeux aux descendants du fils de Dédale !

(¹) La malheureuse tentative de Deghen au Champ de Mars en 1810, est certainement un des événements qui ont le plus passionné le public dans l'histoire de l'aéronautique. Deghen, patronné par plusieurs savants de Leipsig, avait annoncé avec grand tapage sa prétendue découverte ; il s'était présenté comme un innovateur ; il sut captiver d'abord l'attention générale ; mais après sa ridicule tentative, il fut bafoué comme jamais homme ne l'a été avant lui. Pendant plusieurs jours, Paris s'est cruellement amusé aux dépens du pauvre mécanicien allemand.

DEUXIÈME PARTIE

RÉCIT

DE

VINGT-QUATRE VOYAGES AÉRIENS

(1868-1877)

CHAPITRE PREMIER

DOUBLE VOYAGE AÉRIEN AU-DESSUS DE LA MER DU NORD

ASCENSION DE CALAIS, 16 AOUT 1868 (1)

Le dimanche 16 août 1868, à 4 heures du soir, le ballon *le Neptune*, cubant 1.200 mètres, était gonflé sur la place de Calais, au milieu d'une foule considérable qui attendait avec émotion le moment du départ, que le voisinage de la mer rendait périlleux. Le chef de l'expédition, Jules Duruof, qui devait être accompagné dans les airs par son second, G. Barrett, avait bien voulu me donner l'hospitalité à son bord, en m'offrant ainsi l'occasion de débuter dans la carrière aérostatique et de faire mes premières armes aériennes.

A quatre heures cinquante minutes, le signal du départ est donné : *le Neptune* s'élève et la brise nous lance d'abord dans la direction de la terre, mais à 700 mètres d'altitude, après avoir traversé les nuages, un courant atmosphérique supérieur nous entraîne vers la mer, dans la direction du nord-est; quelques minutes encore et nous planons à

(1) Les sept premieres ascensions que nous avons exécutées, de 1868 à la fin de l'année 1869, ont déjà été racontées dans l'ouvrage *Voyages aériens*, édité avec grand luxe par la librairie Hachette. Nous les présentons ici plus succinctement ; en outre, au lieu de nous attacher spécialement au côté pittoresque du voyage, comme nous l'avons fait dans les *Voyages aériens*, nous cherchons surtout à mettre en relief les observations scientifiques qui, nous en avons la persuasion, ne seront pas moins bien accueillies par le lecteur. Nous ne négligeons rien non plus de ce qui se rattache à l'aéronautique proprement dite, c'est-à-dire de ce qui concerne le ballon lui-même, de ce qui se rapporte à son allure dans l'atmosphère, et à terre au moment de l'atterrissage. Quant aux récits des seize autres ascensions qui suivent, ils sont réunis ici pour la première fois.

1 400 mètres au-dessus des flots, en présence du plus merveilleux spectacle qu'il soit possible de contempler. A nos pieds, la mer transparente
s'étend à l'infini, comme un vaste champ d'émeraude; à notre gauche, la
ville de Calais se dresse comme une cité en miniature sur un rivage lilli-
putien; à droite enfin, un singulier effet de mirage nous montre, au-dessus d'un rideau de vapeurs, l'image renversée de l'Océan, que sillonnent
quelques vaisseaux, et cache à notre vue les côtes de l'Angleterre [1]. La
splendeur d'un tel panorama subjugue l'admiration; aussi nul sentiment de crainte ne peut-il avoir prise en notre esprit et nous songeons
à peine à la marche rapide qui nous porte vers les immensités de la mer
du Nord.

Cependant nous continuons notre route au-dessus de l'Océan, et tandis que la population nombreuse, qui se presse sur la jetée et sur la
plage de Calais, se demande avec anxiété quelle sera l'issue de ce voyage,
nous voyons une nuée de cumulus que le courant inférieur de l'air fait
rapidement courir dans la direction du rivage; nous comprenons qu'en
y faisant descendre l'aérostat, ce courant pourra nous ramener au point
de départ. Duruof ne craint plus de s'aventurer en mer, et nous nous
laissons entraîner à 1.700 mètres de hauteur, jusqu'en vue du phare de
Gravelines, à plusieurs lieues de la côte française. Cessant alors de jeter
du lest, le *Neptune* s'abaisse vers le niveau de l'Océan, il descend de
1.000 mètres environ, et après avoir traversé de haut en bas le léger
massif de nuages floconneux, il s'abandonne à la brise superficielle, qui
le pousse en sens inverse du courant supérieur, et lui permet de revenir
sur sa route, après avoir plané près d'une heure au-dessus des flots.
Voilà bientôt l'aérostat qui traverse la ville de Calais aux acclamations
de la foule, émue de ce retour inattendu et de l'étrangeté de cette manœuvre aéronautique.

----

(1) Un genre semblable de mirage a souvent été décrit par les voyageurs. Il constitue le plus simple d'entre tous, puisqu'il s'explique par la simple réflexion d'objets
terrestres sur des couches supérieures de nuages, planes, unies et formant miroir.

Gonflement du ballon *le Neptune* sur la place d'Armes, à Calais (16 août 1868).

Ce succès ne nous excite pas à descendre, et nous laissons le ballon suivre la direction des côtes jusqu'aux environs de Boulogne : là, enveloppés par des nuages épais, exposés à une douce température de 14°, nous dînons à 1.600 mètres de hauteur. Le temps se passe, et nous espérons être engagés dans les terres, quand le bruit prolongé des vagues se fait entendre sous notre nacelle comme un funeste murmure ; une éclaircie se forme, et nous voyons que *le Neptune* a été lancé de nouveau à 25 ou 30 kilomètres vers la haute mer, en présence du cap Gris-Nez, qui s'étend devant nous comme une mince proéminence. Nous n'oublions pas que le courant superficiel qui marche sous notre nacelle nous a sauvés déjà, et nous y laissons descendre l'aérostat. *Le Neptune*, soulevé par les efforts de la brise, se précipite alors avec violence dans la direction du cap ; mais va-t-il pouvoir en atteindre la côte, ou en dépassera-t-il, au contraire, la point extrême, pour continuer en pleine mer sa course rapide ? La nuit tombe ; le ciel se voile ; le soleil rouge comme un disque de feu disparaît à l'horizon, et chaque moment d'hésitation compromet le succès d'une périlleuse descente. Sans plus attendre, Duruof ouvre la soupape du ballon, qui rase bientôt la surface des flots à 25 ou 30 mètres de hauteur ; Barrett s'empresse en même temps de jeter à la mer le grappin que nous remorquons à notre suite, et moi-même, rassuré par la froide énergie de mes compagnons, je ne tarde pas à lancer l'ancre sur le rivage, au commandement de notre vaillant capitaine. L'ancre est retenue par une dune de sable, et *le Neptune*, captif, sans force, vient s'affaisser sur le sommet d'un monticule herbu ; mais le vent, qui s'engouffre dans la toile, va peut-être nous soulever encore et nous conduire à de nouveaux dangers ; Duruof a aussitôt recours à la corde dite de *miséricorde* ou plus souvent de *déchirure*, qui fend l'aérostat en éventrant une de ses côtes, et le dégonfle instantanément (¹). Tout péril est passé.

(1) *La corde de déchirure* est d'un bien utile concours à l'aéronaute : elle lui permet d'opérer en quelque sorte une descente facile au milieu des plus grands vents. Cette corde pendant l'ascension ne doit pas être mise à portée de la main ; elle doit être maniée par un aéronaute expérimenté, et seulement lorsque le ballon glisse à la surface du sol. Le traînage n'est pas possible avec la corde de déchirure.

L'intrépide Maillard, sous-gardien du phare du Gris-Nez, brave matelot, toujours prêt à voler au danger; M. Duclois, employé au télégraphe sous-marin, et quelques pêcheurs, étaient déjà accourus à notre aide !

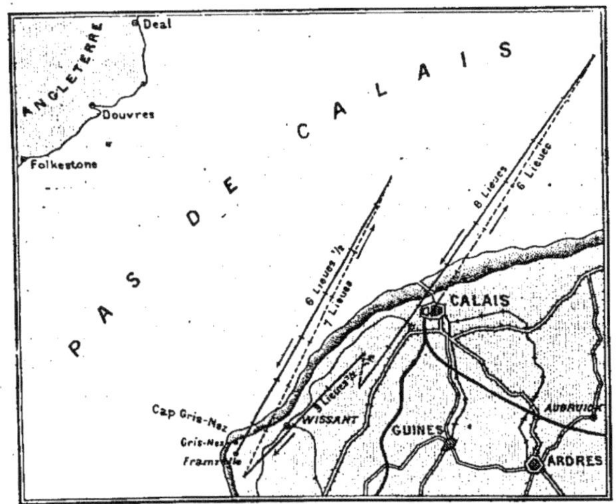

Carte du voyage maritime du *Neptune.*

.. ... Marche suivie par l'aérostat à une hauteur de 600 à 1,600 mètres.
——— Marche suivie en sens inverse à une hauteur inférieure à 600 mètres.

A peine atterris, je cours au Sémaphore, pour envoyer à Calais une dépêche télégraphique, qui va rassurer notre famille et nos amis ; et quelques instants après, mes compagnons de voyage et moi, assis dans une humble auberge autour d'une table de paysans, nous soupions joyeusement, en écoutant, cette fois, sans inquiétude, les rafales du vent et les mugissements de la mer.

On voit, par ce court récit, que dans notre expédition maritime nous

avons eu le rare bonheur de pouvoir nettement constater la marche en
sens inverse de deux couches d'air superposées, et de profiter avec succès
de leur action, comme l'indiquent la carte et le diagramme ci-contre,
qui retracent les deux voyages successifs, impunément entrepris au-des-

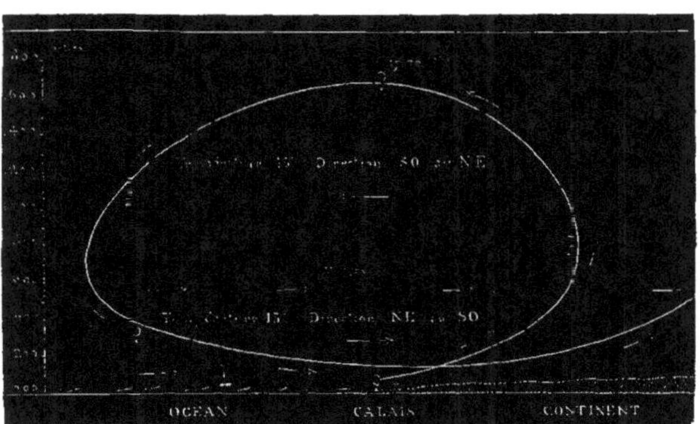

Diagramme de l'ascension de Calais (16 août 1868) montrant la marche de l'aérostat
au sein des deux courants superposés.

sus de la mer, dans l'espace de trois heures. Ce fait, qui jusqu'alors
n'avait jamais été aussi sûrement observé, offre une réelle importance,
et montre nettement qu'il reste encore à l'art de l'aérostation un vaste
champ à conquérir dans l'étude de la direction des vents.

Bien souvent, comme on l'a constaté depuis à plusieurs reprises, l'atmosphère est ainsi découpée en couches aériennes qui se meuvent dans
des directions différentes, et bien souvent aussi l'aéronaute pourrait se
diriger si, comme l'oiseau qui plane, il cherchait à diverses altitudes le
courant aérien qui lui est favorable.

Si le temps ne nous avait pas fait défaut dans notre première ascension de Calais, nous aurions pu confirmer brillamment cette assertion, en répétant un grand nombre de fois la première manœuvre faite en face de Calais; on aurait vu *le Neptune* suivre alternativement à des hauteurs différentes, deux routes différentes, et gagner peu à peu les côtes de l'Angleterre, en tirant des bordées comme un navire à voiles. En effet, les deux courants superposés suivaient deux routes qui n'étaient pas absolument opposées; elles faisaient entre elles un angle appréciable, comme la carte de notre voyage l'indique avec exactitude.

Nous ajouterons ici quelques considérations météorologiques que nous n'aurions pu présenter auparavant au lecteur, sans nuire à la clarté du récit.

Pendant le cours de notre ascension, l'air, comme on vient de le voir, était traversé par deux courants superposés. Le courant inférieur avait une température de 13° centésimaux environ; il se dirigeait du N.-E. vers le S.-O., depuis la surface de l'Océan et des côtes jusqu'à une hauteur de 600 mètres. A sa partie supérieure, des nuages floconneux isolés les uns des autres par de petits intervalles, étaient condensés en nombre considérable; ils flottaient en quelque sorte à la surface de ce courant, en suivant la même direction. Ces cumulus étaient blancs, arrondis et mamelonnés, leur épaisseur était faible et ne dépassait pas une dizaine de mètres. La surface supérieure de ces nuages était lisse, et située exactement sur le même plan. Il est probable qu'ils étaient arrêtés ou dissous par le courant supérieur qui glissait au-dessus, dans une direction sensiblement opposée, du S.-O. au N.-E. Par un singulier effet de perspective, cette succession de mamelons de vapeurs semblait prendre naissance d'un côté de l'horizon, pour disparaître de l'autre; ils étaient entraînés par le courant inférieur qui se mouvait avec une vitesse de 12 à 13 lieues à l'heure; aussi les voyions-nous courir avec une rapidité extraordinaire, puisque nous nous mouvions au sein du courant supérieur qui se déplaçait dans le sens inverse avec une vitesse de 8 à 9 lieues à l'heure.

Le courant supérieur, dont la température était de 15° centésimaux, régnait dans l'atmosphère, depuis l'altitude de 600 mètres jusqu'à une hauteur indéterminée qui dépassait 1,700 mètres, point culminant de notre ascension. A ce moment, nous apercevions d'autres nuages qui paraissaient suspendus à quelques centaines de mètres au-dessus de nos têtes ; ils formaient probablement la limite supérieure du deuxième courant aérien, et étaient peut-être surmontés d'un troisième courant ; mais il ne nous est pas permis d'émettre à cet égard autre chose que des conjectures.

Au-dessus des côtes de l'Angleterre, les cumulus séparant les deux courants étaient dominés par une masse épaisse de vapeurs grisâtres au sein desquelles nous vîmes la mer se refléter comme dans un miroir, en produisant ce curieux effet de mirage dont nous avons parlé précédemment. Ces vapeurs allaient s'accroître et envahir peu à peu le courant supérieur tout entier, car lorsque nous y pénétrâmes une seconde fois, après notre premier retour à terre, nous fûmes plongés dans une brume très-épaisse et très-opaque qui offrait un aspect tout particulier et était complétement sèche. Cette brume nous cachait absolument la vue de l'aérostat auquel nous étions suspendus, et, par moments, nous nous distinguions à peine les uns des autres, quoique nous fussions assis presque côte à côte dans la nacelle. Je suppose que les vapeurs océaniques qui s'élevaient dans l'atmosphère, se condensaient en nuages à la surface du courant inférieur, en se dissolvant à la base du courant supérieur. Celui-ci, se chargeant ainsi successivement d'humidité, n'aura pas tardé à se remplir lui-même d'une brume épaisse, tout en conservant sa même direction. Ce mécanisme aérien que nous avons pu observer dans notre première ascension, doit se reproduire souvent au sein de l'atmosphère, quand l'air est sillonné de plusieurs courants superposés, comme cela arrive fréquemment, surtout dans les régions qui avoisinent les rivages océaniques.

CHAPITRE DEUXIÈME

ASCENSION DU CONSERVATOIRE DES ARTS ET MÉTIERS
A SAINT GERMAIN D'AULNAY (ORNE).

Dimanche, 13 septembre 1868 (¹)

Le ballon *le Neptune* s'éleva à midi 20 minutes du jardin du Conservatoire des Arts et Métiers, où M. le général Morin avait bien voulu nous
autoriser à effectuer notre départ. Jules Duruof avait été obligé de donner à l'aérostat une force ascensionnelle assez considérable en raison de
l'espace resserré où le départ avait dû s'accomplir. Aussi nous montons
rapidement jusqu'à 1,200 mètres, admirant le splendide panorama de
Paris que pour la première fois je contemple à cette altitude. Nous
suspendons au cercle nos instruments, nous descendons notre guide-
rope, et nous nous disposons à exécuter nos expériences, que nous
avons exécutées pendant quatre heures consécutives avec autant de
précision que dans un laboratoire terrestre. Nous reproduirons à la fin
de ce chapitre les résultats qui ont été obtenus, aussi aborderons-nous
le récit des particularités météorologiques qui se sont présentées à notre
observation.

Pendant presque toute la durée du voyage, nous avons plané au milieu
d'un cirque de nuages, ayant un diamètre apparent d'au moins 150 degrés

(1) Cette ascension a été faite avec le concours de J. Duruof, qui se chargeait de la
conduite de l'aérostat, et avec la collaboration de M. W. de Fonvielle.

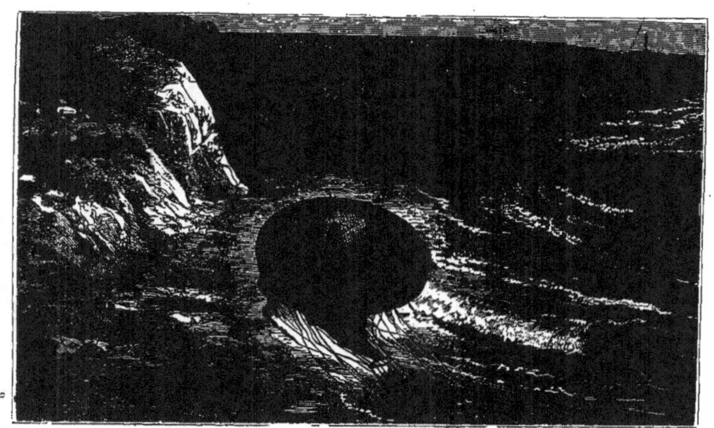

Descente du ballon *le Neptune* au cap Gris-Nez (16 août 1868). — Page 123.

de valeur angulaire. Ce cercle, très-régulier, très-homogène, un peu plus
noir du côté de l'orient que du côté opposé, produisait un spectacle vraiment
admirable. Le ciel était d'un bleu très-pur, surtout dans le voisinage
du *Zénith*, et la terre s'apercevait constamment au-dessous de la
nacelle, même au moment où l'aérostat est parvenu à sa plus grande
hauteur à 3 h. 20 (2,850 mètres).

Cet effet curieux de cirque de vapeur est probablement dû à la trans-

Effet de cirque de nuages (13 septembre 1868).

parence de certains nuages qui ne
se laissent entrevoir que sous une
grande épaisseur ; vus dans la verticale, sous une faible épaisseur, ils
sont transparents, mais considérés
horizontalement, sous une épaisseur
considérable, ils sont opaques et
s'entrevoient à une certaine distance
de l'œil, en produisant ainsi l'aspect
d'un cercle d'un diamètre A B, tout
autour de l'observateur.

L'ombre du ballon, qui se découpait nettement à la surface du sol,
nous a suggéré l'idée de la possibilité de son emploi pour quelques déterminations importantes, auxquelles on n'avait pas encore songé précédemment.

Le mouvement de cette ombre, comparé à la direction de l'aiguille
aimantée, donne très-nettement l'angle de la route ; son observation peut
encore servir à étudier les rotations souvent fréquentes de l'aérostat, ce
qui fournit le moyen d'introduire des corrections dans les observations
relatives aux oscillations de l'aiguille aimantée. L'ombre du ballon peut
être encore appelée à déterminer la déclinaison du soleil : il suffirait de
l'observer à midi dans un lieu dont on connaît la longitude, la latitude et
l'altitude. Elle est susceptible de servir à vérifier la loi des hauteurs barométriques. Pour arriver à de telles déterminations, il suffirait, connais-

sant le diamètre réel du ballon, de mesurer le diamètre apparent de
l'ombre avec une lunette à réticule mobile autour d'un cercle gradué.
Un fil à plomb donnerait la verticale : on aurait ainsi la longueur de
la ligne menée du centre de l'aérostat, la valeur de l'angle qu'elle forme
avec la verticale, et pour avoir l'altitude vraie du ballon, il n'y aurait

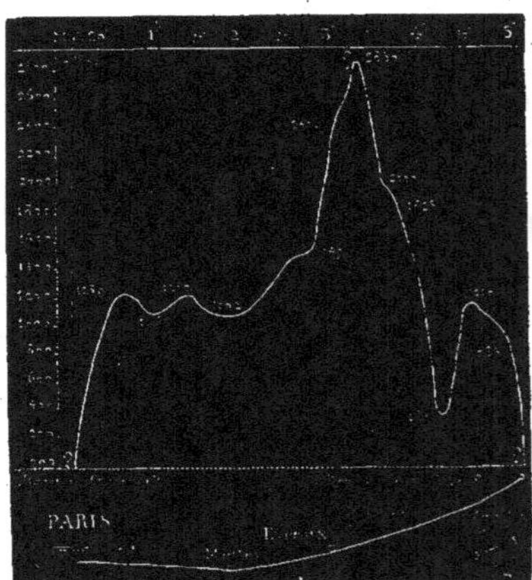

Diagramme de l'ascension du Conservatoire des Arts et Métiers à
Saint-Germain-d'Aulnay, près Laigle (Orne), 13 septembre 1868.

plus qu'à résoudre un triangle rectangle (¹). La figure ci-jointe (p. 133)
fera mieux comprendre ce raisonnement : dans la nacelle, on pourrait,
comme nous l'avons dit, mesurer l'angle B et déterminer la valeur de
l'hypoténuse BC du triangle rectangle ABC. Ces données sont suffisantes
pour calculer la longueur de la ligne BA, égale à la hauteur de l'aérostat
au-dessus du sol.

(1) *Voyages aériens*, par J. Glaisher, C. Flammarion, W. de Fonvielle et G. Tissandier. Hachette et Cⁱᵉ, p. 434.

Pendant que nous avions observé notre ombre sur le sol, je m'étais risqué à jeter par-dessus bord une bouteille vide. Je la vois qui tombe lentement et je la suis des yeux. Mais jamais je n'avais fait l'expérience de la chute des corps sur une aussi vaste échelle, et je ne supposais pas d'abord que ma bouteille mettrait un temps considérable à toucher la terre. Qui plus est, participant encore au mouvement du ballon, elle suivait notre nacelle. Je l'avais lancée au-dessus d'un champ, mais elle tombe toujours et la voici qui arrive au-dessus d'un village. Si elle touche une maison, elle va certainement la traverser, tombant de si haut, depuis le toit jusqu'à la cave. Heureusement, elle continue toujours sa promenade rapide et ne touche terre que dans un champ éloigné.

Emploi de l'ombre du ballon pour la vérification de la loi des hauteurs barométriques.

Cette histoire me rappelle l'anecdote que rapporte Arago sur la chaise de Gay-Lussac, et que je reproduis textuellement : « La gravité du sujet, dit Arago en parlant de l'ascension de Gay-Lussac, ne doit pas m'empêcher de rapporter une anecdote assez singulière dont je dois la connaissance à Gay-Lussac. Parvenu à 7,000 mètres, il voulut essayer de monter plus haut encore, et se débarrassa de tous les objets dont il pouvait rigoureusement se passer. Au nombre de ces objets, figurait une chaise en bois blanc que le hasard fit tomber sur un buisson, près d'une jeune fille qui gardait les moutons. Quel ne fut pas l'étonnement de la bergère! comme l'eût dit Florian. Le ciel était pur, le ballon invisible. Que penser de la chaise, si ce n'est qu'elle provenait du paradis? On n'avait à opposer à cette conjecture que la grossièreté du travail; les ouvriers, disaient les incrédules, ne pouvaient, là-haut, être si inhabiles. La dispute en était là, lorsque les journaux, en publiant toutes les particularités du voyage de Gay-Lussac, y mirent fin, et rangèrent parmi les faits naturels ce qui jusqu'alors avait paru un miracle. »

A l'altitude de 2,400 mètres, nous avons subi l'influence d'un effet physique curieux : une sensation de froid très-pénétrant, unie à une impression de chaleur intolérable, causée par l'ardeur des rayons solaires traversant un air sec. A l'altitude de 2,850 mètres, *le Neptune*, subissant cette action du froid, s'est mis à descendre précipitamment jusqu'en vue de terres (280 mètres), et Duruof a dû vider plusieurs sacs de lest pour empêcher notre choc contre le sol. Après avoir atteint l'altitude de 1,200 mètres la descente s'est opérée en Normandie, dans des circonstances dramatiques toutes particulières.

Le vent, assez faible dans les régions élevées de l'air, était d'une violence extrême à la surface du sol. Aussi l'ancre jetée, était rapidement remorquée par le ballon, tout en traînant contre terre.

Tout à coup, elle glisse dans une mare, et s'y incruste d'une manière invincible. Le ballon est jeté violemment au bout du câble long de 70 mètres ; il se crève et s'aplatit subitement en se vidant. Nous nous croyons perdus. Mais le vent s'engouffre dans l'étoffe vide, et amortit singulièrement notre chute contre terre, en nous y ramenant comme attachés à l'extrémité de la corde, à un vaste cerf-volant. — L'effet du vent fut si considérable sur la corde d'ancre, que celle-ci, longue de 70 mètres, se trouva allongée par cet effort de 8 mètres environ.

Le choc à terre fut violent, et Duruof se trouva lancé en dehors de la nacelle, tandis que le panier, se renversant, nous y emprisonnait sens dessus dessous, mon compagnon de voyage et moi. Aucun de nous n'avait la moindre blessure.

Voici quelques extraits de la note que nous avons présentée à l'Académie des sciences (séance du 21 septembre 1868), sur notre deuxième ascension :

« *Pression barométrique. — Température. — Etat hygrométrique.* — Parmi les nombreuses observations faites pendant plus de quatre heures, avec un baromètre Richard, un thermomètre à mercure et un psychromètre, nous reproduisons dans le tableau ci-dessous celles qui offrent un intérêt spécial.

« Le liquide de psychromètre contenait 20 pour 100 d'alcool. Nous avons éprouvé souvent de brusques changements de température, qui expliquent sans doute les différences qui existent entre les degrés de la boule sèche du psychromètre et ceux du thermomètre à mercure.

« *Papiers ozonométriques.* — Des papiers ozonométriques préparés par M. L. L'Hôte, préparateur de chimie au Conservatoire des Arts et Métiers, ont bleui à 3ʰ6ᵐ, sous la pression de 675 millimètres (2,240ᵐ). La moitié de ces papiers était imbibée d'une teinture de tournesol rouge qui n'a pas changé de nuance; l'action était due par conséquent à l'ozone de l'air et non à l'alcalinité du gaz de notre ballon.

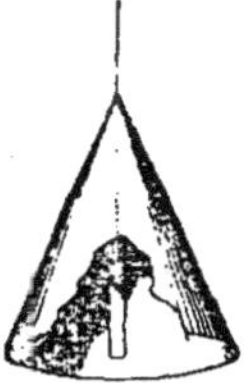

Papier ozonométrique pendu dans la nacelle sous un cône en carton,

« Il y aurait grand intérêt, dans d'autres ascensions, à chercher s'il y a une relation entre l'état électrique de l'air et son activité ozonométrique.

« *Dissolutions sursaturées de sulfate de soude.* — Nous avons préparé à l'avance des ballons scellés, renfermant une dissolution sursaturée de sulfate de soude. La cristallisation a eu lieu à la surface du sol, à 1,000, à 2,000 et à 2,700 mètres.

HEURES	PRESSION BAROMÉTRIQUE	THERMOMÈTRE CENTÉSIMAL A MERCURE	PSYCHOMÈTRE	
			BOULE SÈCHE	BOULE HUMIDE
h. m.	millimètres	degrés	degrés	degrés
12 34	648	21.00	»	»
1 00	658	21.50	22.10	13.50
1 45	660	15.50	18.00	16.50
2 15	630	15.00	16.50	15.00
2 45	608	14.00	14.50	11.10
2 51	570	15.00	16.50	10.00
2 50	560	10.00	»	»
3 18	590	10.00	12.00	16.50
3 32	602	16.10	17.75	15.50
4 25	670	12.25	»	»

« *Poussières de l'air.* — Nous avons fait passer de l'air dans des tubes contenant du coton poudre; mais la poussière de sable due au lest ne nous a permis de tirer aucune conclusion de cette expérience, qui sera reprise postérieurement.

« *Anémomètre.* — Cet appareil n'a fonctionné qu'à de rares intervalles et pendant un temps de courte durée. A 1ʰ26ᵐ, à la pression de 627 millimètres, l'expérience a donné 627 tours à la minute. D'après la formule de tare spéciale à l'appareil employé, nous avons trouvé que la vitesse déduite de cette observation était de 1ᵐ,37 par seconde. La vitesse de transport du ballon calculée d'après le chemin parcouru était de 10 mètres environ par seconde. C'est à M. Tresca que nous devons l'idée de recourir à l'anémomètre, qui judicieusement employé, peut être appelé à résoudre quelques problèmes aérostatiques.

Sphygmographe du Dʳ Marey. — On a souvent étudié les tracés graphiques donnés par le pouls humain sur des montagnes et rarement en ballon. J'ai fait l'expérience sur M. de Fonvielle à terre, à 1,200, à 2,400 mètres d'altitude, et après la descente. Les courbes obtenues ont été soumises à M. le Dʳ Marey. Mais leur netteté laissait à désirer, et il n'a pas été possible de tirer des conclusions certaines de ces premières expériences.

CHAPITRE TROISIÈME

Dimanche, 8 novembre 1868.

Le ciel était fort brumeux dans la matinée du dimanche 8 novembre 1868. Dès le matin Gabriel Mangin qui avait mis à notre disposition son ballon *l'Union*, cubant 1,000 mètres, commença le gonflement. A onze heures l'aérostat se berce gracieusement sous les ondulations du vent. Mon frère, Albert Tissandier, qui va débuter dans la carrière aérienne, et moi, nous prenons place dans la nacelle avec notre pilote aérien.

. . . .

Nous nous élevons lentement au milieu de la neige qui tombe en grande abondance, et bientôt nous ne distinguons presque plus la terre qui s'étend bien loin sous nos pieds. Dans le lointain nous apercevons encore les gazomètres de l'usine à gaz de La Villette, et le groupe de nos amis qui nous saluent de la main nous apparaît confusément à travers les flocons qui nous entourent. Nous offrons, du reste, à ce que nous avons su plus tard, un remarquable spectacle pour tous ceux qui nous regardent ; l'aérostat dans les airs semble attirer à lui les parcelles de neige qui se heurtent à sa surface. Il paraît entouré d'une auréole d'une blancheur étincelante ; c'est un énorme glaçon flottant au milieu d'un tourbillon de neige.

Cette croûte de glace nous appesantit singulièrement et nous ne montons qu'en vidant à la fois plusieurs sacs de lest; grâce à ce délestage, nous nous élevons à 1,800 mètres d'altitude et nous assistons au curieux tableau de la formation de la neige. Tout à l'heure de gros flocons voltigeaient autour de la nacelle; maintenant ce sont des paillettes brillantes presque irisées, qui s'attirent, s'agglomèrent et grossissent à vue d'œil, à quelques centaines de mètres sous la nacelle. Au-dessus de nos têtes, la nuée est moins épaisse, plus transparente, et on devine que le soleil n'est pas loin; mais notre aérostat chargé de neige n'a pas la force de monter. La température n'est pas très-basse, car le thermomètre marque seulement un degré au-dessous de zéro. Du reste on ne se lasserait pas d'admirer ce jeu de la cristallisation de l'eau que nous saisissons pour ainsi dire sur le fait, et mon frère, en sa qualité d'artiste, manifeste surtout sa profonde admiration. C'est, comme je l'ai dit, la première fois qu'il a quitté la terre ferme dans la nacelle d'un ballon, mais il oublie qu'il est suspendu dans les airs, et il prend un croquis de ce qu'il voit, tout comme s'il était encore sur le plancher des dessinateurs.

Midi. Tout autour de nous, en haut, en bas, à droite, à gauche, c'est une sarabande de cristaux microscopiques qui décrivent de toutes parts mille courbes capricieuses, mille sinuosités bizarres, qui s'attirent, se repoussent, s'agglomèrent et retombent en tourbillonnant jusqu'à la surface du sol.

Nous nous sommes décidés à sacrifier du lest et, malgré la neige, nous montons encore. Je voudrais lancer notre ballon à travers cette brume demi-transparente qui me cache encore les rayons solaires, je voudrais traverser ces vapeurs translucides et voir le soleil qui nous donnerait des ailes. — En sept minutes nous montons de 200 mètres seulement. Quelle pénible ascension! Mais comment vaincre ce poids qui charge sans cesse les épaules de notre coursier? Tout ce que nous pouvons faire, c'est de dépasser le niveau de 2,000 mètres. — Les parcelles de glace sont très-ténues; on dirait une infinité d'aiguilles cristallines. Encore un effort et nous verrons le soleil; nous avons assez de lest pour franchir ces dernières plages aériennes au-dessus desquelles l'astre doit briller.

Midi quinze. Nous tenons un conseil de guerre, et d'un avis unanime nous décidons qu'il ne faut pas songer à nous élever encore. Pour dépasser ces dernières assises de vapeurs, il faudra épuiser nos forces, c'est-à-dire sacrifier le dernier lest qui est notre salut. — Si nous avons le malheur de plonger notre navire aérien dans l'océan de lumière qui brille au-dessus de nos têtes, la couche de neige qui nous appesantit ne manquera pas de se fondre, nous perdrons cette eau solidifiée qui n'aurait jamais dû se condenser sur nos toiles, et, délestés d'un poids considérable, nous serons emmenés malgré nous vers les hautes régions. Quand nous quitterons les couches supérieures de l'air où nous aurons pu admirer d'en haut les nuages chargés de neige, quand nous reviendrons à terre appelés par cette force invincible de la pesanteur, de nouveaux flocons nous alourdiront encore, ils augmenteront de moment en moment la vitesse de notre descente, et comme nous n'aurons plus alors de lest à jeter, comme nous aurons dû gaspiller ce qui est notre vie dans les plaines atmosphériques, nous toucherons la terre avec une force telle que nous serons sans doute brisés par le choc. — Gravir encore les plages aériennes serait témérité, il faut regagner lentement le fond de notre océan gazeux qu'on appelle la terre.

Midi vingt-cinq. Nous entendons distinctement des voix humaines et le roulement d'une voiture... Jamais bruit terrestre n'avait frappé mon oreille à cette altitude (1,800 mètres). La neige, qui a débarrassé l'air de l'humidité qu'il renfermait, l'a sans doute rendu meilleur conducteur des rayons sonores.

Midi quarante-cinq. Nous voilà rapidement revenus à l'altitude de 1,000 mètres au-dessus du niveau du sol. Je retrouve les mêmes flocons de neige qui, plus abondants, plus épais que tout à l'heure, exécutent toujours leur danse aérienne. L'air est encore presque sec comme l'indique le psychromètre; et la terre ne se montre pas;

Le ballon ne tarde pas à descendre avec une assez grande rapidité ; notre provision de lest est épuisée ; il faut revenir en vue de terre. Les flocons, très-épais à cette hauteur, nous cachent à quelques paysans de la localité que nous apercevons sur une route et que nous appelons en vain à notre aide de toute la force de nos poumons. Nos cris les font retourner cependant les uns après les autres, mais aucun d'eux ne lève la tête et ne semble se douter que nous planons au-dessus. La brume terrestre serait-elle plus transparente de haut en bas que dans le sens inverse ?

Nous rasons bientôt la surface du sol... Notre guide-rope touche le sol, et la nacelle de l'*Union* est brusquement jetée au milieu d'un champ. Je détache l'ancre qui mord, tandis que Mangin ouvre la soupape, puis la referme subitement, car nous sommes arrêtés par notre corde. Des paysans accourent et nous apprennent que nous sommes à Chennevières-sur-Marne... Notre course n'a pas été rapide, car il y a une heure et demie que nous avons quitté Paris ; il n'est pas tard, et je ne veux pas encore dégonfler notre aérostat, pensant que le manteau qui le recouvre ne tardera pas à fondre. Le temps paraît un peu s'éclaircir, et si le soleil allait se montrer, il sècherait bien vite nos toiles et nous permettrait peut-être d'exécuter une seconde ascension.

Les habitants de la localité grossissent en nombre, et un aimable propriétaire de Chennevières, M. Rouzé, qui a couru avec ses deux fils après notre guide-rope, au moment où il rasait les champs, nous invite à déjeuner. J'accepte l'offre aimable d'une hospitalité inattendue, mais cependant je ne veux pas quitter mon cheval aérien, craignant qu'il ne prenne le mors au dent pendant mon absence.

« Ne vous inquiétez de rien, me dit notre hôte, je vais vous faire porter à la porte de ma maison. »

Ce qui est dit est fait : quelques bras vigoureux nous saisissent, soulèvent notre nacelle dans laquelle nous demeurons tranquillement assis, et nous voilà triomphalement remorqués à travers champ par une bande joyeuse qui nous acclame. Ce ballon couvert de neige, soulevé par quelques hommes et penché par le vent, ces paysans qui l'entourent en poussant des cris de joie, ces chasseurs et leurs chiens, ce garde champêtre, forment le plus curieux tableau. Notre voyage, quoique terrestre, n'en offre pas moins le charme d'une excursion aérienne. Nous franchissons ainsi la terre labourée jusqu'à la route de Chennevières, que nos conduc-

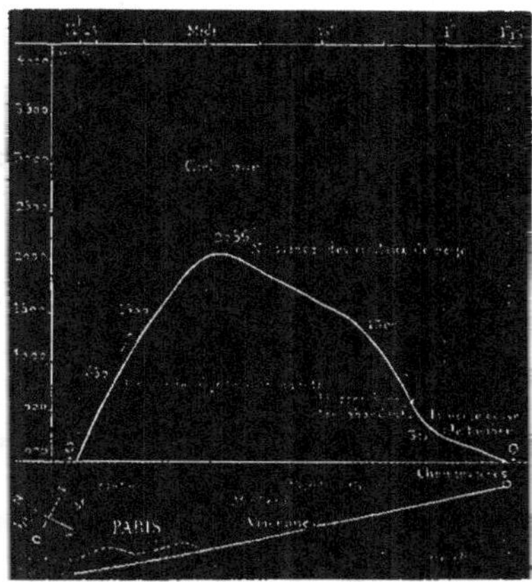

Diagramme de l'ascension du 8 novembre 1868, de l'usine à gaz de la Villette à Chennevières-sur-Marne.

teurs nous font traverser habilement sans qu'aucune branche ait atteint le ballon.

Nous passons encore, sans difficultés cette fois, au-dessus d'une autre plaine, et je donne le signal de la halte sur un avis de notre hôte, qui m'a appris que nous étions chez lui. Mangin, mon frère et moi, nous descendons de la nacelle et je remplace notre poids par celui de quelques grosses pierres que j'aperçois sur une route voisine. Pour faciliter le transport de ces matériaux, j'organise une chaîne humaine avec les paysans de bonne volonté et je charge notre panier d'osier de pavés et de moellons qui le rivent solidement à la terre labourée. Ces manœuvres, si simples qu'elles paraissent, ne s'exécutent pas toujours facilement, car l'enthousiasme des gamins qui accourent toujours en grand nombre en pareille occurence, est difficile à maintenir. Les uns se pendent à nos cordes et y voltigent comme sur une balançoire; les autres frappent l'étoffe du ballon, et, sans penser à mal, ils mettraient tout en pièces si on n'y mettait ordre.

M. Rouzé nous fait entrer dans sa charmante villa, et nous sommes admirablement reçus par une société si aimable que je doute qu'on en trouve de préférable au ciel même. On a garni la table en notre honneur de bons plats et d'excellent vin, et nous faisons très-bon accueil à tout ce qui nous est offert. La neige nous a valu un violent appétit, et tout en maniant la fourchette, je ne peux m'empêcher de rire à l'idée que nos amis qui nous ont vus partir, supposent sans doute que nous sommes en train de geler dans les hautes régions de l'atmosphère! Comme ils sont loin de soupçonner que nous déjeunons dans une bonne salle à manger, bien chaude et bien confortable!... N'avais-je pas bien raison de dire au départ que le touriste en ballon ne peut battre ces buissons aériens qu'on nomme les nuages, sans faire quelque rencontre étrange, imprévue?

La conversation s'anime, et tout en causant avec nos hôtes, je regarde le ciel de temps en temps et je vois avec une indicible joie que le soleil perce la nue; la neige est fondue et le ballon se débarrasse de cette maudite robe blanche. « Nous vous avons donné, dis-je bientôt, le spectacle d'une descente en ballon qui a paru vous intéresser vivement, vous me permettrez après le dessert de vous offrir celui d'une ascension; je tiens à m'en aller par la voie qui m'a conduit ici. » On accueille ma proposition avec incrédulité, mais Mangin affirme avec nous que l'ascension est possible et nous quittons bientôt la table pour retourner à notre aérostat.

Notre pilote, mon frère et moi, nous montons dans la nacelle, après en avoir extrait une à une toutes les pierres ; mais, hélas ! nous sommes trop lourds ! Le ballon ne veut pas quitter terre. Le soleil se montre, l'air est calme ; l'aéronaute se décide à abandonner son pesant guide-rope, le ballon fait un effort, mais il ne s'envole pas encore et il est impossible, pour aider son mouvement ascensionnel, de renoncer à notre dernier sac de lest qui peut être utile à la descente.

Nous sommes encore trop pesants de quelques kilogrammes !...

CHAPITRE QUATRIÈME

Dimanche, 8 novembre 1868.

Je décharge la nacelle de nos instruments, dont je me passerai cette
cette fois. Je ne garde qu'un thermomètre et le baromètre. Nous nous
dépouillons en outre de nos lourds paletots, couvertures, etc. ; je sup-
prime notre corde d'ancre assez pesante, et je la remplace par une
mince cordelette que l'on m'apporte ; je jette tous les sacs de lest qui
sont vides. Grâce à tout ce délestage et surtout grâce au soleil qui
chauffe notre gaz, le ballon cette fois donne signe de vie... il est prêt à
partir.

Nous montons rapidement ; d'un bond nous perçons l'épais massif des
nuages et nous nageons bientôt dans les couches aériennes où le soleil
est plus ardent. L'étoffe de l'aérostat se sèche... Il est trois heures, et
nous avons encore un beau voyage devant nous... Nous montons toujours sans toucher à notre unique sac de lest... La température s'a-
baisse : 3 degrés au-dessus de zéro à 3,000 mètres.

Les nuages éclairés par le soleil ont une couleur étrange : ils paraissent violacés, roses et forment des lignes élégantes régulièrement éta-
gées à l'horizon ! Mais ceci n'est que le prélude du tableau que va nous
fournir tout à l'heure le coucher du soleil.

L'astre bientôt disparaît sous un rideau de nuages qui nous cache

une illumination magique ; on voit surgir sous un manteau de pourpre
mille rayons d'or, tellement éblouissants que l'œil peut à peine en supporter l'éclat. Ils semblent émaner d'un même centre qui se devine sans
être vu... Jamais poëte n'a pu rêver un soleil aussi radieux, jamais peintre
n'a pu concevoir des lignes de feu aussi étincelantes... Nous montons

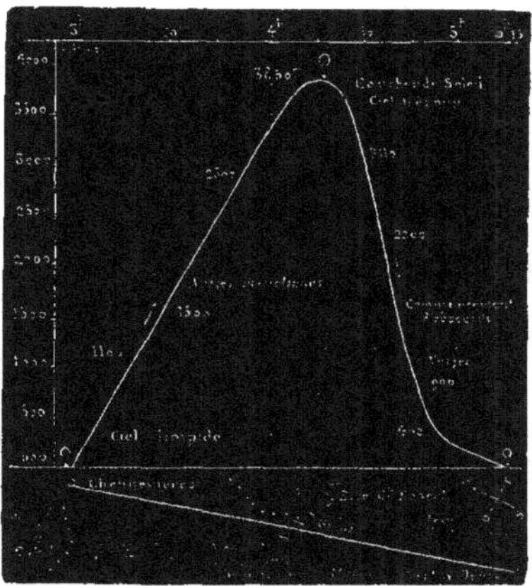

Diagramme de la deuxième ascension du 8 novembre 1868,
de Chennevières-sur-Marne à Vert-Saint-Denis.

jusqu'à 3,800 mètres, au milieu du calme absolu qui règne dans la nature,
à l'heure solennelle du crépuscule !

Saisis d'une sorte d'extase, nous regardons la terre, qui ne nous apparaît plus que sous la brume transparente, comme masquée derrière
une voile de mousseline rose. Ici la Marne sillonne la campagne et un
long ruban de vapeurs s'exhale de ses eaux azurées ; plus loin c'est un
aqueduc que l'on entrevoit au milieu de ce décor, comme le seul ves-
tige de tout travail humain ! Quelle joie paisible nous éprouvons à re-
10

garder de si haut cette campagne microscopique et à jeter les yeux sur ces bas-fonds, sans faire partie de leur substance boueuse !

Jamais je n'avais été aussi surpris des changements de nuance et de couleur qui se manifestent au milieu des nuages, éclairés par les feux couchants du soleil. A mesure que l'astre baisse pour aller éclairer d'autres contrées, les tons vifs s'effacent peu à peu. D'abord c'est une richesse de nuances incomparable... la pourpre colore des mamelons vaporeux dont une frange dorée termine les contours, le ciel est d'un bleu indigo le plus franc, le plus foncé, la terre est verdâtre comme une pâle émeraude, et la Marne est aussi rose que le pétale d'une fleur naissante ; nous sommes enveloppés dans ces deux hémisphères formés par le ciel et la terre, et notre aérostat trace son invincible sillage au milieu de toutes ces merveilles. Mais peu à peu l'harmonie des couleurs se dissipe, les nuages passent du violet pourpre à des tons plus gris ; la campagne se voile d'une mousseline plus opaque, plus foncée, comme un crêpe de deuil. Tout ce qui vit, va sommeiller au milieu du silence de la nuit ! le disque solaire va s'éteindre, et comme pour dire un dernier adieu à ces vastes prairies qu'il égayait, à ces beaux nuages qu'il colorait de pourpre et d'or, il jette un dernier feu étincelant sur ces palais enchantés de vapeur. L'air s'embrase pendant un instant et se colore d'une nuance rouge orange comparable aux effets d'un incendie lointain ; les nuages, l'espace bleu tout à l'heure, la terre elle-même, se revêtent subitement de cette nouvelle parure, et nos yeux aveuglés perdent bientôt le pouvoir d'admirer ce reflet de splendeurs, renfermées dans les zones où les ballons n'ont pas encore pénétré. A peine avons-nous le temps de nous rendre compte de ce beau phénomène, que tout se dissipe avec une rapidité inconnue aux crépuscules terrestres, où la lumière lutte longtemps contre l'obscurité ; le grand flambeau de notre humble planète vient de se cacher sous l'écran de l'horizon, et avec lui meurent la lumière et les couleurs !

Que ne pouvons-nous maintenir dans l'espace notre ballon jusqu'à l'heure de l'aurore, jusqu'au moment où le soleil va venir de nouveau animer la nature entière ! Quels regrets en pensant qu'il va falloir regagner la terre, et que demain, à cette même place, renaîtront encore, toujours splendides, toujours nouveaux, d'admirables tableaux colorés par ces jeux de lumière ! Ils ne pourront être contemplés par aucun œil humain. Une fois revenu sur le plancher terrestre, l'architecture bizarre, grandiose des nuages n'est plus la même ; si imposante qu'elle puisse être à terre, elle ne ressemble plus à celle qui s'offre au regard de l'aéronaute. Les cumulus, les masses de vapeurs aériennes, vus d'en bas sur le sol ou d'en haut dans les airs, offrent des aspects différents ; on dirait qu'ils ont deux parures distinctes. Contrairement à l'agate qui est éblouissante quand un rayon lumineux la traverse et qui est terne lorsqu'on la place sur un objet opaque, les nuages ne revêtent leur plus brillant éclat que pour l'œil privilégié qui a pu traverser le grossier épiderme formé par les nuées inférieures.

Mon frère a eu le temps de prendre plusieurs croquis de tous ces beaux paysages, et j'ai par moments interrompu mes méditations pour lire le thermomètre et le baromètre. Notre hauteur maxima a été de 3,900 mètres environ. — La température minima a été de 5 degrés centésimaux au-dessous de zéro.

Quoique basse, elle n'est pas sibérienne comme se l'imaginent ceux que nous avons laissés à terre. Nous ne sommes pas véritablement saisis par le froid, cela tient sans doute à ce qu'il n'y a pas de vent en ballon, et qu'aucune brise ne peut vous fouetter le visage. Notre respiration n'est nullement embarrassée, et la seule remarque que je puisse faire, c'est que nos paroles ne se propagent pas facilement dans cet air raréfié ; il faut un peu crier pour se faire entendre. J'éprouve un certain bourdonnement dans les oreilles, une douleur insensible dans le tympan ; l'air contenu dans le tuyau auditif se dilate par suite de la diminution de pression extérieure et peut, dans certains cas, causer une véritable souffrance.

Mangin me fait observer qu'il est bientôt 5 heures et qu'il serait prudent de descendre ; le ballon est bien équilibré dans l'espace et il faut
jouer de la soupape pour le faire osciller. A mesure que nous appro-
chons de terre, le dernier rayonnement de la lumière solaire disparaît ;
les couches d'air se foncent et deviennent blafardes, la campagne est
obscure, et la nuit va la couvrir bientôt de son manteau.

Nous atterrissons mollement dans un champ aux environs de Melun, à
Vert-Saint-Denis (Seine-et-Marne), en face des bouquets d'arbres qui
sont les avant-postes de la forêt de Sénart. — Le vent nous traîne quelques instants dans la terre labourée, le ballon se couche sur le flanc et
nous sommes couverts de boue et de terre détrempée. Triste retour !
c'est le réveil après un beau rêve !

CHAPITRE CINQUIÈME

Ascension de Paris a Neuilly-Saint-Front (Aisne)
(80 kilomètres en 35 minutes).

7 février 1869.

Ce voyage offre un remarquable exemple de la vitesse extraordinaire
que peuvent atteindre les courants atmosphériques supérieurs, au-dessus des nuages, puisque nous avons parcouru l'espace de 80 kilomètres
en 35 minutes. Voici le récit très-exact qui a été publié par un témoin
oculaire de notre dramatique descente ; nous le rapporterons d'abord,
avant de parler du voyage.

Ce récit, dû au maire de Neuilly-Saint-Front, a été inséré dans le
Journal de l'Aisne le 11 février 1869 :

« Notre commune vient d'être mise en émoi par la descente d'un
aérostat qui s'est précipité dans les campagnes environnantes, dans les
circonstances les plus intéressantes ; je suis heureux de pouvoir les signaler.

« Dimanche dernier, 7 février 1869, MM. W. de Fonvielle, rédacteur
de la *Liberté*, et Gaston Tissandier, chimiste, directeur du laboratoire
de l'*Union nationale*, dans le but de continuer leurs études météorologiques, s'étaient élevés de Paris à 11 heures 35 minutes, montés dans
la nacelle du ballon *l'Hirondelle* cubant 700 mètres environ.

« Le vent soufflait déjà furieux, et le départ n'eut de comparable que
la rapidité de l'oiseau dont l'aérostat porte le nom.

« La course fut de courte durée dans les airs ; mais la vitesse fut vertigineuse, puisque à midi 10 minutes nos jeunes savants touchaient terre une première fois à environ 4 kilomètres de Neuilly-Saint-Front, après avoir parcouru une distance qui, en ligne droite, est de 80 kilomètres.

« Dès le départ, quelques fissures s'étaient déclarées dans l'enveloppe vernie, et nos intrépides voyageurs, pour se maintenir à hauteur, avaient été forcés de se débarrasser de la plus grande partie de leur lest ; il n'était donc plus possible de retarder la descente, et le vent, plus violent encore qu'il n'était au moment du départ, l'avait rendue très-périlleuse.

« Emportés par la rafale, ils essayent de jeter l'ancre ; mais la rapidité de la course l'empêche de mordre suffisamment la terre et, malgré son poids de 20 kilogrammes environ, elle semble voltiger autour d'eux ; elle touche une seconde fois la terre, mais c'est pour se briser en morceaux contre une roche qu'elle rencontre et qu'elle fait voler en éclats.

« Le ballon, débarrassé du poids de son ancre, fait de nouveaux efforts pour s'élever dans les airs ; ils sont impuissants et le traînage prend alors une intensité effrayante. Tantôt la nacelle bondit sur le sol, tantôt elle traverse de grosses branches d'arbres qu'elle brise avec fracas.

« Cette scène émouvante eut de nombreux témoins, qui constatent que, malgré les obstacles qu'il avait rencontrés, l'aérostat avait parcouru une distance de près d'une lieue en quatre ou cinq minutes.

« La course continue, furieuse et terrible ; nos voyageurs, que l'on peut croire perdus, maintiennent énergiquement du fond de leur nacelle la corde de soupape, et le gaz qui s'échappe du ballon lui fait perdre de sa force, mais rien de sa rapidité ; il bondit encore et cette vitesse n'aurait pas de fin si des habitants de Neuilly, accourus en toute hâte, et que je suis heureux de pouvoir remercier ici, n'étaient pas parvenus après mille efforts à saisir la corde d'ancre et à arrêter un peu l'aérostat qui bondit toujours malgré la grappe humaine qui se pend à ses cordes. — Il est cependant vaincu et il s'affaisse épuisé sur le sol.

« MM. de Fonvielle et Gaston Tissandier peuvent enfin sortir de leur nacelle; ils sont couverts de sang, mais le premier seul est blessé et sa blessure heureusement est sans gravité; il en est quitte pour une foulure et des écorchures que M. le docteur Coppeaux, appelé en toute hâte, s'empresse de soigner et que quelques jours de repos achèveront de guérir.

« L'accueil le plus sympathique a été fait à nos voyageurs par les membres du Cercle de l'Union et par tous les habitants qui se pressaient sur leur passage. Les voyageurs sont loin d'être découragés. Nous pouvons constater au contraire qu'ils sont tout disposés, dans l'intérêt de la science, à recommencer prochainement leurs périlleuses expéditions. »

« J. CHARPENTIER,
« *Maire de Neuilly-Saint-Front.* »

Le traînage dont on vient de lire le récit est certainement le plus violent que j'aie jamais eu à subir. Pendant que je tirais avec force la corde de la soupape, j'ai remarqué que le ballon à moitié dégonflé se creusait, comme l'indique la figure ci-contre, et nous entraînait plus vite encore, l'air s'engouffrant avec force dans une cavité concave. Nous en avons conclu que dans de telles circonstances, il ne fallait pas trop vider l'aérostat, afin d'éviter cet effet de concavité de l'hémisphère inférieur, effet qui a pour résultat de favoriser l'action du vent.

Aspect du ballon *l'Hirondelle* pendant le traînage de Neuilly-Saint-Front.

Après avoir signalé ce fait qui intéresse l'aéronautique, nous aborderons le récit de notre voyage rapide, et nous examinerons les particularités météorologiques qui s'en dégagent

Au moment du départ de l'usine de la Villette, le vent de terre S.-O.
est d'une grande force. La température est de 3 degrés. Des nuages
sombres s'étendent dans l'atmosphère. Le ballon *l'Hirondelle*, une fois
gonflé, se penche sous l'action du vent avec une telle intensité, que par
moments son équateur touche le sol, et les hommes de la manœuvre
ont peine à le retenir.

Nous partons avec la rapidité de la flèche, nous traversons à 850 mètres le massif des nuages, et nous ne tardons pas à pénétrer à 1,000 mètres au sein d'un air chaud, lourd, dont la température s'élève jusqu'à
28 degrés. C'est une chaleur accablante qui fait ruisseler la sueur sur nos
fronts ; c'est un soleil de plomb qui nous darde ses rayons en pleine
figure.

Le ballon tourne sans cesse sur lui-même, comme s'il était saisi par
des tourbillons. Le ciel est pur, et nous voyons, au-dessus des campagnes
que nous traversons, quelques nuages floconneux qui se confondent avec
les prairies au-dessus desquelles ils sont suspendus ; à l'horizon s'étend
un manteau de mamelons argentés d'un merveilleux effet. Du reste,
nous n'avons pas le temps de nous occuper de ces observations, car le
ballon prend une allure qui nous inquiète, l'appendice est flasque et il
paraît se vider. Nous jetons constamment du lest, et quatre sacs sont
vidés coup sur coup. Nous sommes partis à 11 heures 35 minutes, il n'est
pas midi et nous voilà déjà à bout de ressources.

Quelques craquements se font entendre au-dessus de nos têtes, le
ballon est soumis à de brusques rotations, et nous le voyons même
osciller plusieurs fois sur lui-même ; il y a décidément dans l'atmosphère
quelque phénomène insolite dont nous ne pouvons nous rendre compte (¹).

A midi 5 minutes, le ballon descend avec rapidité, mais nous voyons
que nous nous dirigeons sur des carrières, nous entamons le dernier sac
de lest, et un coup de vent nous jette au-dessus d'une plaine très-

(1) Il est très-probable que la vitesse considérable du courant aérien produisait des
remous de tourbillons, qui faisaient sentir leur influence sur l'aérostat, habituellement
si calme et si immobile dans l'atmosphère.

étendue, à l'extrémité de laquelle s'étend un bois d'une grande dimension.

C'est là que nous devons atterrir ; l'*Hirondelle* approche de terre, l'ancre est jetée et la nacelle vient se heurter contre le sol avec une force incroyable ; je me pends de toutes mes forces à la corde de la soupape, et je vois que Fonvielle est couvert de sang. Le cercle lui a frappé le front et y a ouvert une blessure profonde, le sang jaillit en abondance. Le

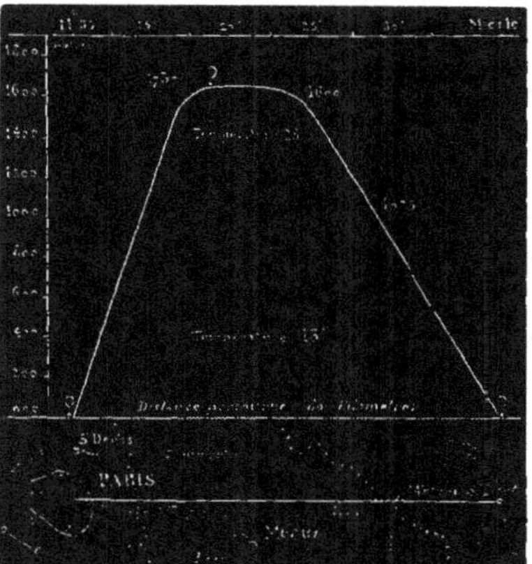

Diagramme de l'ascension du 7 février 1869, de Paris à
Neuilly-Saint-Front.

choc a été terrible, sec et impitoyable, la nacelle a heurté la terre comme un projectile. Elle rebondit comme une balle et les secousses que nous éprouvons sont atroces. Notre ancre voltige au-dessus des champs et ne veut pas mordre : on dirait un bouchon de liége pendu à un fil ! Nous sommes saisis par une force épouvantable, qui tantôt nous fait rebondir dans l'espace et tantôt nous précipite contre la terre.

C'est le traînage qui commence au milieu d'un ouragan furieux.

On a lu, au commencement de ce chapitre, les circonstances qui ont accompagné notre descente : nous n'y reviendrons pas; nous ajouterons seulement que nous avons traversé la surface d'un bois à la cime des arbres, dont les grosses branches se cassaient sous notre passage.

Il est regrettable que nous n'ayons pas eu dans cette occasion les ressources d'un aérostat plus volumineux, en meilleur état, capable de séjourner longtemps dans l'atmosphère; avec une vitesse de 35 lieues à l'heure nous eussions pu parcourir jusqu'au soir un espace considérable. Mais nos premières expéditions aériennes étaient exécutées difficilement : en dehors du concours que voulaient bien nous prêter quelques aéronautes et quelques amis, nous devions tout faire par nos propres ressources.

Le fait le plus important qui soit à signaler dans notre ascension du 7 février 1860, est, comme on le voit, la présence au-dessus des nuages d'un véritable fleuve atmosphérique chaud, dont la température s'est élevée sans doute dans les régions tropicales d'où il provenait, à la façon du Gulf-stream océanique. La vitesse inusitée de ce courant n'est pas moins remarquable que sa température élevée.

CHAPITRE SIXIÈME

11 avril 1869.

Contrairement au voyage aérien qui précède, et pendant lequel nous avons été emportés avec une vitesse prodigieuse, celui-ci est remarquable par l'immobilité presque absolue de l'aérostat. Le ballon *l'Union* que nous montions, est resté pendant une heure exactement à la même place à 1,000 mètres au-dessus du point de départ, comme s'il avait été retenu par un câble. Les feuilles politiques de Paris ont mentionné cette curieuse circonstance que le public avait attentivement remarquée. Voici ce que disaient les journaux à ce sujet :

« Le ballon, qui dimanche a plané si longtemps sur l'usine de la Villette, avai, à son bord MM. W. de Fonvielle, Gaston Tissandier et l'armateur du navire aérien, M. Gabriel Mangin. Jamais un souffle. On eût dit une bouée flottante retenue par un câble invisible. Après une station de deux heures à 2,000 mètres, les aéronautes ont jeté l'ancre... dans une avenue du cimetière de Clichy. »

Nous donnons le récit de ce curieux voyage tel que nous l'avons publié quelques jours après l'ascension(¹). Comme on va le voir, notre voyage a été exécuté par un temps calme principalement pour démontrer que les aérostats sont susceptibles de fournir un utile concours à l'importante vérification de la loi des hauteurs barométriques.

(1) *Le National*, 15 avril 1869.

Nous avons présenté, disions-nous, dans l'exposé de l'ascension, au Congrès des sociétés savantes, une communication relative à la vérification de la loi des hauteurs barométriques à l'aide des aérostats; notre rapport a été présenté et appuyé par M. Le Verrier, directeur de l'Observatoire de Paris. La méthode que nous proposons d'employer consiste à viser le ballon de trois stations terrestres à l'aide de lunettes astronomiques, afin de déterminer sa véritable altitude au moyen des mesures trigonométriques.

La route suivie par l'aérostat, directement déterminée, serait comparée à celle qui serait fournie par les indications d'un baromètre anéroïde.— La seule objection qu'on ait pu nous faire, c'est que les visées ne sauraient être assez précises, par suite de la prompte disparition de l'aérostat. Nous avons voulu donner la preuve du contraire, et nous avons exécuté, dimanche 11 avril, une ascension qui a fourni à notre méthode la plus précieuse démonstration.

On nous a vus planer pendant une heure et demie à des hauteurs différentes au-dessus de l'usine à gaz de la Villette, et nous restions quelquefois pendant plus de dix minutes dans un état d'immobilité complet. De tous les points de Paris, on a pu apercevoir le ballon l'*Union* suspendu dans l'espace comme une bouée flottante que semblaient retenir mille attaches invisibles. Les conditions de l'importante vérification que nous proposons sont donc nettement établies, et il ne reste plus qu'à tenter l'expérience définitive quand nous aurons pu organiser les postes d'observations terrestres.

Le départ a eu lieu à trois heures de l'après-midi, de l'usine à gaz de la Villette; le gonflement de l'aérostat s'est très-bien opéré, sous l'intelligente direction de Gabriel Mangin, qui nous a accompagnés dans l'air, à bord du ballon l'*Union*, dont il est l'armateur.

Pendant l'opération du gonflement, J. Duruof, lançait dans l'air un ballon captif qui devait nous indiquer la direction du vent. Du reste, M. Wolff, directeur de l'Observatoire de Zurich, a bien voulu nous en-

voyer une dépêche télégraphique pour nous donner l'état de l'atmosphère en Suisse(¹).

Nous nous sommes élevés d'abord à 1,800 mètres au-dessus du sol ;
le soleil, qui nous lançait des rayons intenses, a dilaté notre gaz et nous
a bientôt élevés jusqu'à la hauteur de 1,950 mètres. La température était
très-élevée, le thermomètre marquait 24° centésimaux, elle s'accrois-
sait sensiblement avec l'altitude,
apportant une exception, comme
cela arrive fréquemment, à la loi
des décroissances des températures, qui, selon nous, n'a rien
d'absolu dans le voisinage de la
surface terrestre. — Le spectacle
dont nous jouissions alors était
admirable : on voyait Paris qui
s'étendait sous la nacelle, comme
une des petites villes en relief du
musée des Invalides ; l'Arc de
Triomphe, la place de la Concorde
et les Tuileries étaient réduits à
des proportions lilliputiennes, et
avec la lunette on distinguait encore quelques groupes de prome-

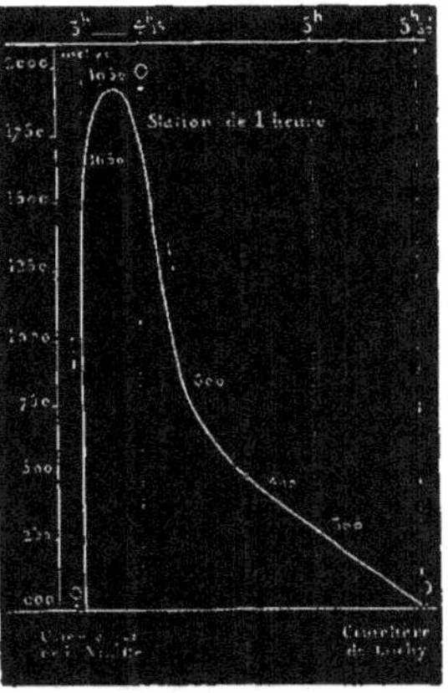

Diagramme de l'ascension du 11 avril 1869, de
l'usine à gaz de la Villette au cimetière de
Clichy.

neurs en miniature. De l'autre côté, la Seine se déroulait comme un
long ruban d'émeraude; tout autour de nous, un vaste cercle de brume
épaisse nous cachait l'horizon, et des nuages blanchâtres et pommelés
couronnaient comme d'une auréole lumineuse ce panorama si imposant et si grandiose.

(1) Dans la plupart de nos ascensions, nous avons réuni de bien utiles renseignements sur l'état de l'atmosphère au-dessus d'une partie de l'Europe, grâce à l'obligeance des éminents directeurs des observatoires de Madrid, de Genève, de Bruxelles,
de Londres, de Paris, etc. Nous sommes heureux d'adresser à ces savants l'expression
de nos remercîments et de notre vive reconnaissance.

Grâce à un jeu de lest bien exécuté, nous avons pu parcourir la verticale au-dessus d'un carré d'un kilomètre de côté, et pendant plus d'une heure nous avons plané presque au-dessus de notre point de départ. M. Tournier a pu nous viser pendant tout ce temps avec une lunette mobile autour d'un pied, disposée à l'usine à gaz, et un astronome en plein vent, sur les hauteurs de Montmartre, a pu faire voir notre aérostat à la foule de ses clients.

A trois heures et demie, nous avons sacrifié une notable proportion de lest ; il faut donc songer à la descente. L'air est si calme que nous avançons à peine ; cependant nous ne pouvons tomber sur les toits de Paris et sur les maisons , qui sont les écueils des aéronautes. Nous pensons qu'à la surface de la terre, une brise légère pourra nous éloigner des fortifications, nous laissons lentement descendre l'aérostat, qui en trois quarts d'heure arrive enfin au-dessus de Clichy-la-Garenne ; nous entendons les cris d'une foule qui nous a suivis des yeux, mais les plaines font complétement défaut.

En face de nous s'étend le chemin de fer de l'Ouest que sillonnent les locomotives; à droite, à gauche, de tous côtés, des maisons et des usines... sous nos pas, le cimetière de Clichy. Ce cimetière est le seul emplacement convenable pour la descente ; nous ne sommes pas long à délibérer, et, faute de mieux, nous allons atterrir dans la demeure des morts.

Le ballon descend rapidement, une femme qui priait sur une tombe se sauve en poussant des cris de terreur, une nuée de corbeaux s'envolent effarés ; notre ancre est jetée au milieu du cimetière, elle mord, quelques hommes la saisissent et nous touchons terre mollement dans une allée. Nous laissons Gabriel Mangin dégonfler l'aérostat au milieu de nombreux spectateurs, et nous revenons à Paris dont nous ne nous sommes pas beaucoup éloignés en deux heures. Dans notre dernière ascension nous avions parcouru, comme on l'a vu dans le chapitre précédent, vingt lieues environ en trente-cinq minutes; cette fois-ci nous

avons mis 2 heures 30 minutes à décrire un chemin de 900 mètres ! On
voit que l'océan aérien, qui a ses tempêtes comme l'Atlantique, a aussi
ses calmes plats comme la Méditerranée.

Mon frère, qui nous avait suivis des yeux du haut de la butte Montmartre, a eu le temps de venir à pied jusqu'à notre lieu de descente, où
il nous a reçus un des premiers. Gabriel Mangin, qui avait reverni à
notre intention l'aérostat l'*Union* avec le plus grand soin, a pu ramener
le soir même son ballon à l'atelier.

Nous espérons, disions-nous le lendemain de notre voyage, que cette
ascension excitera l'attention des savants, et que nous rencontrerons de
leur part l'appui nécessaire à l'exécution d'un programme d'expériences
aériennes, qui peuvent jeter une nouvelle lumière sur l'usage scientifique de nos aérostats. Le ballon, nous ne saurions trop le répéter,
ajoutions-nous, est un merveilleux appareil qui, transportant si facilement l'observateur au milieu des airs, peut lui permettre de dévoiler le
mécanisme des mouvements de l'atmosphère, et de fournir par des
expériences précises le plus utile concours à presque toutes les branches de la science.

Depuis le 11 avril 1869, nous avons souvent songé à exécuter ces expériences de la vérification de la loi des hauteurs barométriques, que nous
avions alors en vue. C'est un projet que nous nous proposons toujours
de mettre à exécution. Mais depuis, nous avons pensé qu'au lieu de
viser l'aérostat de plusieurs stations terrestres, pour mesurer sa véritable
altitude, on pourrait recourir à des baromètres enregistreurs analogues
à ceux que M. Redier est parvenu à si bien construire.

Il suffirait d'emporter dans la nacelle deux baromètres enregistreurs,
fonctionnant tous deux avec une rigoureuse exactitude. On garderait un
de ces instruments dans la nacelle : on descendrait l'autre au-dessous de
l'aérostat, à l'aide d'une cordelette d'une longueur déterminée, de 1.000
mètres par exemple. Après les expériences que l'on exécuterait à des
hauteurs différentes, les comparaisons des indications fournies par les

deux instruments, séparés suivant la verticale par une couche d'air d'é-
paisseur connue, apporteraient les éléments de la solution. Cette méthode
aurait l'avantage de ne pas nécessiter le concours d'observateurs nombreux ; les aéronautes eux-mêmes pourraient obtenir tous les documents
nécessaires dans la nacelle même. Il va sans dire que nous ne donnons
ici que le principe d'un projet, qui nécessite bien de sérieuses études
avant d'être mis à exécution.

CHAPITRE SEPTIÈME

Ascension du ballon « le Pôle-Nord, » faite au Champ de Mars
au profit de l'expédition de Gustave Lambert.

26 juin 1869.

Lors de l'Exposition universelle du Champ de Mars, en 1867, M. Henri
Giffard, comme nous l'avons dit dans la première partie de ce volume,
construisit le premier ballon captif à vapeur. Deux ans après, en 1869,
cet habile ingénieur résolut d'installer à Londres un engin semblable,
mais beaucoup plus volumineux, et capable d'enlever trente voyageurs à
la fois, à 500 mètres d'altitude. Nous avons parlé précédemment de ces
magnifiques constructions aérostatiques. Pour le présent, nous ne
sommes conduit à mentionner encore une fois ces aérostats captifs que
pour expliquer l'origine du ballon *le Pôle-Nord*.

Le ballon captif de Londres cubait 11.000 mètres cubes en nombre rond,
il dépassait de plus du double le volume de l'ancien *Géant* de Nadar ; mais
l'aérostat, par suite d'un mauvais vernis, se trouva impropre à conserver
le gaz hydrogène pur. On fut obligé de construire un second ballon pour
Londres.

Le premier aérostat devenu disponible, insuffisant pour le service prolongé d'ascensions captives, était excellent pour exécuter un
voyage aérien libre. Jamais on n'avait conduit dans les airs un globe
aussi gigantesque. L'idée nous vint de demander à M. Giffard, de
nous confier son grand ballon pour entreprendre des ascensions scien-

11

tifiques exécutées par plusieurs savants spécialistes. M. H. Giffard, accéda
à notre désir.

Pour faire face aux dépenses considérables des ascensions, il était
nécessaire de recourir au public en lui offrant le spectacle peu commun
d'une ascension dans un ballon dépassant de dix fois le volume des
aérostats des fêtes publiques. Nous résolûmes de partir du Champ de
Mars. Mais si nous ne voulions pas que nos futurs voyages aériens pus-
sent nous entraîner à des dépenses considérables, nous tenions, d'autre
part, à ne pas en faire l'objet d'une spéculation. Aussi pensâmes-nous
à exécuter notre voyage au bénéfice d'une grande entreprise digne d'intérêt, et qui avait déjà attiré la sympathie générale, à celle de l'expédition au pôle nord, projetée par Gustave Lambert.

A la date du 15 février 1869, j'écrivis à Gustave Lambert, que je ne
connaissais pas alors, la lettre suivante :

A M. Gustave Lambert, chef de l'expédition au pôle nord.

« Monsieur,

« M. H. Giffard a bien voulu mettre à notre disposition un immense
« aérostat de 10.500 mètres cubes, le plus grand et le plus merveilleux
« qui ait été construit jusqu'ici. Mon ami M. de Fonvielle et moi, nous
« songeons à continuer dans cet admirable ballon nos pérégrinations
« aériennes, mais comment subvenir aux frais considérables que néces-
« site un voyage exécuté dans un tel engin ? Il faut évidemment recourir
« au public. Toutefois, nous ne voulons pas, si nous faisons une ascen-
« sion payante, bénéficier d'aucune recette, nous tenons formellement
« à rester étrangers à toute spéculation.

« Pour tout concilier, voici l'offre que j'ai l'honneur de vous faire :

« Le ballon s'appellerait *le Pôle-Nord ;* il ferait une ou plusieurs ascen-
« sions publiques au bénéfice de votre grande expédition dans les mers
« glaciales. Nous pourrions ainsi continuer avec fruit nos expériences

« aériennes et imprimer peut-être un nouvel élan à l'œuvre méritante
« à laquelle vous vous êtes consacré avec un si généreux dévouement.
« Notre patriotisme est outragé en voyant que toutes les nations rivales
« de la France organisent des expéditions arctiques ; apôtre d'une grande
« idée, vous dépensez votre éloquence, votre énergie, sans arriver à vos
« fins ; quelle joie pour nous si nous pouvions vous venir en aide ; et
« quel exemple de solidarité scientifique si la navigation aérienne allait
« tendre la main à la navigation océanique !

« Il va sans dire, monsieur, que nous vous offrons une place dans la
« nacelle, en vous faisant observer que votre présence parmi nous ne
« manquerait pas de contribuer au succès de l'entreprise.

« Veuillez me croire votre tout dévoué.

« GASTON TISSANDIER. »

Deux jours après, je recevais la lettre suivante :

A M. Gaston Tissandier, directeur du laboratoire de l'Union nationale.

Paris, 17 février 1889.

« Monsieur,

« En arrivant de Caen, où ma 114ᵉ conférence a reçu un bienveillant
« accueil, je trouve votre aimable lettre et je m'empresse d'y répondre.

« Ce n'est pas la première fois que je vous dois service. Déjà l'an der-
« nier, si je ne me trompe, vous avez eu la bonté de changer la date
« d'une de vos conférences à la mairie de l'Élysée, pour faciliter ma
« mission.

« Votre proposition, monsieur, me séduit profondément, et plus que
« je ne saurais le dire. Vous avez touché à une des grandes préoccupa-
« tions de ma vie, et j'ai fait sur la *locomotion mécanique dans l'air et
« dans l'eau* des recherches étendues, dont une partie a été publiée.

« L'offre que vous me faites est donc pour moi l'occasion d'une des

« tentations les plus attrayantes que je puisse concevoir, et c'est avec
« un *chagrin réel, accentué*, que je me vois forcé, pour le moment, de
« renoncer à monter en ballon avec vous.

« Vous savez comme l'on est en France ; si je paraissais m'occuper e
« quoi que ce puisse être concurrement à l'œuvre à laquelle je me
« dévoue corps et âme, je nuirais énormément à mon apostolat, et de
« plus on ne manquerait pas de dire que *j'ai coupé la queue de mon chien*
« à la façon d'Alcibiade, pour faire de la *pose* à côté de mon sujet spé-
« cial. — Cela serait ainsi, et je suis bien sûr qu'après réflexion, votre
« jugement donnera raison à ce lien de fer qui me fait décliner un hon-
« neur et un plaisir des plus excessifs.

« Je regretterais cette situation plus encore, si cela vous empêchait de
« donner à votre ballon le nom de *Pôle-Nord*.

« Je crois que cet hommage de confraternité dans les grandes recher-
« ches scientifiques de ce temps serait bien vu de tous, et j'espère que
« vous conserverez ce nom, qui ne peut être que profitable à vos expé-
« riences ainsi qu'à la tâche terrible que je poursuis contre vents et
« marées, indifférence et hostilité. Quant à la recette, cela est autre
« chose, et je ne me permets pas d'avoir une opinion quelconque sur ce
« sujet délicat.

« Toutefois, si vous jugez devoir annoncer qu'une partie de la recette
« est consacrée à la souscription au pôle nord, mon bulletin hebdoma-
« daire, adressé à tous les comités, constaterait ce fait ; et vous et vos
« amis seriez classés parmi ceux qui auraient le plus contribué à hâter
« la réalisation d'une grande œuvre de science et d'initiative, dont le
« contre-coup en tous genres sera considérable.

« Je suis ici jusqu'à la fin de la semaine, je serais bien heureux de
« vous serrer la main très-affectueusement et de causer avec vous.

« Croyez-moi votre très-sympathique et très-reconnaissant.

« Gustave Lambert. »

J'ai raconté, dans les *Voyages aériens*, l'histoire curieuse des démarches qu'il m'a fallu faire, pour obtenir la libre disposition du Champ de Mars, des visites innombrables dans les bureaux du ministère de la guerre, de la préfecture de police, de la place de Paris, etc., etc. Je ne reviendrai pas sur ce récit. Je me contenterai d'ajouter ici que voulant entreprendre une ascension sérieuse et véritablement scientifique, l'Aca-

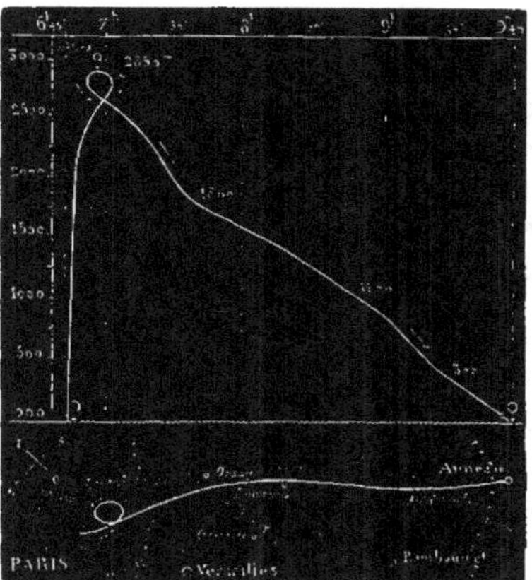

Diagramme de l'ascension du ballon le *Pôle-Nord*, du Champ de Mars à Auneau, près Chartres 27 juin 1869).

démie des sciences avait bien voulu nommer une Commission pour discuter le programme des observations à faire. Les membres de cette Commission, MM. le baron Larrey, le général Morin et feu Ch Sainte-Claire Deville, n'ont rien omis pour nous assurer le succès ; leurs conseils nous ont été précieux.

Les dix voyageurs qui devaient faire partie de l'expédition étaient MM. Gaston Tissandier, W. de Fonvielle, Sonrel astronome, Amédée

Tardieu, docteur en médecine, chargés des opérations scientifiques avec l'aide de MM. Moreau, architecte, Menu et Tournier, chimistes : M. Albert Tissandier devait exécuter les dessins météorologiques ; MM. Gabriel Mangin et Yon étaient aussi attachés à l'expédition comme aéronautes. Ce dernier était le capitaine du bord. Il se chargea du gonflement au Champ de Mars, mais il ne put pas exécuter l'ascension, et je fus obligé de prendre la conduite du ballon avec le concours de Gabriel Mangin.

L'Académie des sciences ne tarda pas à publier dans ses *Comptes Rendus* (séance du 21 juin 1869) un long rapport *sur les expériences à exécuter dans la prochaine ascension de l'aérostat* LE PÔLE-NORD, où se trouvaient exposées les recherches physiques, météorologiques et physiologiques qu'il s'agissait d'entreprendre. Tous les journaux annoncèrent l'ascension, fixée à la date du 27 juin, et notre entreprise attira vivement l'attention du public.

M. S. F., notre administrateur, se chargea de faire faire des affiches, d'exécuter la clôture du Champ de Mars au moyen de haies : la Compagnie du gaz établit le tuyau de conduite nécessaire au gonflement, tandis que je m'occupais, avec mes collaborateurs, de réunir les appareils scientifiques et de préparer le gonflement de l'aérostat. Grosse besogne, puisqu'il s'agissait de manier un matériel qui pesait plus de 4,000 kilogrammes (¹), de le munir des engins d'arrêts suffisants, et de le pourvoir

(1) Voici les poids exacts du matériel :

Étoffe du ballon.	1,660 kil.
Filet.	1,235
Cordes d'équateur.	400
Soupape.	110
Nacelle et cercle.	800
Guides-ropes.	500
Ancre et cordes d'ancre.	150
Total.	4,355
Neuf voyageurs et bagages.	700 kil.
Total.	5,055 kil.

La force ascensionnelle étant de 6,500 kilogrammes environ, il restait à enlever 1,500 kilogrammes de lest.

d'une grande nacelle qu'il fallait faire construire dans des proportions spéciales.

Le jour du 27 juin arriva. Le gonflement fut commencé dès le lever du jour. Plus de cent mille personnes arrivèrent aux alentours du Champ de Mars, mais le public était concentré surtout sur le Trocadéro, où l'on ne payait pas, et l'intérieur des enceintes payantes ne reçut pas plus de dix mille personnes. Notre entreprise était un échec financier. Par suite d'un inconcevable oubli des soixante cordes destinées à attacher le filet à la nacelle, le départ, qui devait avoir lieu à 5 heures, ne s'exécuta qu'à 7 heures du soir, au moment où la foule commençait à faire entendre des murmures peu rassurants.

L'équilibre ne put se faire que dans de mauvaises conditions; les cent vingt artilleurs qui retenaient les cordes d'équateur ne pouvaient obéir aux commandements que gênait singulièrement la présence d'une foule encombrante. L'ascension s'exécuta avec une vitesse vertigineuse qui compromit le succès de notre voyage.

Le *Pôle-Nord* bondit dans l'espace comme une fusée; et en moins de trois minutes, il atteignit l'altitude de 2,850 mètres. Là il fut saisi par un courant aérien, en sens inverse du courant inférieur, et, comme le représente notre diagramme (p. 165), il revint un moment sur sa route, pour reprendre un peu plus bas le courant nord-est inférieur.

Pendant que Sonrel exécute ses expériences avec Tardieu, que Fonvielle règle le jeu de lest, je m'occupe de l'arrimage de la nacelle, travail pénible, car il y un poids de 500 kilogr. de cordages à descendre, avec deux ancres de 80 kilogr. Mangin et Menu m'aident avec la plus louable activité, et mon frère s'occupe, pendant ce temps, à dessiner. Jamais à terre crayon n'avait marché si vite!

Nous nous dirigeons sur Versailles et nous ne tardons pas à passer entre les deux étangs de Trappes. Le soleil est déjà dans le voisinage de l'horizon et les deux pièces d'eau sont éclairées par des rayons obliques.

Elles apparaissent comme deux louis d'or brunis, de l'effet le plus poétique, le plus merveilleux. Bientôt le soleil lui-même ne tarde pas à se
plonger dans la brume. Il prend à ce moment une magnifique teinte
cramoisie, et son diamètre horizontal s'allonge dans une proportion
étonnante; on dirait un fanal électrique noyé dans le sein d'une nappe
d'eau limpide!

En effet de toutes parts des vapeurs transparentes ont surgi dans la

Eclairs observés pendant l'ascension du 1ᵉʳ août 1889. —[Page 174.

campagne, elles cachent le sol d'une façon presque complète; de tous
les objets terrestres, on n'aperçoit que les étangs enflammés qui percent
ce brouillard comme deux astres jumeaux sombrés au fond d'un océan
sans rivages. Ces vapeurs n'ont rien qui rappelle les nuages : plus de
mamelons, plus de rides, plus d'ombres, tout est uniforme, comme
la teinte de vagues limpides et profondes; la nuance grisâtre a quelque
chose qui fait songer au lac de Genève par un temps de pluie; c'est une
mer infinie.

Après avoir assisté à l'entrée du soleil dans les brumes voisines de

l'horizon, petit coucher préliminaire, nous assistons au vrai coucher
astronomique. Dans son extinction graduelle l'astre conserve le diamètre
horizontal beaucoup plus grand que le diamètre vertical : la même illusion d'optique continue jusqu'au derniers rayons de lumière.

Le ballon *la Ville de Florence* traversant l'Ouche. — Echo produit
au-dessus de la rivière (1er août 1869). — Page 174.

Nous sommes tous immobiles et silencieux devant ce panorama grandiose et saisissant ; mollement bercés dans l'atmosphère, loin de la terre,
nous voyons le grand disque solaire, rouge comme une plaque de fonte
ardente, disparaître peu à peu dans la brume lointaine.

Après avoir admiré ce spectacle, nous faisons le recensement des sacs de lest. Il n'en reste qu'un assez petit nombre pour un si gros ballon. La nuit est sur le point de nous envelopper de ses ténèbres; continuer notre route serait une imprudence, qui pourrait jusqu'à un certain point compromettre le succès de notre navigation aérienne. Je prends donc à regret la résolution de descendre, et j'examine avec une attention soutenue le paysage. Sans interrompre le jeu de lest, je laisse descendre le ballon plus rapidement que jusqu'alors, pas assez cependant pour que la banderole se redresse.

Je ne tarde pas à voir une plaine d'un aspect riant, et je fais ouvrir la soupape, mais le ballon persiste à rester en l'air plus longtemps sans contredit que n'aurait plané un aérostat de force ordinaire. Des bois menaçants s'avancent, quelques sacs de lest jetés à propos rétablissent l'équilibre. Aussitôt que nous avons franchi ce rideau, une nouvelle plaine se présente; elle est couverte de moissons, mais il faut à tout prix descendre. Maintenant que l'opération est commencée il faut qu'elle s'exécute avant l'invasion des ténèbres définitives, car les guide-ropes ont déjà mordu. On les sent qui tirent, et le ballon commence à s'incliner, comme s'il voulait donner un coup d'épaule.

Aussitôt que les guide-ropes sont sortis d'un bois où ils semblent vouloir s'accrocher, on les entend qui frôlent les herbes; ils rendent alors un son presque musical; on ne saurait mieux le comparer qu'au *froufrou* d'une robe de soie. Nous sommes en train d'admirer cette mélodie fantastique, lorsque nous sentons un choc, mais bien plus léger que celui que nous nous attendions à recevoir. Rarement la première caresse de la terre a été aussi douce. Ce choc est naturellement suivi d'un ressaut un peu plus vif. Nous nous cramponnons à la corde de soupape que nous ouvrons béante, et le ballon retombe en avant. La nacelle s'incline, et nous commençons le traînage par un vent qui, sans être fort, ne manque pas d'une certaine vigueur. Les paysans qui nous ont vus passer, nous ont raconté que nous courions avec la vitesse d'un cheval à la course, et que de temps en temps nous faisions des bonds d'une trentaine de mètres. Des bonds d'une trentaine de mètres sont peu de chose quand on se trouve dans une bonne nacelle d'osier flexible renforcée par de solides traverses. Les chocs ne sont pas violents, mais le panier rase le sol et se penche sur le côté ; nous sommes six sur un angle de la nacelle qui est inclinée sens dessus dessous, et nous recevons dans la tête les jambes pendantes de Tardieu et de Tournier, qui se cramponnent aux cordages au dessus de nous et qui se livrent aux cabrioles les plus involontaires. Il est vraiment à craindre qu'un des passagers ne soit lancé en dehors de notre véhicule, mais nous tenons ferme, et personne ne manifeste la moindre frayeur.

Le traînage, du reste, était très-doux, parce que nous pouvions nous mouvoir à notre aise et nous cramponner au différentes parties du bordage.

Bientôt le ballon commença à s'arrêter. Deux ou trois paysans, plus robustes, plus hardis que les autres, se précipitent sur nos guide-ropes, auxquels ils se cramponnent avec toute la force que peut donner l'humanité à de solides biceps campagnards. Nous leurs passons la corde de soupape qu'ils saisissent à travers les cordages, nos bras épuisés commençaient à ne tirer que pour la forme : la sortie du gaz, trouvant une ouverture plus grande, s'accélère. Une fois notre présence devenue inutile, nous songeons à nous tirer de la nacelle, et nous nous laissons couler les uns après les autres du côté des guide-ropes.

Nous étions à Auneau, petite ville de la Beauce (Eure-et-Loir).

Ainsi se termina cette ascension du *Pôle-Nord*, qui ne devait être que la première partie de nombreux voyages aériens. Mais, comme nous l'avons dit, les frais de l'ascension ne furent pas couverts par le public payant, et il me fallut faire rentrer *le Pôle-Nord* dans son hangar.

Il ne nous resta de cette entreprise que l'amitié de Gustave Lambert, noble soldat de la science, qu'une balle prussienne devait frapper au cœur. Notre compagnon Sonrel, lui aussi, devait être une des victimes du siége de Paris, et il précéda de quelques semaines Gustave Lambert dans la tombe.

Les résultats scientifiques du voyage du *Pôle-Nord* ne furent pas nombreux. Cependant Amédée Tardieu rapporta des faits sur le mouvement du pouls à différentes hauteurs ; et Albert Tissandier exécuta plusieurs paysages fort intéressants sur les curieux aspects du ciel au moment du coucher du soleil. Ajoutons que l'ascension en elle-même offre de l'intérêt au point de vue aéronautique, puisque nous avons conduit dans les airs le plus grand ballon qui ait jamais été construit.

CHAPITRE HUITIÈME

1er août 1869.

Un peu plus d'un mois après l'ascension de l'aérostat *le Pôle-Nord,* Eugène Godard voulut bien m'offrir une place dans son ballon, *la Ville-de-Florence* (¹), qui devait exécuter, à Dijon, une ascension publique le 1er août suivant. Je n'eus garde de refuser, et je pris soin de ne pas manquer le rendez-vous. Je quittai Paris dès le matin pour arriver par train express à l'heure du départ aérien.

Le 1er août 1869, à 6 heures 40 min., le ballon est gonflé sur la place de Dijon. Nous sommes quatre à prendre place dans la nacelle, Eugène Godard, deux voyageurs, MM. Jules Bordet et Dumoutier et moi. A 6. h. 45 min., nous sommes déjà à la hauteur de 1,000 mètres environ. La température qui, à terre, était de 26° 5, se trouvait de 20°. L'atmosphère était peu humide, comme l'indiquait le thermomètre à boule mouillée que nous avions installé dans la nacelle.

A 7 h. 40 m., nous marchons vers le sud, et nous traversons à une faible hauteur, le chemin de fer. Un train passe sous notre nacelle ; nous le saluons de notre drapeau : il nous répond par un coup de sifflet, salut de la locomotive. Nous continuons à descendre pour *papillonner* au-dessus du sol, comme le dit Godard. Par un jeu de lest très-habile, notre

(1) Ainsi nommé parce qu'à la suite d'une ascension à Florence, le ballon de Godard fut accidentellement incendié. La ville de Florence ouvrit une souscription et offrit à l'aéronaute français un nouveau matériel.

pilote nous fait en effet, glisser à la cime des arbres et raser les champs à 10 ou 15 mètres de haut. Le temps est calme et nous pouvons causer tout à l'aise avec les habitants de la localité : un peu plus, et nous leur serrions la main. (Voir le diagramme p. 176.)

Un sac de lest est vidé et nous lance de nouveau en l'air à une altitude de 300 mètres. Nous traversons la rivière de l'Ouche, et en nous penchant sur le bord de la nacelle, nous voyons l'image du ballon qui se reflète avec grâce dans ce miroir liquide. (Voir la gravure p. 169.)

Nous poussons un cri violent, et l'eau nous renvoie notre son. Cet écho est général quand on passe en ballon au-dessus d'une masse d'eau, et souvent même il est répété plusieurs fois par les objets terrestres. Il produit toujours un bel et imposant effet en troublant le silence des hautes régions.

A 7 h. 15 m., nous planons à 1,200 mètres d'altitude. La température s'est abaissée, mais le thermomètre marque encore 18°. On distingue les coteaux verdoyants qui se déroulent sous la nacelle, mais l'horizon commence à se voiler d'une brume épaisse. Nous marchons assez rapidement vers des bois encore lointains, où le ciel est noir et épais, où la pluie tombe à n'en pas douter. Bientôt des éclairs en branche s'élèvent au-dessus de la nappe des nuages sombres ; on les voit former des ramifications de lumière, au-dessus de la ligne des nuées, qui se sépare nettement à l'horizon de la voûte céleste supérieure (voir la gravure page 168) ; des roulements de tonnerre retentissent, voix terribles qui nous annoncent qu'il est temps de revenir à terre. Chose singulière, l'orage, comme on l'a souvent constaté, attire, aspire les ballons ; il se fait une diminution de pression dans la localité où gronde le tonnerre, il se détermine un vide qui aspire la bouée aérienne.

A terre, le vent augmente, comme nous le montre un morceau de papier qui voltige au loin après avoir été lancé de la nacelle. Il nous précède ; par conséquent, il marche plus vite que nous.

L'orage est imminent. Eugène Godard n'hésite pas à opérer la descente ; nous le regrettons tous, car il nous reste à bord de nombreux sacs de lest qui pourraient nous maintenir de longues heures dans les airs.

Le ballon se pose à terre, dans les bras d'une douzaine de paysans qui nous arrêtent. Godard leur donne des cordes qu'ils tirent en maintenant l'aérostat à cinq ou six mètres au-dessus des champs, et il nous fait conduire dans un emplacement où il n'y a pas de dégâts à faire.

Une centaine de bras vigoureux nous font traverser une route et semblent hésiter à nous poser dans un champ voisin. Nous sommes dans les plaines de Rouvres, à 12 kilomètres de Dijon. Un village est à droite, un autre à gauche ; chaque groupe de paysans se dispute l'honneur de nous posséder, et tandis que les uns veulent mener le ballon d'un côté, les autres le tirent d'un autre. Eugène Godard rompt la discussion en restant en place.

Le ballon est en excellent état, la nacelle est remplie de lest ; je supplie mon pilote de garder le ballon gonflé pour repartir au clair de lune ; mais le temps ne nous permet pas de mettre à exécution ce beau projet. Le vent commence à souffler, le ciel est noir et les éclairs sillonnent la nue. Une bourrasque est imminente.

J'aide Eugène Godard à dégonfler son aérostat, et à peine cette besogne est-elle terminée, que les rafales s'élèvent et soufflent avec impétuosité, nous montrant qu'il a été sage de quitter les régions inclémentes de l'atmosphère.

Cette ascension de Dijon m'a particulièrement intéressé parce que pour la première fois j'ai pu observer des éclairs dans la nacelle d'un aérostat. Nous étions, il est vrai, loin du lieu de production des décharges électriques, et peut-être n'y a-t-il pas à le regretter ; car si un ballon gonflé de gaz combustible était foudroyé au sein de l'atmosphère, les voyageurs qui le montent se trouveraient aussitôt condamnés sans nul espoir de salut, à la mort par le feu et par la chute.

Après cet intéressant voyage, plus d'un an allait s'écouler avant que je fisse une nouvelle ascension. J'étais loin de soupçonner alors dans quelles conditions j'allais entreprendre celles dont je vais donner le récit.

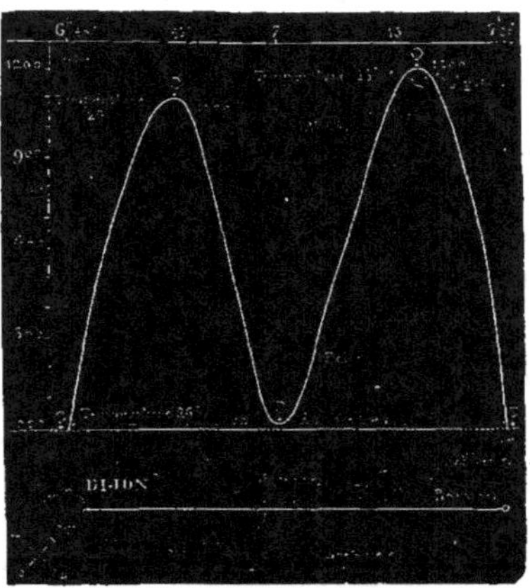

Diagramme de l'ascension du 1ᵉʳ août 1869 de Dijon à la plaine de Rouvres.

CHAPITRE NEUVIÈME

30 septembre 1870.

Je ne retracerai pas ici l'histoire émouvante de la poste aérienne pendant le siége de Paris ; le lecteur curieux de passer en revue les faits les plus intéressants qui l'ont signalée pourra se reporter à l'ouvrage que j'ai publié à ce sujet, au lendemain de nos désastres (1). Il me suffira de dire, pour suivre le cours de mes campagnes aériennes, qu'après les ascensions dont a lu précédemment le récit, après les efforts que nous avions tentés pendant la paix pour faire concourir les ballons aux besoins de la science, nous devions avoir l'ambition, mon frère et moi, d'être au nombre des premiers qui allaient, à l'heure de la guerre, affronter le feu de l'ennemi du haut des airs.

Le premier départ aérien s'exécuta le 23 septembre 1870. Duruof s'éleva de la place Saint-Pierre, à Montmartre, dans la nacelle du ballon *le Neptune*, dans laquelle nous avions entrepris le voyage de Calais au-dessus de la mer du Nord. M. Rampont et l'administration des postes n'avaient pas encore organisé la construction des ballons-poste ; il fallait utiliser les rares aérostats qui existaient au début de la guerre, dans la capitale investie. Gabriel Mangin et Louis Godard suivirent Duruof dans les airs, le 25 et le 26 du même mois.

(1) *En ballon ! pendant le siége de Paris*, souvenirs d'un aéronaute, par G. Tissandier, 1 vol. in-18. Paris, E. Dentu, 1871.

12

Sur ma proposition, il fut convenu que je partirais seul dans la nacelle du petit ballon *l'Hirondelle*, appartenant à M. Giffard, et avec lequel j'avais exéuté le voyage de Paris à Neuilly-Saint-Front (¹). Ce ballon avait changé de nom ; on venait de l'appeler *Céleste*. Ce nouveau baptême ne l'avait pas rajeuni ; je ne tardai pas à reconnaître qu'il était dans un état déplorable. Mais j'avais promis de partir pour emporter des dépêches urgentes ; aussi, le 30 septembre, dès cinq heures du matin, commença-t-on le gonflement du *Céleste,* dont l'étoffe, toute gelée pendant la nuit, était devenue roide et cassante.

Le ballon est criblé de trous ; une couturière les répare tant bien que mal à mesure qu'ils se laissent voir. Dans la hâte du départ, on se contente parfois d'y coller des bandelettes de papier. Je dois avouèr que je ne me trouvais alors que médiocrement rassuré. Je vais m'élever, me disais-je, dans ce méchant ballon usé par l'âge et le service, et cela au moment où le canon tonne aux portes de la ville !

— Ne partez pas, me disent des amis, attendez au moins un bon aérostat ; c'est folie de s'aventurer ainsi dans un tel esquif aérien.

Cependant, MM. Bechet et Chassinat arrivent de la Poste avec des ballots de lettres. M. Hervé Mangon me dit que le vent est très-favorable, qu'il souffle de l'est et que je vais descendre en Normandie ; le colonel Usquin me serre la main et me souhaite bon succès. Puis bientôt M. Ernest Picard, alors ministre de l'intérieur, auquel je suis spécialement recommandé, demande à m'entretenir ; pendant une heure, il m'informe des recommandations que j'aurai à faire à Tours au nom du gouvernement de Paris ; il me remet un petit paquet de lettres importantes que je devrai, dit-il, avaler ou brûler en cas de danger. Sur ces entrefaites, le soleil se lève, et le ballon se gonfle. Ma foi, le sort en est jeté. Pas d'hésitations ! Mon frère Albert surveille la réparation du ballon. Il bouche les trous avec une attention dont il ne se sentirait pas capable, s'il travaillait pour

(1) Voyez chapitre V.

lui-même : la besogne qu'il exécute si bien, me rassure. Il est certain que je préférerais un bon ballon, tout frais verni et tout neuf, mais je me suis toujours persuadé qu'il y avait un Dieu pour les aéronautes. Je me laisse conduire par ma destinée, les yeux bien ouverts, le cœur et les bras résolus.

A 9 heures, le ballon est gonflé, on attache la nacelle. J'y entasse des sacs de lest et trois ballots de dépêches pesant 80 kilog.

On m'apporte une cage contenant trois pigeons.

— Tenez, me dit Van Roosebeke, chargé du service de ces précieux messagers, ayez bien soin de mes oiseaux. A la descente, vous leur donnerez à boire, vous leur servirez quelques grains de blé. Quand ils auront bien mangé, vous en lancerez deux, après avoir attaché à une plume de leur queue la dépêche qui nous annoncera votre heureuse descente. Quant au troisième pigeon, celui qui a la tête brune, c'est un vieux malin que je ne donnerais pas pour cinq cents francs. Il a déjà fait de grands voyages. Vous le porterez à Tours. Ayez-en bien soin. Prenez garde qu'il ne se fatigue en chemin de fer.

Je monte dans la nacelle au moment où le canon gronde avec une violence extrême[1]. J'embrasse mes deux frères et mes amis. Je pense à nos soldats qui combattent et qui meurent à deux pas de moi. L'idée de la patrie en danger remplit mon âme. On attend là-bas ces ballots de dépêches qui me sont confiés. Le moment est grave et solennel; nul sentiment d'émotion ne saurait plus m'atteindre.

Lâchez tout !

Me voilà flottant au milieu de l'air !

. . . .

Mon ballon s'élève dans l'espace avec une force ascensionnelle très-modérée. Je ne quitte pas de vue l'usine de Vaugirard et le groupe d'amis qui me saluent de la main : je leur réponds de loin en agitant mon

(1) A ce moment avait lieu le combat de Chevilly. La brigade Susbielle faisait une reconnaissance sur le Bas-Meudon.

chapeau avec enthousiasme, mais bientôt l'horizon s'élargit. Paris immense, solennel, s'étend à mes pieds, les bastions des fortifications l'entourent comme un chapelet; là, près de Vaugirard, j'aperçois la fumée de la canonnade, dont le grondement sourd et puissant, tout à la fois, monte jusqu'à mes oreilles comme un concert lugubre (¹). Les forts d'Issy et de Vanves m'apparaissent comme des forteresses en miniature ; bientôt je passe au-dessus de la Seine, en vue de l'île de Billancourt.

Il est 9 heures 50 ; je plane à 1.000 mètres de haut ; mes yeux ne se détachent pas de la campagne, où j'aperçois un spectacle navrant qui ne s'effacera jamais de mon esprit. Ce ne sont plus ces environs de Paris, riants et animés, ce n'est plus la Seine, dont les bateaux sillonnent l'onde, où les canotiers agitent leurs avirons. C'est un désert, triste, dénudé, horrible. Pas un habitant sur les routes, pas une voiture, pas un convoi de chemin de fer. Tous les ponts détruits offrent l'aspect de ruines abandonnées ; pas un canot sur la Seine qui déroule toujours son onde au milieu des campagnes, mais avec tristesse et monotonie. Pas un soldat, pas une sentinelle ; rien, rien, l'abandon du cimetière. On se croirait aux abords d'une ville antique, détruite par le temps. Il faut forcer son souvenir pour entrevoir par la pensée les deux millions d'hommes emprisonnés près de là dans une vaste muraille !

Il est dix heures ; le soleil est ardent et donne des ailes à mon ballon ; le gaz contenu dans le *Céleste* se dilate sous l'action de la chaleur ; il sort avec rapidité par l'appendice ouvert au-dessus de ma tête, et m'incommode momentanément par son odeur. J'entends un léger roucoulement au-dessus de moi. Ce sont mes pigeons qui gémissent. Ils ne paraissent nullement rassurés et me regardent avec inquiétude.

L'aiguille de mon baromètre Bréguet tourne assez vite autour de son cadran, elle m'indique que je monte toujours... puis elle s'arrête au point qui correspond à une altitude de 1.800 mètres au-dessus du niveau de la mer.

(1) Le combat de Villejuif venait de s'engager.

Il fait ici une chaleur vraiment insupportable : le soleil me lance ses rayons en pleine figure et me brûle ; je me désaltère d'un peu d'eau. Je retire mon paletot, je m'assieds sur mes sacs de dépêches, et, le coude appuyé sur le bord de la nacelle, je contemple en silence l'admirable panorama qui s'étale devant moi.

Le ciel est d'un bleu indigo ; sa limpidité, son ton chaud, coloré, me

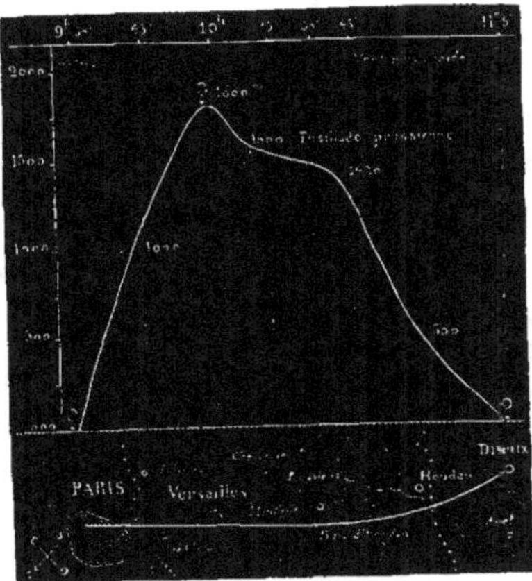

Diagramme de l'ascension de Paris assiégé à Dreux
(30 septembre 1870).

feraient croire que je suis en Italie ; de beaux nuages argentés planent au-dessus des campagnes ; quelques-uns d'entre eux sont si loin de moi, qu'ils paraissent mollement se reposer au-dessus des arbres. Pendant quelques instants je m'abandonne à une douce rêverie, à une muette contemplation, charme merveilleux des voyages aériens : je plane dans un pays enchanté, monde abandonné de tout être vivant, le seul où la guerre n'ait pas encore porté ses maux ! Mais la vue de Saint-Cloud que j'aperçois à mes pieds, sur l'autre rive de la Seine, me ramène aux choses d'en bas. Je jette mes regards du côté de Paris, que je n'entrevois plus que sous une mousseline de brume.

Une profonde tristesse s'empare de moi; j'éprouve la sensation du marin qui quitte le port pour un long voyage. Je pars; mais quand reviendrai-je? Je te quitte, Paris; te retrouverai-je? Comment définir ces pensées qui se heurtent confusément dans mon cerveau? C'est là-bas, au milieu de ce monceau de constructions, de ce labyrinthe de rues et de boulevards, que j'ai vu le jour; c'est sous cette mer de brume que s'est écoulée mon enfance! C'est toi, Paris, qui as su ouvrir mon cœur aux sentiments d'indépendance et de liberté qui m'animent! Te voilà captif aujourd'hui.

Pendant que mille réflexions naissent et s'agitent ainsi dans mon esprit, le vent me pousse toujours dans la direction de l'ouest, comme l'atteste ma boussole. Après Saint-Cloud, c'est Versailles qui étale à mes yeux les merveilles de ses monuments et de ses jardins.

Jusqu'ici, je n'ai vu que déserts et solitudes, mais au-dessus du parc, la scène change. Ce sont des Prussiens que j'aperçois sous la nacelle. Je suis à 1.600 mètres de haut; aucune balle ne saurait m'atteindre. Je puis donc m'armer d'une lunette et observer attentivement ces soldats, lilliputiens vus de si haut.

Je vois sortir de Trianon des officiers qui me visent avec des lorgnettes, ils me regardent longtemps; un certain mouvement se produit de toutes parts. Des Prussiens se chauffent le ventre sur le tapis vert, sur cette pelouse que foulait aux pieds Louis XIV. Ils se lèvent, et dressent la tête vers le *Céleste*. Quelle joie j'éprouve en pensant à leur dépit. — Voilà des lettres que vous n'arrêterez pas, et des dépêches que vous ne pourrez lire! Mais je me rappelle au même moment qu'il m'a été remis 10.000 proclamations imprimées en allemand à l'adresse de l'armée ennemie.

J'en empoigne une centaine que je lance par dessus bord; je les vois voltiger dans l'air en revenant lentement à terre ; j'en jette à plusieurs reprises un millier environ, gardant le reste de ma provision pour les autres Prussiens que je pourrai rencontrer sur ma route.

Que contenait cette proclamation ? Quelques paroles simples, disant à l'armée allemande que nous n'avions plus chez nous ni empereur, ni roi, et que s'ils avaient le bon sens de nous imiter, on ne se tuerait plus inutilement comme des bêtes sauvages. Paroles sensées, mais jetées au vent, emportées par la brise comme elles sont venues !

Le *Céleste* se maintient à 1.600 mètres d'altitude ; je n'ai pas à jeter une pincée de lest, tant le soleil est ardent ; car il n'est pas douteux que mon ballon fuit, et, sans la chaleur exceptionnelle de l'atmosphère, mon mauvais navire n'aurait pas été long à descendre avec rapidité, et peut-être au milieu des Prussiens. En quittant Versailles, je plane au-dessus d'un petit bois. Tous les arbres sont abattus au milieu du fourré ; le sol est aplani, une double rangée de tentes se dressent des deux côtés de ce parallélogramme. A peine le ballon passe-t-il au-dessus de ce camp, j'aperçois les soldats qui s'alignent ; je vois briller de loin les baïonnettes ; les fusils se lèvent et vomissent l'éclair au milieu d'un nuage de fumée.

Ce n'est que quelques secondes après que j'entends au-dessous de la nacelle le bruit des balles et la détonation des armes à feu. Après cette première fusillade, c'en est une autre qui m'est adressée, et ainsi de suite jusqu'à ce que le vent m'ait chassé de ces parages inhospitaliers. Pour toute réponse, je lance à mes agresseurs une véritable pluie de proclamations.

J'ai toujours remarqué, non sans surprise, que l'aéronaute, même à une assez grande hauteur, subit d'une façon très-appréciable l'influence du terrain au-dessus duquel il navigue. S'il plane au-dessus des déserts de craie de la Champagne, il sent un effet de chaleur intense, les rayons solaires sont réfléchis jusqu'à lui ; il est comme un promeneur qui passerait au soleil devant un mur blanc. S'il trace, en l'air, son sillage au-dessus d'une forêt, le voyageur aérien est brusquement saisi d'une impression de fraîcheur étonnante, comme s'il entrait, en été, dans une cave. — C'est ce que j'éprouve à 10 heures 45 en passant à 1.420 mètres au-dessus des arbres, que je ne tarde pas à reconnaître pour être ceux de la forêt d'Houdan. — Ma boussole et ma carte ne me permettent aucun doute à cet égard. Mais ce froid que je ressens, après une insolation brûlante, le gaz en subit comme moi l'influence; il se refroidit, se contracte, l'aérostat pique une tête vers la forêt; on dirait que les arbres l'appellent à lui. Comme l'oiseau, le *Céleste* voudrait-il aller se poser sur les branches?

Je me jette sur un sac de lest, que je vide par dessus bord, mais mon baromètre m'indique que je descends toujours; le froid me pénètre jusqu'aux os. Voilà le ballon qui atteint rapidement les altitudes de 1.000 mètres, de 800 mètres, de 600 mètres. Il descend encore. Je vide successivement trois sacs de lest, pour maintenir mon aérostat à 500 mètres seulement au-dessus de la forêt; car il se refuse à monter plus haut!

A ce moment, je plane au-dessus d'un carrefour. Un groupe d'hommes s'y trouve rassemblé; grand Dieu! ce sont des Prussiens. En voici d'autres plus loin; voici des ublans, des cavaliers qui accourent par les chemins. Je n'ai plus qu'un sac de lest. Je lance dans l'espace mon dernier paquet de proclamations. Mais le ballon a perdu beaucoup de gaz, par la dilatation solaire, par ses fuites; il est refroidi, sa force ascensionnelle est singulièrement diminuée.

Je ne suis qu'à une hauteur de 420 mètres, une balle pourrait bien m'atteindre.

Heureusement pour moi le vent est vif; je file comme la flèche au-dessus des arbres; les uhlans me regardent étonnés, et me voient passer, sans que nul coup de fusil m'ait menacé. Je continue ma route au-dessus de prairies verdoyantes, gracieusement encadrées de haies d'aubépine.

Il est bientôt onze heures, je passe assez près de terre; les spectateurs

qui me regardent sont bel et bien, cette fois, des braves paysans français,
en sabots et en blouse. Ils lèvent les bras vers moi ; on dirait qu'ils m'appellent à eux ; mais je suis encore bien près de la forêt, je préfère prolonger mon voyage le plus longtemps possible. Je me contente de lancer
dans l'espace quelques exemplaires d'un journal de Paris que son directeur m'a envoyés au moment de mon départ. Je vois les habitants courir
après ces journaux, qui se sont ouverts dans leur chute, et voltigent
doucement sur l'aile du vent.

Une petite ville apparaît bientôt à l'horizon. C'est Dreux avec sa grande
tour carrée. Le *Céleste* descend, je le laisse revenir vers le sol. Voilà une
foule de gens qui accourent. Je me penche vers eux et je crie de toute
la force de mes poumons :

— Y a-t-il des Prussiens par ici ?

Mille voix me répondent en chœur.

— Non, non, descendez !

Je ne suis qu'à 50 mètres de terre, mon guide-rope rase les champs,
mais un coup de vent me saisit, et me lance subitement contre un monticule. Le ballon se penche, je reçois un choc terrible, qui me fait
éprouver une vive douleur, ma nacelle se trouve tellement renversée que
ma tête se cogne contre terre. — M'apercevant que la descente était rapide, vite je m'étais jeté sur mon dernier sac de lest ; dans ce mouvement
le couteau que je tenais pour couper les liens qui servent à enrouler la
corde d'ancre s'est échappé de mes mains, de sorte qu'en voulant faire
deux choses à la fois, j'ai manqué toute la manœuvre. Mais je n'ai pas
le loisir de méditer sur l'inconvénient d'être seul en ballon. Le *Céleste*
après ce choc violent, bondit à 60 mètres de haut, puis il retombe lour-
dement à terre ; cette fois j'ai pu réussir à lancer l'ancre, à saisir la
corde de soupape. L'aérostat est arrêté ; les habitants de Dreux accourent
en foule. J'ai un bras foulé, une bosse à la tête, mais je descends du ciel
en pays ami !

Ah ! quelle joie j'éprouve à serrer la main à tous ces braves gens qui m'entourent. C'est une impression que je n'oublierai de ma vie. Ils me pressent de questions. — Que devient Paris? Que pense-t-on à Paris? Paris résistera-t-il? Je réponds de mon mieux à ces mille demandes qu'on m'adresse de toutes parts. — Je prononce un petit discours bien senti qui excite un certain enthousiasme. — Oui, Paris tiendra tête à l'ennemi. Ce n'est pas chez cette vaillante population que l'on trouvera jamais découragement ou faiblesse, on n'y verra toujours que ténacité et vaillance. Que la province imite la capitale, et la France est sauvée!

Je dégonfle à la hâte le *Céleste,* faisant écarter la foule par quelques gardes nationaux accourus en toute hâte. Une voiture vient me prendre, m'enlève avec mes sacs de dépêches et ma cage de pigeons. Les pauvres oiseaux immobiles ne sont pas encore remis de leurs émotions!

En descendant sur la place, plus de cinquante personnes m'invitent à déjeuner, mais j'ai déjà accepté l'hospitalité que m'a gracieusement offerte le propriétaire de la voiture. Mon hôte a lu par hasard mon nom sur ma valise, il a reconnu en moi un des voisins de son associé de la rue Bleue. Je mange gaiement, avec appétit, et je me fais conduire au bureau de poste avec mes sacs de lettres parisiennes.

Je les pose à terre, et je ne puis m'empêcher de les contempler avec émotion. Il y a sous mes yeux trente mille lettres de Paris. Trente mille familles vont penser au ballon qui leur a apporté au-dessus des nuages la missive de l'assiégé !

Que de larmes de joie enfermées dans ces ballots! Que de romans, que d'histoires, que de drames peut-être sont cachés sous l'enveloppe grossière du sac de la poste !

Le directeur du bureau de poste entre, et paraît stupéfait de la besogne que je lui apporte. Je vois son commis qui ouvre des yeux énormes en pensant aux trente mille coups de timbre humide qu'il va frapper. Il n'a jamais à Dreux été à pareille fête. On en sera quitte pour prendre un

supplément d'employés ; mais la besogne marchera vite : le directeur me
l'assure. Quand au petit sac officiel, je vais le porter moi-même à Tours,
par un train spécial que je demande par télégramme.

Qu'ai-je à faire maintenant ? A lancer mes pigeons pour apprendre à
mes amis que je suis encore de ce monde, et pour annoncer que mes dépêches sont en lieu sûr. Je cours à la sous-préfecture, où j'ai envoyé mes
messagers ailés. On leur a donné du blé et de l'eau, ils agitent leurs ailes
dans leur cage. J'en saisis un qui se laisse prendre sans remuer. Je lui
attache à une plume de la queue ma petite missive écrite sur papier fin.
Je le lâche ; il vient se poser à mes pieds, sur le sable d'une allée. Je re-
nouvelle la même opération pour le second pigeon qui va se placer à côté
de son compagnon. Nous les observons attentivement. Quelques secondes
se passent. Tout à coup les deux pigeons battent de l'aile et bondissent
d'un trait à 100 mètres de haut. Là, ils planent et s'orientent de la tête,
ils se tournent vivement vers tous les points de l'horizon, leur bec oscille
comme l'aiguille d'une boussole, cherchant un pôle mystérieux. Les voilà
bientôt qui ont reconnu leur route, ils filent comme des flèches... en
droite ligne dans la direction de Paris (') !

(1) *En ballon pendant le siège de Paris.*

CHAPITRE DIXIÈME

VOYAGE AÉRIEN DE PARIS ASSIÉGÉ A MONTPOTIER (AUBR) EXÉCUTÉ
PAR ALBERT TISSANDIER.

11 octobre 1870.

Pendant le siége de Paris, nous avons exécuté à Rouen deux ascensions intéressantes. Avant d'en aborder le récit, et de dire dans quelles

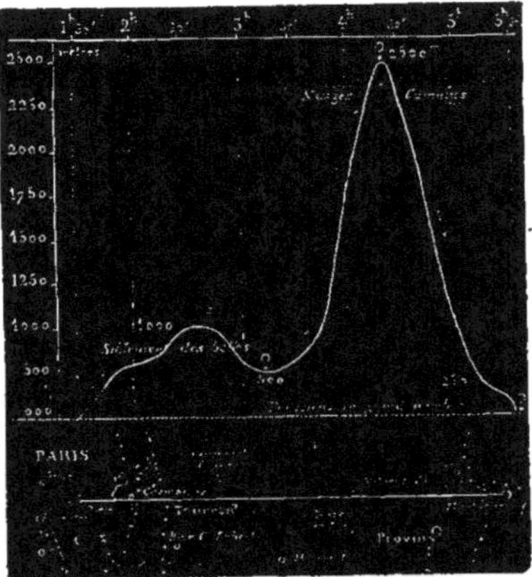

Diagramme de l'ascension du 14 octobre 1870, exécutée par
Albert Tissandier, de Paris assiégé à Montpotier.

circonstances elles ont été faites, je céderai momentanément la parole à mon frère, Albert Tissandier, qui a conduit un des premiers ballons-

poste, construit à l'atelier de la gare d'Orléans ; on verra comment
il est venu joindre ses efforts aux miens, pour tenter de rentrer dans la
capitale investie, et pour contribuer ensuite à l'organisation du service
des ballons captifs à l'armée de la Loire.

« Le 14 octobre, je quittai Paris, dit mon frère Albert, dans la nacelle
du ballon le *Jean-Bart*, à 1 heure 15 minutes de l'après-midi. Outre les

Albert Tissandier.

deux voyageurs (MM. Ranc et Ferrand) confiés à mes soins, j'emportais
avec moi 400 kilogrammes de dépêches ; c'est-à-dire cent mille lettres,
cent mille souvenirs envoyés de Paris par cent mille familles anxieuses !

« Cinq pigeons voyageurs, enfermés dans une cage d'osier, étaient
tristement serrés les uns contre les autres, et faisaient entendre un roucoulement plaintif.

« Par un soleil ardent, nous passons bientôt la ligne des forts, à 1,000 mètres d'altitude ; nous distinguons l'ennemi, et nous voyons des Prussiens en grand nombre qui se mettent en mesure de nous envoyer des balles, mais nous planons trop loin de la terre pour que les armes à feu puissent nous faire grand'peur ; nous entendons cependant les balles qui bourdonnent comme des mouches au-dessous de notre nacelle, tout en continuant notre voyage jusqu'au-dessus de la forêt d'Armanvilliers.

« Là, un spectacle de désolation s'offre à nos yeux : les maisons, les habitations, sont désertes et abandonnées ; nul bruit ne s'élève jusqu'à nous, si ce n'est celui de l'aboiement rauque et sinistre de quelques chiens abandonnés.

« A ce moment, je vois le ballon se dégonfler sensiblement, la partie inférieure de l'étoffe se plisse avec un bruit analogue au frou-frou de la soie. Une sensation de fraîcheur nous saisit en même temps, et le baromètre baisse jusqu'au moment où nous planons à 500 mètres ; comme il arrive fréquemment, l'influence de la forêt s'était fait sentir sur l'aérostat et avait déterminé sa descente. Je jette un sac de lest pour éviter de nous rapprocher de terre davantage, car je vois des Prussiens campés dans la forêt.

« On voyait les travaux de défense habilement organisés pour éviter toute surprise, et les tentes formant deux lignes parallèles aux extrémités desquelles s'élevaient des fascines et des gabions.

« Un peu plus loin nous apercevons un immense convoi de munitions qui couvre la route entière. Il est suivi d'une infinité de petite charrettes protégées de bâches blanches. Des uhlans accompagnent les voitures. A la vue de l'aérostat ils s'arrêtent, et nous devinons, malgré la distance qui nous sépare, qu'ils nous jettent un regard de haine et de dépit !

« Le soleil échauffe bientôt l'aérostat ; le gaz en se dilatant le gonfle davantage. Les rayons ardents nous donnent des ailes, nous bondissons vers les régions aériennes supérieures, nous atteignons 2,500 mètres et la terre disparaît à nos yeux au milieu de brumes vaporeuses.

« Quelle splendeur incomparable, quelle magnificence innommée dans cette mer de nuages, que semblent terminer des franges argentées aux éclats éblouissants ! Au milieu du silence et du calme, nous admirons ces sublimes clartés du ciel, que je m'efforce de crayonner, pour en garder le souvenir (Voyez la gravure ci-contre).

« Voilà la nuit qui couvre de son manteau le ciel et la campagne. Il faut songer à revenir à terre, à regagner le plancher des défenseurs de la patrie. Notre direction, au départ, était bien peu rassurante, car nous allions vers l'est, c'est-à-dire en pays conquis. Je pris soin de faire descendre l'aérostat lentement, en ménageant le lest pour remonter au besoin. Le temps était calme, le ballon ne perdit pas de gaz; tout, heureusement nous favorisait.

« Nous revoyons bientôt la terre où des paysans accourent de toutes parts. Nous entendons leurs cris : « « Il n'y a pas de Prussiens ici, des« cendez, descendez. — Vous êtes à Nogent-sur-Seine, à Montpotier, « descendez ! »

« Toutes les clameurs, d'abord un peu confuses, nous arrivent enfin distinctement. Je me décide à toucher terre. La nacelle se pose, en quelque sorte, dans les bras de nos braves compatriotes. Ceux-ci nous entourent, émus de nous recevoir, d'entendre des nouvelles de Paris. Ils touchent avec joie nos sacs de lettres et nos dépêches.

« Nous emportons vivement dépêches et ballon, car les Prussiens sont à quelques kilomètres d'ici ; ils ont dû nous voir et peuvent nous surprendre d'un moment à l'autre.

« Nous ne tardons pas à déguerpir et à nous rendre, en toute hâte, à Nogent. Une réception enthousiaste nous est offerte chez le préfet ; nous le quittons bientôt, ne voulant pas perdre un seul instant pour atteindre Tours, où notre devoir nous appelle. »

Mon frère ne tarde pas à me rejoindre à Tours, où nous avons été bientôt conduits, comme on va le voir, à entreprendre de nouveaux voyages...

Avant d'en faire le récit, il me paraît intéressant de parler au lecteur du curieux mousquet à ballons que les Prussiens ont imaginé pour attaquer les ballons-postes. Mon frère et moi, nous n'avons eu que l'honneur d'être salués par une simple fusillade; le mousquet à ballon a été construit postérieurement à nos ascensions du siége.

C'est en janvier 1876 qu'il m'a été donné de me procurer une pièce

Effet de nuages éclairés par le soleil à 4 h. 25 min. soir, 14 octobre 1870. — Page 191.

rare : une photographie, portant le timbre de l'usine Krupp et représentant ce mousquet à ballons dont les Prussiens se sont servis pendant le siége de Paris, dans le but de précipiter le navire aérien du haut des airs. Notre gravure reproduit, avec une scrupuleuse exactitude, cet engin curieux, dont on ne saurait trop, de ce côté du Rhin, se rappeler l'usage qui en a été fait par l'ennemi.

Dès que le premier ballon-poste fendit la nue, et passa les lignes d'investissement, M. de Moltke s'adressa au célèbre constructeur prussien ; il lui confia le soin d'imaginer quelque machine infernale destinée à

Le mousquet à ballon employé par les Prussiens pendant le siége de Paris, pour tirer sur les aérostats-poste (d'après une photographie provenant de l'usine Krupp). — Page 195.

arrêter l'ardeur des messagers aériens. M. Krupp, le « roi du fer » suivant l'expression germanique, construisit aussitôt un mousquet à ballon, et l'expédia en toute hâte à Versailles, où, d'après ce qui nous a été raconté par quelques-uns de nos concitoyens, il fut triompha'ement promené dans les rues.

L'appareil consiste en un mousquet, formé d'un fort canon métallique, muni d'une crosse et d'une hausse. Le canon de l'arme peut osciller dans le sens de la verticale, autour d'un axe monté lui-même sur un genou qui lui permet de tourner horizontalement et de pouvoir ainsi se diriger comme une lunette vers tous les points du ciel. Le système est adapté sur un cylindre de bronze, solidement fixé à un léger chariot à quatre roues, où deux chevaux doivent s'atteler. Un petit siége, placé à l'arrière de la voiture, est réservé à l'artilleur.

Aussitôt qu'un ballon-poste s'élevait de Paris, des vedettes allemandes déterminaient la direction suivie par le globe aérien ; grâce au télégraphe électrique, un mousquet à ballon, toujours attelé, pouvait presque aussitôt se diriger à bride abattue à la rencontre de l'aérostat. Là, un artilleur expérimenté dirigeait le canon de l'arme vers la sphère aérienne, dont il connaissait le diamètre ('), et dont il pouvait, par conséquent, apprécier la distance avec une certaine approximation; il visait et il tirait.

La plupart des courriers de la poste aérienne ont entendu le sifflement des balles à une hauteur assez considérable, 800 à 1,000 mètres environ : le 12 novembre 1870, le ballon-poste *le Dayuerre* fut traversé par plusieurs balles, et les aéronautes qui le montaient se trouvèrent contraints de toucher terre à Ferrières où ils furent immédiatement assaillis par des cavaliers ennemis. Sont-ce des fusils ou des mousquets à ballon auxquels les Allemands ont dû cette capture? C'est à quoi l'on ne saurait répondre d'une façon certaine, mais il n'est pas moins manifeste que les

(1) Les Allemands ont pu connaître les conditions de construction des ballons-poste soit par des espions, soit, plus facilement encore, par les documents publiés par quelques journaux.

mousquets aérostatiques ont été employés pendant toute la durée du siége, et que, depuis la guerre, ces engins, d'abord fait à la hâte, ont pu être singulièrement perfectionnés.

Pendant le siége de Paris, le ministre de la guerre à Tours fit exécuter, à l'aide de ballons captifs, des expériences destinées à connaître la hauteur à laquelle un aérostat se trouve à l'abri des projectiles. On reconnut qu'un ballon de quatre mètres de diamètre, maintenu à quatre cen!s mètres d'altitude par l'intermédiaire d'une cordelette, n'était pas atteint par douze bons tireurs munis de fusils chassepots, tandis qu'il était toujours transpercé par les balles, à des niveaux inférieurs. Cette expérience est en contradiction avec les récits des aéronautes qui, comme nous venons de le voir, ne semblaient pas être à l'abri des balles, à des hauteurs beaucoup plus considérables. Peut-être les tireurs de l'expérience de Tours perdaient-ils leur adresse dans cet exercice anormal d'un tir vertical de bas en haut. Quoi qu'il en soit, la question n'est pas résolue. Si l'on a des doutes sur la portée dans la verticale des armes à feu ordinaires, on ignore plus complétement encore les effets que sont susceptibles de produire des engins spéciaux analogues à ceux que les Allemands ont employés : une semblable étude est à faire ; elle nécessite des expérimentations rigoureuses, dont les résultats, on le conçoit, offrent un intérêt de premier ordre en ce qui concerne l'organisation des ballons militaires.

CHAPITRE ONZIÈME

17 novembre 1870.

Quoique les ballons sphériques dont les aréonautes pouvaient disposer pendant la guerre, ne soient nullement susceptibles d'être pourvus de moteurs qui les dirigent, et qu'ils ne constituaient comme tous les aérostats ordinaires, que de véritables bouées flottantes, qu'entraînent à leur gré les courants aériens, il n'était pas impossible de les utiliser, pour rentrer dans Paris par la voie des airs.

Le plan que nous proposions d'adopter pour tenter de revenir à Paris par ballon, était très-simple.

On enverra, disions-nous alors, des aéronautes avec leur matériel, à Orléans, à Chartres, à Evreux, à Dreux, à Rouen, à Amiens, dans toutes les villes non occupées par l'ennemi, dans toutes celles qui sont proches de Paris, et où le gaz de l'éclairage ne fait pas défaut.

Chaque aéronaute aura une bonne boussole, et connaissant l'angle de route vers Paris, il observera les nuages tous les matins au moyen d'un miroir horizontal fixe où sera tracée la ligne se dirigeant au centre de Paris. Quand il verra les nuages marcher suivant cette ligne, c'est-à-dire quand la masse d'air supérieure se dirigera sur Paris, il gonflera son ballon à la hâte, demandera à Tours, par le télégraphe, des instructions, des dépêches, et il partira. Son point de départ est à vingt lieues de

Paris environ ; il va chercher une ville qui, en y comprenant les forts, offre une étendue de plusieurs lieues ; dans de telles circonstances n'a-t-il pas des chances nombreuses de la rencontrer ? S'il passe à côté, il continuera son voyage et descendra plus loin, en dehors des lignes prussiennes. Quand le vent sera du nord, le ballon d'Amiens pourra partir ; lorsqu'il soufflera du sud ou de l'ouest, les aérostats d'Orléans et de Dreux se trouveront prêts. Avec une douzaine de stations échelonnées sur plusieurs lignes de la rose des vents, les tentatives seront nombreuses, et les chances de succès se multiplieront.

Quand un ballon passera au-dessus de Paris, il descendra aussitôt dans l'enceinte des forts. Là, la campagne est assez vaste pour que l'atterrissage soit facile. Au pis-aller, l'aéronaute pourra risquer la descente sur les toits si le vent n'est pas rapide. Enfin, s'il manque l'entrée de Paris, il aura la sortie pour lui, où de nouveaux forts le protégeront. Dans tous les cas, il lui sera possible de lancer par-dessus bord des lettres et des dépêches.

Malheureusement ce projet, qui avait d'abord été adopté, ne fut pas exécuté d'une façon complète. Mon frère et moi nous avions choisi Rouen comme station de départ, et nous sommes les seuls qui aient exécuté deux ascensions. M. Revilliod avait fait précédemment une tentative courageuse à Chartres, mais son ballon fut inopinément déchiré par le vent avant le départ.

Je ne raconterai pas ici toutes les péripéties de nos préparatifs. Je me contenterai de dire que dès le 5 novembre 1870, le ballon le *Jean-Bart*, remis à neuf et tout frais verni par nos soins, était gonflé dans l'île Lacroix, à Rouen.

J'observe attentivement les nuages, leur direction, ma boussole et ma carte à la main. Connaissant l'angle de Rouen avec le méridien astronomique, et la déclinaison, je puis tracer sur le sol une ligne qui s'étend vers le centre de Paris. Nous partirons quand les nuages se dirigeront suivant cette ligne, quand nos petits ballons d'essai prendront bien cette direction. Les conditions atmosphériques ne permettent pas encore de lancer le ballon dans l'espace. Attendons le nord-ouest ; beaucoup d'habitants de Rouen regardent comme nous le ciel, les girouettes, et se demandent : « Quand le vent nord-ouest soufflera-t-il ? »

Les nouvelles que l'on apprend le soir au bureau du télégraphe ne sont pas très-rassurantes. Les Prussiens sont à sept lieues de Rouen. Si notre départ est ajourné, il serait bien possible que les aéronautes soient délogés de Rouen. Pendant la nuit, nous faisons, mon frère et moi, une série de réflexions tantôt agréables, tantôt peu rassurantes. Mais notre imagination ouvre Paris à nos yeux. La possibilité du succès fait oublier celle d'un échec.

Le surlendemain, 7 novembre, nous sommes réveillés en sursaut. C'est un ancien marin qui a surveillé le gonflement et qui entre précipitamment dans notre chambre.

— Messieurs, dit-il tout ému, je crois que le vent souffle vers Paris ; voyez donc si je ne me trompe pas !

D'un bond je me précipite sur le balcon de l'hôtel où nous logeons. Les nuages se reflètent dans la Seine qui s'étend sous mes yeux ; ils se dirigent bien en effet, vers le sud-est, mais il est de toute nécessité de confirmer cette observation en lançant des ballons d'essai.

Nous ccurons à l'usine à gaz. Un petit ballon de caoutchouc est gonflé, lancé dans l'espace ; le vent de terre le jette d'abord au-dessus de nos têtes, mais le courant supérieur lui fait décrire dans le ciel une ligne parallèle à celle que j'ai tracée sur le sol et qui donne la route de Paris ! Nos cœurs bondissent de joie, d'émotion, d'espérance.

L'inspecteur du télégraphe est prévenu à la hâte, il annonce à Tours notre départ ; une heure après on remet entre nos mains la dernière instruction du gouvernement.

Le directeur de la poste ne tarde pas à accourir avec un nouveau sac de lettres importantes. Nous rentrons précipitamment à l'hôtel prendre nos paquets ; notre voiture est suivie dans la rue par une foule considérable.

et un grand nombre de Rouennais nous mettent dans la main leurs dernières lettres pour Paris.

A onze heures, mon frère et moi nous montons dans la nacelle. Le vent n'a pas varié depuis le matin. Nos sacs de dépêches sont attachés au bordage extérieur. Notre malle, nos couvertures pendent au cercle du ballon. Une foule si compacte entoure l'aérostat que nous procédons avec peine à l'équilibrage. On jette à même dans la nacelle les dernières lettres. Une vieille dévote remet à mon frère une médaille bénite et une prière qui, dit-elle, nous porteront bonheur.

On fait reculer la foule. Les mains qui retiennent la nacelle se soulèvent sous nos ordres, le ballon bientôt s'élève avec majesté au milieu des cris d'enthousiasme des spectateurs.

Le public suit de terre notre direction et trois quarts d'heure après l'ascension, le gouvernement recevait à Tours le télégramme suivant qu'il publiait le lendemain dans son *Journal officiel* :

« Inspecteur Rouen à directeur général Télégraphes à Tours. Le « ballon le *Jean-Bart* monté par MM. Tissandier frères est parti à « 11 heures et demie se dirigeant sur Paris, au milieu des acclama- « tions. Vent favorable. Temps brumeux, ils font bonne route. Ces mes- « sieurs emportent lettres, paquets et dépêches. »

Le ballon le *Jean-Bart*, en quittant terre, passe au dessus des gazo-mètres de l'usine ; il bondit mollement au-dessus des nuages, en traçant dans l'espace une courbe gracieuse ; puis il s'arrête un instant, immo-bile, hésitant comme l'oiseau qui cherche sa route. Il tourne sur son axe, oscille lentement et obéit enfin au courant aérien qui l'entraîne.

Nous sommes à 1,200 mètres d'altitude : la ville de Rouen est vraiment admirable, vue du haut de notre observatoire flottant. A nos pieds, l'île Lacroix d'où nous venons de quitter la terre, se baigne dans l'onde azurée de la Seine. Plus loin, le fleuve traverse la ville, comme un ruban jeté au hasard au milieu des maisonnettes d'une boîte de jouets de Nu-remberg. Un soleil d'automne colore de tons vigoureux ce délicieux ta-

nleau qu'encadre un cercle de brume ; l'air est semi-transparent,
mais le coloris de la scène terrestre, pour être moins vif, moins
éclatant qu'au milieu de l'été, n'en est pas moins pur et moins beau.

La plaine où le ballon s'est gonflé tout à l'heure est littéralement cachée sous les têtes humaines, qui toutes sont dirigées vers nous ! Les
hommes lèvent les bras vers le ciel, les femmes agitent leurs mouchoirs.

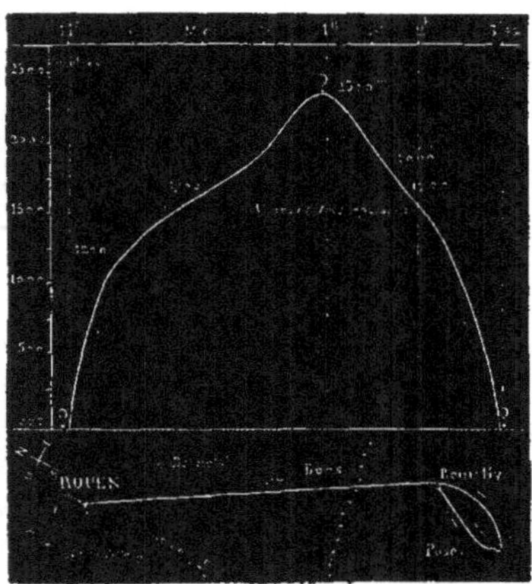

Diagramme de l'ascension du 7 novembre 1870, de Rouen à Poses.

Les vœux de tous nous accompagnent ! Comment ne pas être profondé-
dément émus de ces marques de sympathie qui nous sont envoyée de si
loin !

Cependant le *Jean-Bart* domine bientôt le sommet d'une falaise dont
le pied est arrosé par les eaux de la Seine. Au même moment, mon frère
fait une observation qui devient une révélation sans prix ! Le ballon
plane juste au-dessus de la chapelle de Notre-Dame de Bon-Secours, qui,

droite comme un I, est perchée sur le rocher.... et cette chapelle, —
nous l'avons remarqué à terre, — est précisément située sur la ligne qui
conduit de Rouen au centre de Paris !

Mon émotion est si vive, ma joie si grande, que j'en ai la respiration
momentanément arrêtée. Quant à mon frère, il regarde, ébahi comme
moi, le clocher dont la pointe aiguë apparaît, comme le sûr jalon placé
sur le bord de la route. Tous deux immobiles, silencieux, suspendus
dans l'immensité céleste, nous avons la même pensée ; la même espérance fait battre nos cœurs !

. . . .

Il est midi. Le soleil est au zénith. Il y a bientôt une heure que le *Jean-
Bart* plane au-dessus des nuages, nous n'avons pas encore perdu de
vue la ville de Rouen. Nous marchons dans le bon chemin mais avec
une lenteur désespérante ! Le ciel au lieu de s'éclaircir se couvre partout d'une brume épaisse qui paraît s'abaisser lentement vers la terre,
comme un immense couvercle de vapeurs. Mon frère observe attentivement la carte et la boussole pour trouver notre route au milieu des dé-
tours de la Seine.

Je ne quitte pas de vue mon baromètre, dont l'aiguille tourne rapidement autour de son cadran. La descente est rapide ; le *Jean-Bart*, au
milieu de la brume, s'est couvert d'humidité qui charge ses épaules. Je
vide par-dessus bord un demi-sac de lest, nous remontons bientôt à
deux mille mètres de haut.

Le ballon est plongé au milieu d'un brouillard foncé, si épais qu'il
disparaît à nos yeux. Il ne faut pas songer non plus à distinguer la terre
noyée sous une brume épaisse ; impossible de suivre de l'œil les contours
de la Seine, précieux points de repère échelonnés sur notre route. Nous
laissons l'aérostat descendre pour chercher à revoir le sol ; mais le
brouillard est compacte dans toute l'épaisseur de l'atmosphère.

— Il faut, dis-je à mon frère, attendre patiemment. Dans une heure,
nous nous rapprocherons de terre pour reconnaître le pays.

Le lest est semé sur notre route pour maintenir le ballon à une altitude de 1,800 mètres. Ce n'est plus dans l'air que nous nous trouvons, c'est au milieu d'une véritable étuve de vapeur. Il n'y a plus rien à voir, rien à faire, qu'à attendre... et à espérer.

Quelle sensation bizarre et charmante tout à la fois, que celle de planer dans les airs, au milieu d'un brouillard épais! La nacelle paraît immobile, et quand on ne remue pas soi-même, aucune trépidation ne vous dérange. C'est le sentiment du calme absolu, inconnu sur la terre, même dans le désert, où le vent frôle le sable et produit un bruissement monotone.

Après trois heures de voyage, notre ballon descend lentement dans l'atmosphère, il traverse le manteau de brouillard qui s'étend sur la campagne; nous apercevons la terre. Une inspection rapide nous fait connaître sur les replis de la Seine les hauteurs des Andelys. Le *Jean-Bart* a plané sans presque avancer; il n'a guère marché plus vite qu'une mauvaise charrette. Mais la lenteur de notre course n'est pas notre seule remarque; le vent a changé de direction, car nous avons laissé la Seine déjà bien loin sur la gauche, et c'est toujours à notre droite que nous aurions dû l'apercevoir, si nous avions continué à nous diriger vers Paris. C'est ainsi que, tout à coup, nos beaux rêves s'envolent en fumée!

— A quoi bon continuer le voyage? disons-nous; en passant la nuit en ballon, nous serons jetés vers le sud, sur Orléans peut-être! Là n'est pas notre but. Revenons à terre, peut-être un second essai sera-t-il couronné par le succès. Ce n'est que partie remise.

Un coup de soupape nous jette à cent mètres au-dessus des champs: notre guide-rope touche terre; une foule de paysans accourent de toutes parts. Le vent est si faible, l'air est si calme qu'ils rattrapent la nacelle en courant. Les voilà qui touchent notre câble traînant.

— Tirez la corde! leur crions-nous.

Quelques solides gaillards font descendre le *Jean-Bart* lentement;

sans secousse, sans que nous ayons eu la peine de jeter notre ancre.
Jamais meilleure descente n'est venue seconder nos efforts ; mais combien n'aurions-nous pas préféré un traînage, au milieu de la tempête,
pourvu qu'il ait eu lieu sous les murs de Paris.

Des centaines de spectateurs nous entourent, une nuée de mobiles arrivent, car la nacelle a touché terre au milieu des avant-postes français. A
quelques milliers de mètres plus loin nous tombions chez les Prussiens !
Nous demandons où nous sommes.

— A Poses, nous dit-on.

— Y a-t-il près d'ici une usine à gaz où notre aérostat, qui a perdu des
forces pendant le trajet, puisse s'arrondir.

Un chef d'usine des environs, M. L...., met gracieusement à notre
disposition sa maison pour nous recevoir, son gazomètre pour nous
fournir une centaine de mètres cubes de gaz. — Mais pour aller jusque
chez lui, il faut traverser une ligne de chemin de fer, un fil télégraphique
et passer la Seine ! C'est bien difficile de faire arriver jusque-là un ballon captif. Toutefois nous voulons essayer quand même.

Je harangue la foule et lui demande son aide. Mille hourrahs répondent à ma proposition. Je descends de la nacelle une corde de 50 mètres,
pendant que mon frère en attache une autre au cercle. Nous attelons
une cinquantaine d'hommes à chaque câble et le ballon captif s'élève à
trente mètres de haut. Après nous être renseignés sur l'itinéraire à suivre, on nous traîne dans la nacelle jusqu'au petit village de Poses, où le
maire reçoit les voyageurs tombés des nues. — Nous voici arrivés sur les
rives de la Seine, où de vieux bateliers se concertent pour le passage de
l'aérostat sur l'autre rive. Le temps est calme, et malgré la largeur du
fleuve, le ballon est attaché par deux cordes à un bateau solide, où huit
rameurs prennent place. Ils se lancent au large ; c'est merveille de nous
voir dans notre panier d'osier à 30 mètres au-dessus du courant rapide,
remorqués par les solides biceps de nos mariniers, qui font parvenir le
Jean-Bart sur l'autre rive, après un travail pénible et plein de danger

pour eux. Car la moindre brise eût soulevé le ballon et fait chavirer l'embarcation! Mais ces braves gens sont si heureux de venir en aide à des aéronautes, qu'ils ne veulent pas connaître d'obstacles !

Nous continuons notre route jusqu'à la voie du chemin de fer où les fils télégraphiques se dressent, comme ces dragons des *Mille et une Nuits* qui crient au voyageur téméraire : « Tu n'iras pas plus loin ! » Comment en effet faire passer un ballon captif retenu par des câbles à travers des fils tendus à quelques mètres du sol? — Cet obstacle est surmonté. Suspendus dans l'air à une vingtaine de mètres, nous jetons au delà des fils une corde que saisissent nos conducteurs, tandis que l'on abandonne le câble qui est de l'autre côté des poteaux. Bientôt une petite rivière arrête encore notre marche, mais l'aérostat passe ce dernier Rubicon et arrive enfin à Romilly-sur-Andelle. Notre ballon est attaché à des masses de fonte pesantes, nous le clouons au sol, où des gardes nationaux le surveillent. Il passe la nuit dans la prairie, tandis que nous jouissons des douceurs de la plus charmante hospitalité que puissent recevoir des voyageurs tombés du ciel.

CHAPITRE DOUZIÈME

8 novembre 1870.

Le lendemain le *Jean-Bart*, a reçu une petite ration de gaz qui lui a
donné des ailes. Mon frère et moi nous observons avec attention l'atmosphère. Le vent de terre est du sud-est, mais nous croyons remarquer que des nuages très-élevés se dirigent dans la direction de Paris.
Nous sommes dans le feu de l'action, comme les soldats au milieu des
fumées de la poudre, nous voulons marcher en avant, décidés à tenter
un nouveau voyage à de grandes hauteurs, sans nous soucier de la nuit
qui tombe, ni des Prussiens qui nous entourent.

Cette fois, ce n'est plus la même confiance qui anime notre esprit,
car le courant inférieur est complétement défavorable ; mais il me semble devoir nous pousser sur Rouen, où de toute façon il faut revenir.
Dans le cas d'insuccès, ce trajet serait accepté comme un pis-aller favorable. Quant au courant supérieur, il est très-élevé ; comment se dissimuler les difficultés à vaincre pour s'y maintenir, pendant un temps
d'une longue durée ? Nous faisons la part du possible et du probable,
comptant beaucoup sur ce je ne sais quoi, qui parfois vous vient en
aide.

A quatre heures trente minutes, nous prenons les dispositions de
départ. Nos valises bouclées à la hâte sont attachées au cercle du filet,
un dernier paquet de lettres qu'apporte le maire de Romilly est placé

dans la nacelle. Nous montons dans notre esquif d'osier ; il fait un temps magnifique, de grands nuages blancs se bercent dans l'air, l'heure du crépuscule va sonner, la nature est calme et majestueuse.

Le départ s'exécute dans les meilleures conditions, en présence d'une foule complétement étrangère aux manœuvres aérostatiques. Elle manifeste son étonnement par le silence et l'immobilité. Tous les spectateurs ont les yeux fixés sur l'aérostat ; quand il quitte terre, les têtes se dressent, les bras se lèvent, les bouches sont béantes.

Je ne me rappelle pas avoir jamais fait d'ascension dans des circonstances si remarquables. Nous quittons lentement les prairies verdoyantes, les lignes de peupliers qui les encadrent. Une légère vapeur, opaline, diaphane, couvre ces richesses végétales, avant que le manteau de la nuit s'y étende. Une indicible fraîcheur, odorante, pénétrante, monte dans l'air comme la plus suave émanation, elle nous enveloppe, jusqu'au moment où le *Jean-Bart* s'enfonce dans la zone des nuages ; jamais je n'avais éprouvé cette volupté secrète du voyage aérien, ce vertige merveilleux de l'esprit qui s'abandonne à la nature.

On croirait en se séparant du plancher terrestre, qu'on y laisse quelque chose de soi-même, la partie physique, matérielle : ce qu'on emporte avec soi, c'est l'idéal. Lisez Gœthe : le poëte décrit, quelque part, l'impression qu'éprouve l'âme lorsqu'elle se sépare du corps au moment du trépas ; il y a dans cette description poétique, imagée, écrite en un style puissant, quelque chose qui rappelle cet abandon des choses terrestres dans la nacelle de l'aérostat !

Nous traversons comme la flèche le massif des nuages. Impression vraiment curieuse. Pendant ce passage rapide, c'est une buée légère qui nous entoure, une nébulosité semi-transparente. Puis, au-dessus, c'est la lumière resplendissante, c'est le spectacle du soleil, qui lance ses rayons ardents sur les montagnes de vapeurs, Alpes célestes aux mamelons escarpés, arrondis. Sous les nuages, nous avons laissé la nature, presque endormie, somnolente à l'heure du crépuscule. Au-dessus, nous la retrouvons éveillée, pleine de vie, ivre de lumière. Quels tons puissants dans ces rayons qui s'échappent du soleil au déclin, quand on les contemple à la hauteur de trente pyramides! Quels reflets magiques au milieu de ces vallées vaporeuses, aussi blanches que la neige des montagnes, aussi étincelantes que des paillettes adamantines!

Dans un de nos voyages, nous avons pu montrer un spectacle analogue à un navigateur qui avait sondé tous les coins du globe; juché dans la nacelle, il admirait, muet d'étonnement.

— J'ai vu, nous disait-il, le soleil se coucher au milieu des glaciers polaires, se perdre dans la mer d'azur de la baie de San-Francisco, j'ai vu les grandes scènes que la nature dessine au cap Horn, j'ai fait le tour du monde, mais jamais pareille scène ne m'avait tant ému !

Qu'on ne nous accuse pas d'enthousiasme facile, ou d'exagération. Quand la nature se mêle de faire du beau dans ce monde aérien, elle enfante d'incomparables merveilles.

Peu à peu le soleil s'abaisse à l'horizon. Quand il va se noyer dans la mer des nuages, il y jette ses derniers feux. L'immensité s'embrase, pour s'éteindre tout à coup.

Ces rayons ardents nous évitent de jeter du lest; mon frère retrace, sur son album aérostatique, ce tableau céleste aussi fidèlement que crayon peut le faire. Quant à moi je surveille l'aiguille du baromètre. Le soleil nous aspire, nous appelle à lui, et de couches d'air en couches d'air, nous atteignons l'altitude de 3,200 mètres.

A 5 heures l'obscurité est presque complète. Le froid ne tarde pas à se faire sentir; aussi l'aérostat, plus impressionnable que l'organisme humain, est brusquement saisi; son gaz se contracte, sa force ascensionnelle diminue. Il descend avec une grande rapidité, revient en vue de terre, où le vent le jette sur la Seine, qu'il traverse lentement à 500 mètres de haut. Bientôt nous planons au-dessus d'une campagne couverte d'arbres, comprise entre deux bras du fleuve. C'est la forêt de Rouvray, qui s'étend à nos pieds comme un immense tapis de verdure.

Le vent paraît avoir changé de direction, il nous dirige vers l'Océan. Ce n'est pas encore dans l'enceinte des forts de Paris, que nous toucherons terre !

Nous descendons si près du sol, que nos guide-ropes, longs de 200 mètres, glissent sur le sommet des arbres, s'y accrochent parfois, et impriment de violentes secousses à notre nacelle. Nous entendons dis-

Lever de la lune au-dessus des nuages. — 8 heures du soir. — Altitude 2,400 mètres. — Ascension du 8 novembre 1870. — Page 210.

tinctement le frôlement des cordes contre les feuilles. Elles glissent dans les branches en imitant le murmure d'un ruisseau qui coule sur un lit de cailloux. Quelquefois un bruit sec se fait entendre; il est suivi d'un brusque soubresaut de l'aérostat; c'est un de nos câbles qui s'est enroulé autour d'une branche qu'il a brisée comme un fétu de paille.

L'aspect de la forêt est celui d'un immense lit de mousse, car, vus d'en haut, les arbres perdent leur grandeur. On n'en aperçoit que les cimes. On serait presque tenté de sauter à pieds joints sur ce duvet qui repose la vue.

41

Au milieu des bois quelques lueurs paraissent comme des étoiles qui brilleraient en un ciel sombre. Ce sont des paysans qui allument la lampe dans leur chaumière. Se doutent-ils qu'un regard leur est lancé du ciel?

Nous ne voulons pas descendre au milieu de la forêt, dans la crainte de mettre en pièces le *Jean-Bart*. Quelques poignées de lest nous font remonter à un demi-kilomètre dans l'air; mais voilà qu'une circonstance inattendue va prolonger malgré nous notre voyage, en nous entraînant encore une fois dans les régions supérieures.

La lune vient de se lever au milieu de l'atmosphère. Elle dissipe les vapeurs suspendues dans l'air; enlève-t-elle aussi l'humidité fixée aux cordages, à l'étoffe du *Jean-Bart*? Nous le supposons, car nous remontons, lentement il est vrai, mais sans jeter la moindre parcelle de lest, à une hauteur de 2,400 mètres.

La scène qui s'offre à nos regards pour avoir changé d'aspect n'en est pas moins belle, moins saisissante. L'astre des nuits trône sous un dais d'argent, formé par une voûte de nuages étincelants. Jusqu'à perte de vue, ses rayons caressent la surface des vapeurs atmosphériques, les découpent en écailles irisées et se reflètent sur le fond obscur des régions inférieures. Il fait ici un froid pénétrant, 3° au-dessous de zéro, nous nous couvrons de nos fourrures, mais nos pieds et nos mains sont littéralement gelés. L'action de l'abaissement de température se fait sentir d'autant plus, qu'il y a plus longtemps que nous sommes immobiles, nous finissons par subir les épreuves d'un réel malaise. La lueur indécise de la lune lance sur notre aérostat de faibles rayons qui ne suffisent plus à éclairer notre baromètre. Nous distinguons à peine son aiguille d'acier. Navigateurs sans boussole, nous errons au hasard dans l'immensité de l'atmosphère.

A 9 heures, nous sommes revenus en vue de terre; c'est encore un bras de la Seine qui se déroule sous nos yeux, comme un serpent d'argent. A 400 mètres de haut, nous planons au-dessus du fleuve où l'ombre

du ballon se découpe en une grande tache noire. Sur l'autre rive, nous
apercevons encore un immense bouquet d'arbres, serrés et touffus, où
pas une clairière ne se présente pour faciliter notre descente. C'est la
forêt de Roumare.

La nuit est venue, il faut absolument songer à la descente ; mais où
trouverons-nous une plaine hospitalière pour jeter notre ancre ? Voilà
la Seine, qui plus loin, revient sur son cours, et, au delà, à perte de vue,
une forêt plus vaste encore que les précédentes, semble nous défier de
ses cimes touffues et compactes. C'est la forêt de Mauny. — Quelle luxuriante campagne nous traversons du haut des airs, où l'eau et la végétation se disputent la nature ! Quel pays riche et verdoyant ! Mais quelle
déplorable contrée pour le navigateur aérien, qui ne rencontre sous sa
nacelle que récifs, écueils et menaces du naufrage !

Semant du lest sur notre route, nous maintenons le *Jean-Bart* à
300 mètres de haut. Nous épions une plaine, mais il n'y a sous nos pieds
qu'un amoncellement d'arbres, répandus à profusion sur toute la campagne. Le vent est calme, nous sillonnons l'espace avec une extrême lenteur.

A 9 heures 30, nous sommes en vue d'un nouveau bras de Seine que
le ballon va traverser encore. L'espérance nous fait croire que sur l'autre
versant, une terre propice à la descente viendra prêter son aide aux aéronautes. Nous tombons de Charybde en Scylla.

Le *Jean-Bart* s'avance en droite ligne vers le milieu de la forêt de Bretonne, qui s'étend jusqu'à la mer, où le vent nous dirige, et par surcroît
de malheur, les rives de la Seine sont hérissées de hautes falaises qui
nous menacent. Traverser successivement quatre bras de la Seine, et
trois forêts sans apercevoir un espace vide, c'est comme une fatalité qui
nous poursuit. Il n'y a peut-être point d'autres parties du globe où pareil
voyage pourrait se faire. Nous sommes à 100 mètres de haut, le ballon
peut être brisé contre les rochers, s'il ne gravit pas les hautes plages aériennes. Mais s'il remonte, le vent le lancera sur la forêt de Bretonne, et

le poussera jusqu'à la mer où nous courrons grande chance de nous perdre. Tout en faisant ces observations peu rassurantes, le *Jean-Bart* arrive au-dessus de la Seine, en vue de Jumiéges. En cet endroit le fleuve est d'une grande largeur, il s'étend comme un lac immense dont les rayons lunaires font le plus admirable miroir. Le moment de l'hésitation est passé, il faut prendre une résolution subite et décisive. Le vent va

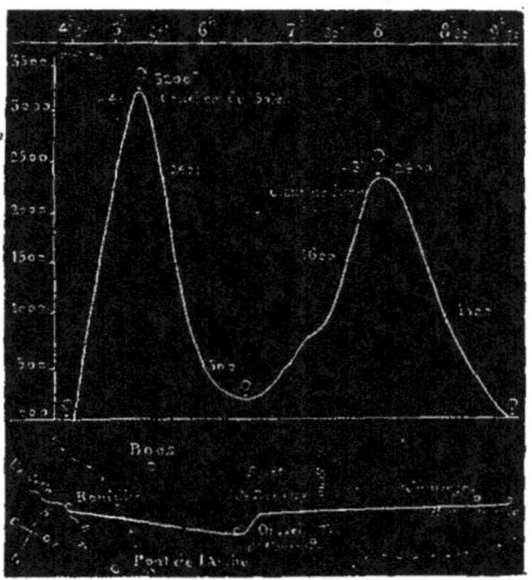

Diagramme de l'ascension du 4 novembre 1870, de Romilly à Heurtrauville.

nous lancer sur la rive opposée, contre une falaise énorme ; en un instant nous nous pendons à la corde de la soupape, elle s'ouvre béante, fait entendre une musique étrange : c'est le gaz qui s'échappe. Nous rendons la main, les clapets se ferment avec un bruit sonore qu'amplifie la rotondité de la sphère d'étoffe. Nous piquons une tête dans la Seine, mais en aéronautes experts, nous avons calculé notre chute. Nos cordes tombent dans l'eau, y glissent et notre nacelle s'arrête à 15 mètres au-dessus du

fleuve. Sachant imiter le mouvement de l'oiseau qui se laisse tomber de
haut, pour effleurer la surface liquide, le *Jean-Bart* a évité la noyade.

La falaise est un écran immense qui intercepte le vent, et l'air est si
subitement calme au-dessus de la Seine, que notre ballon reste com-

Descente du *Jean-Bart*, au milieu de la Seine, en vue de Jumiéges
(8 novembre 1870.)

plétement immobile à quelques mètres au-dessus du fleuve. Le courant
frappe les cordes traînantes, y clapote avec un léger bruissement; la
lune éclaire le globe aérien, qui, au milieu de ce tableau nocturne, offre
un aspect merveilleux. (*Voy.* gravure ci-dessus.)

Nous entendons bientôt des clameurs sur le rivage. Une foule de mariniers sont venus, à l'approche de l'aérostat tombé des nues. Parmi les cris de tous, on distingue quelques voix féminines qui se détachent de ce concert humain, comme les flûtes aiguës d'un orchestre.

— Si ce sont des Prussiens, dit l'une d'elles, nous allons les tenir, ils ne nous échapperont pas !

— Tirez les cordes, répondons-nous en criant de toute la force de nos poumons. Amenez-les sur le rivage.

Sur ces entrefaites une barque montée par quatre ou cinq hommes vient de paraître à la surface de l'eau. L'un d'eux nous crie qu'il arrive à notre aide.

Bientôt en effet les rameurs nous ont rejoints au milieu du fleuve, ils saisissent un de nos câbles qu'ils amènent péniblement au rivage. On a toutes les peines du monde à se faire entendre au milieu des clameurs. Le bruit se calme bientôt, et sur nos ordres, les mariniers que l'on distingue difficilement au milieu de la nuit, tirent notre corde, mais ils s'y pendent tous avec un enthousiasme qu'il est impossible de modérer. Ils s'y cramponnent si brusquement dans leur ardeur, qu'ils impriment au *Jean-Bart* de terribles secousses. Nos protestations sont vaines. Il faut nous contraindre à être secoués dans la nacelle comme des feuilles de salade qu'on égoutte dans un panier.

En quelques minutes la nacelle a quitté la Seine, nous sommes suspendus au-dessus des peupliers qui bordent le chemin de halage. Nous disons aux mariniers de conduire le ballon dans un espace libre d'arbres. Ils se mettent tous en marche aux cris du « *oh hisse !* » familier aux bateliers. Notre ancre est encore pendante et s'accroche à un peuplier, d'où il faut la déloger. C'est tout un travail. Mais nous tranchons ce nœud gordien comme l'aurait fait Alexandre lui-même. Nous faisons tirer les câbles de l'aérostat, par nos remorqueurs, de toute la force de leurs biceps. L'arbre cède et se casse, non sans une violente secousse de notre esquif.

On arrive enfin au village d'Heurtrauville, dont les maisons, assises coquettement au pied d'une immense falaise, bordent le cours de la Seine. L'aérostat est ramené à terre sur la berge, les sacs de lest vides sont remplis de sable, on les entasse dans le panier d'osier qu'ils rivent au sol. Nous mettons pied à terre.

Les femmes qui nous prenaient pour des Prussiens se sont vite détrompées en nous entendant parler le langage qui leur est familier. Mais elles se figurent maintenant que nous sommes envoyés par le gouvernement pour enlever *leurs hommes*, et les enrôler dans l'armée. Décidément ces braves Normandes voient dans l'aérostat un oiseau de mauvais augure. Il paraît que nos mines ne sont pas trop suspectes, car nos explications ne tardent pas à rassurer sur nos intentions la plus belle moitié du village d'Heurtrauville.

Voilà un groupe de paysans qui s'avance avec la gravité de présidents de cour. Ce sont des membres du conseil municipal précédés de M. le maire. Ils nous demandent nos papiers. L'un d'eux prend connaissance des pièces qui nous ont été données par le gouvernement, il les examine avec le sérieux d'un changeur qui flairerait un faux billet de banque.

— C'est bien, messieurs, nous sommes à votre disposition.

Nous demandons un piquet de six gardes nationaux pour être de faction pendant la nuit autour du ballon, pour empêcher les fumeurs d'y mettre le feu, et les curieux de s'en approcher.

M. le maire donne ses ordres au commandant de place. Il nous conduit ensuite au *Grand-Hôtel* de la localité. C'est une humble chaumière, un cabaret de village, très-propret, fort bien tenu. La patronne nous fait les honneurs avec une bonne grâce, ma foi! charmante. Elle nous offre sa chambre pour passer la nuit. De grand cœur nous la remercions, heureux de trouver un lit pour nous reposer de nos fatigues et de nos émotions.

Nous dînons dans ce cabaret avec un appétit tout aérien. Mon frère et

moi nous répondons aux questions des curieux, faisant l'un et l'autre de
la propagande aérostatique.....

Nous arrêterons ici notre récit des ascensions pendant la guerre, récit
que nous avons reproduit d'après notre livre *En ballon pendant le siége de
Paris*, où nous renverrons le lecteur curieux de connaître la suite de

Médaille des aéronautes du siége de Paris. (Face.)

nos aventures. Elles ne s'adressent plus qu'à l'aérostation captive, aux
ballons militaires, et ne touchent en rien par conséquent aux voyages
aériens proprement dits.

Nous nous bornerons à ajouter que si les ballons du siége (¹) ont assuré
les communications de Paris investi avec la France, ils auraient pu
rendre des services non moins considérables à l'état d'aérostats captifs'

(1) Nous reproduisons ci-dessus, à titre de document historique, la médaille que le
Conseil municipal de Paris a fait frapper en souvenir des ballons du siége. Cette médaille a été remise à tous ceux qui ont franchi les lignes prussiennes au-dessus des
nuages. A la fin de ce volume, le lecteur trouvera la liste complète des ascensions
exécutées pendant la guerre, avec une carte indiquant les localités où les atterrissages
ont eu lieu.

destinés à surveiller, du haut des airs, aux avant-postes de nos armées,
les mouvements de l'ennemi. Pendant que l'armée de la Loire s'organi-
sait à Orléans, une compagnie d'aérostiers militaire fut créée. Duruof et
Bertaux furent chargés de gonfler le premier aérostat militaire. Mon
frère et moi, nous ne tardâmes pas à nous joindre à ces aéronautes, et

Médaille des aéronautes du siége de Paris. (Revers.)

nous reçûmes l'ordre de transporter notre ballon tout gonflé aux avant-
postes du camp de Chilleurs. Cent cinquante mobiles s'attelèrent aux
quatre cordes qui retenaient à terre le globe aérien. Perchés dans la
nacelle, nous présidions à cette manœuvre d'un nouveau genre. Le camp
de Chilleurs était loin, le vent était vif et contraire, le transport n'eut lieu
que très-lentement. La nuit tombe, la lune se lève. Quelques paysans
accourent, considérant avec stupéfaction ce ballon qui se découpe en noir
sur le ciel éclairé par la lune, et que remorquent péniblement à travers

champs quelques poignées d'hommes pendus aux câbles qui tombent de la nacelle (Voyez gravure p. 225 [1]).

Après bien des fatigues, bien des efforts, par un temps froid, glacial, le ballon est éventré, mis en pièces par une rafale. Un second aérostat est vite gonflé, et se tient prêt à obéir aux ordres, côte à côte avec le ballon que Duruof doit diriger. Ces ballons allaient se trouver mêlés à la déroute d'Orléans, d'où ils s'échappèrent à la dernière heure, entassés pêle-mêle avec leurs aéronautes dans le fourgon de chemin de fer; ce fourgon est devenu pendant quelques jours notre asile habituel, il nous conduisit au Mans, puis à Laval, vers de nouveaux désastres.

On concevra que lors des ascensions que nous avons faites pendant la guerre, nous ne pouvions guère songer aux expériences météorologiques; mais cependant je n'ai jamais cessé de noter sur mon livre de bord les pressions, les températures et les circonstances particulières du voyage, effets de nuages, etc., tandis que mon frère retraçait par le crayon les panoramas aériens. C'est ce qui nous a permis d'offrir au lecteur quelques dessins curieux et de lui mettre sous les yeux les diagrammes de nos ascensions; il pourra fixer son attention sur les circonstances atmosphériques qui y sont notées et sur les courants superposés dont nos cartes indiquent les directions.

C'est seulement en 1871, après les douloureux événements de la Commune, qu'il nous fut donné de commencer une nouvelle campagne d'aérostation météorologique.

(1) Nous devons cette gravure, ainsi que celle de la page 121, à l'obligeance de M. Best, gérant du *Magasin pittoresque*, où nous avons publié quelques épisodes de nos voyages aériens.

CHAPITRE TREIZIÈME

29 mai 1872.

Dans le courant de l'année 1821, M. Henry Giffard, auquel la mécanique doit de si belles conquêtes, résolut un problème d'une haute importance : la préparation économique de l'hydrogène pur. L'appareil imaginé par notre célèbre ingénieur est basé sur la décomposition de la vapeur d'eau par le fer chauffé au rouge, et sur la réduction par l'oxyde de carbone de l'oxyde ainsi formé.

L'appareil est essentiellement composé de deux cylindres. Dans le premier se trouve le coke, qui brûle sous l'action d'un courant d'air très-énergique ; l'oxyde de carbone formé, traverse le deuxième cylindre contenant du minerai de fer à l'état d'oxyde, porte au rouge cet oxyde de fer et le réduit.

Le fer réduit est alors traversé par un courant de vapeur d'eau ; il s'oxyde de nouveau et donne de l'hydrogène. Quand la décomposition de l'eau est terminée, on refait passer l'oxyde de carbone sur l'oxyde de fer qui se réduit à nouveau, et ainsi de suite alternativement. La même quantité de minerai de fer peut servir indéfiniment.

On voit que ce système est très-simple, très-ingénieux et très-économique ([1]). Il a fonctionné à plusieurs reprises dans d'excellentes condi-

(1) Voyez l'*Appendice* pour sa description complète.

tions et a permis à M. Giffard d'opérer le gonflement de petits aérostats, dans lesquels il a bien voulu m'offrir l'occasion d'exécuter plusieurs ascensions.

Le 29 mai, à midi, l'appareil à gaz construit sur les terrains de l'usine Flaud, au Champ de Mars, est prêt à fonctionner. Le tirage a été augmenté par l'influence d'un jet de vapeur plus énergique que dans de précédentes expériences, et les résultats sont encore plus favorables.

Quelques retards inhérents à un premier essai ne permettent pas de produire l'hydrogène avant cinq heures.

A ce moment, le gaz se dégage abondamment; il passe dans un épurateur à chaux et vient s'engager dans un petit aérostat de 400 mètres cubes dont Jules Godard opère le gonflement.

A sept heures du soir, le ballon est gonflé. M. Giffard pense d'abord à garder l'aérostat plein de gaz jusqu'au lendemain, mais je lui demande de partir de suite. La nuit complète ne se fait pas en cette saison avant neuf heures. Nous avons deux heures devant nous. En remettant au lendemain, on risque la pluie ou les rafales pendant la nuit, et le ballon pourrait bien être mis en pièces. — Quand le vin est tiré, il faut le boire; quand un aérostat est gonflé, il faut s'élever.

A sept heures dix minutes, Jules Godard et moi nous montons dans la nacelle et nous procédons à l'équilibrage. Nous avons 80 kilogrammes de lest. Notre but est seulement d'exécuter une promenade aérienne. Avec des ressources aussi modestes, notre ambition doit se borner à faire un simple bond aérien. — M. Flaud, député ; ses fils ; les ingénieurs de la maison assistent à l'ascension qui se fait à sept heures quinze minutes.

Nous montons très-lentement; le ciel est pur, le panorama de Paris s'ouvre à nos yeux, éclairé par le soleil couchant. Une légère brume couvre la ville, comme d'une mousseline transparente, au-dessus de laquelle le Panthéon, le dôme doré des Invalides, Notre-Dame, le Nouvel-Opéra, semblent émerger comme des récifs au dessus d'un vaste océan.

A 7 h. 35, le ballon plane à une altitude de 720 mètres, la température est de 12°. Nous marchons vers le sud-sud-ouest. — Nous sommes plongés dans un courant aérien, dont la vitesse est faible; le ballon ne parcourt certainement pas plus de 8 kilomètres à l'heure. A 7 h. 45, en effet notre nacelle est suspendue au-dessus des environs de Paris les plus rapprochés. Nous distinguons en plan les maisons ravagées par la guerre,

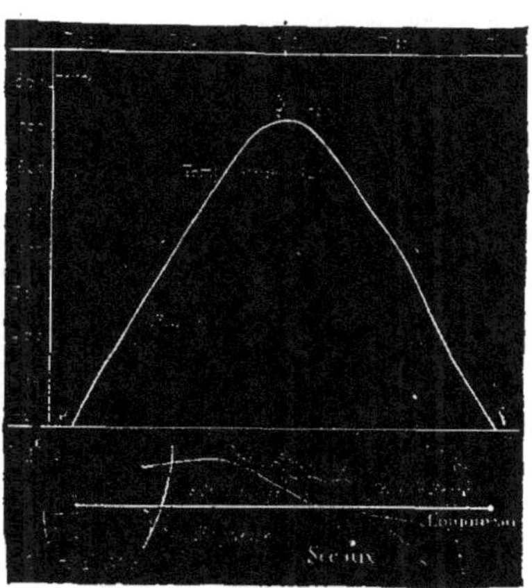

Diagramme de l'ascension du 29 mai 1872, du Champ de Mars à Lonjumeau.

ce spectacle est navrant : on croirait voir, de la hauteur où nous sommes, un amoncellement de ruines antiques.

A 7 h. 50, nous nous rapprochons de terre, jusqu'à 200 mètres de hauteur. La campagne est luxuriante, nous jouissons d'un coup d'œil splendide, glissant mollement dans l'atmosphère au-dessus d'un tapis de verdure d'une incomparable richesse.

Nous traversons à 180 mètres une belle propriété que nous avons su plus tard appartenir à M. le duc de Trévise.

Le voyage se continue en passant au-dessus de Verrières, en planant non loin de Longjumeau. A 8 h. 25, nous atterrissons dans un champ de blé à Saulx-les-Chartreux.

Jules Godard fait porter l'aérostat à l'état captif, dans un champ de foin, où nous le dégonflons sans faire le moindre dégât.

A 9 h. 20 du soir nous prenions le chemin de fer à Lonjumeau ; une heure après nous étions de retour à Paris.

CHAPITRE QUATORZIÈME

3 juin 1872.

L'appareil à gaz de M. Giffard continue à fonctionner admirablement
bien. Le ballon de 400 m. c. dans lequel nous avons exécuté l'ascension
précédente et que Jules Godard a baptisé la *Léa*, est gonflé à 3 heures. Il
doit enlever un ingénieur de la maison Flaud, M. Corot, Jules Godard et
moi.— A 5 heures 15 m. nous constatons que, grâce à l'emploi de l'hydrogène pur, le ballon a, en effet, assez de force ascensionnelle pour
nous enlever tous trois.

A 5 h. 30 m. J. Godard crie le « lâchez tout ». Nous nous élevons très-
lentement par un temps admirable. L'aérostat monte à 1,200 mètres,
puis il redescend bientôt, nous planons à 600 mètres au-dessus des environs de Choisy-le-Roi (6 h. 50 m.).

La *Léa* descend encore, et nous voilà bientôt à 20 mètres seulement
au-dessus du sol ; Godard, en jetant du lest, nous maintient à cette hauteur ; le vent nous pousse sur la Seine, en vue de Villeneuve-Saint-
Georges. Nous suivons un instant le cours du fleuve à 15 mètres à peine
au-dessus de la surface de l'eau. Des bateaux et des bateliers passent
sous la nacelle, ils sont ébahis à notre vue, et nous avons le temps de
leur dire quelques paroles.

— J'aime mieux, s'écria l'un de nous, voyager comme je le fais, que
dans vos bateaux.

Sur la rive un chasseur passe et nous salue en agitant son chapeau.

A notre gauche s'étend la vallée d'Yères; nous voguons mollement, au-dessus d'un pays admirable, le ballon est entraîné avec l'air et plane avec majesté.

Un peu de lest jeté par Jules, fait remonter l'aérostat à 200 mètres

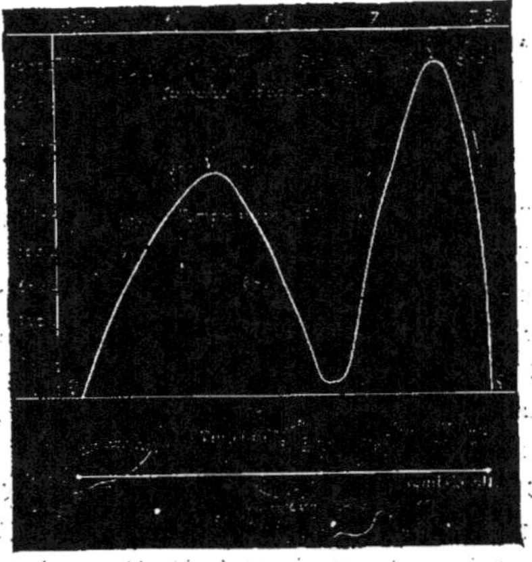

Diagramme de l'ascension du 3 juin 1872, du Champ de Mars à Combs-la-Ville.

environ, nous arrivons bientôt en vue de grandes plaines, où il va falloir descendre. Il n'y a plus à bord que deux sacs de sable.

Mais voilà le soleil qui sort d'un nuage épais et nous envoie des rayons brûlants. Le gaz de la *Léa* se dilate rapidement, il nous entraîne vers les hautes régions... On monte, on monte toujours!.. A 1,800 mètres de haut, Jules donne plusieurs coups de soupape pour ne pas aller au delà, car nous sommes pauvres en lest, et il serait téméraire de laisser monter trop haut la nacelle, sans songer à l'atterrissage; il s'agit de ne pas re-

Transport, à l'état captif, du ballon le *Jean-Bart* aux avant-postes de l'armée de la Loire, le 30 décembre 1870. — Page 217.

venir à terre avec une trop grande vitesse, qui croîtrait de minute en minute si le soleil venait à se cacher.

Nous jouissons alors d'un coup d'œil grandiose : le soleil, rouge comme du sang, plane au-dessus d'un grand rideau de nuages blancs, argentés, arrondis avec art ; des lignes brillantes entourent son disque et l'encadrent. C'est magique !

A 7 heures, notre ballon descend rapidement ; il s'avance vers de grandes plaines de blé, où nous nous posons doucement sans la moindre secousse (7 h. 30).

Nous sommes à côté d'une belle propriété. Les paysans accourent en foule.

— Conduisez, crions-nous, le ballon, au moyen de ces cordes, devant la mare, en face de la maison.

Les braves gens obéissent ; mais ils sont ébahis de voir que nous connaissons la maison et la mare. Nous avions vu tout cela de là-haut.

Le propriétaire de la grande ferme, où nous arrivons, à Egrenay, près de Combs-la-Ville (Seine-et-Marne), est M. Decauville ; sa famille nous accueille avec la meilleure grâce. On nous invite à dîner, on nous choie, on nous questionne.

M. Decauville nous raconte que, pendant le siége de Paris, un aérostat venu de la ville assiégée est tombé à la place même où notre ballon s'est posé tout à l'heure. Les Prussiens étaient là, mais les aéronautes ont pu s'échapper grâce à un brouillard épais. M. Decauville a encore cet aérostat dans sa grange, il nous le montre en nous disant qu'on n'est jamais venu le réclamer. Ce ballon est pourri et perdu.

A 9 heures M. Decauville nous fait conduire, nous et notre ballon, dans sa voiture, jusqu'à la gare de Combs-la-Ville,

A 11 heures nous sommes à Paris.

Pendant cette ascension, une nappe de cumulus est restée constamment suspendue dans l'atmosphère à l'altitude de 1,800 mètres, comme l'indique le diagramme de notre voyage. (P. 224.)

CHAPITRE QUINZIÈME

8 juin 1872.

M. le vice-amiral baron Roussin m'ayant depuis longtemps exprimé le
désir de faire une ascension aérostatique, M. Giffard a bien voulu m'offrir
l'occasion de mettre ce projet à exécution. Le samedi 8 juin, le ballon
la Léa se gonflait à l'usine Flaud ; l'appareil à gaz, depuis la première
ascension faite le 29 mai, fonctionne avec la même régularité
et toujours avec le même minerai. Le départ avait été fixé à cinq
heures,

Dès quatre heures, l'aérostat est prêt : il va s'élever avec l'exactitude
d'un chemin de fer.

A cinq heures précises, M. l'amiral Roussin et moi, nous montons
dans la nacelle. Le vent sud-ouest qui, toute la journée, a été assez
violent, commence à tomber. Le ciel est pur, et de grands cumulus
blancs très-abondants sillonnent l'atmosphère.

Je procède à l'équilibrage de la nacelle. Nous nous élevons avec une
assez grande vitesse.

L'aérostat monte d'un bond à 1,600 mètres. Nous traversons une partie de Paris, que nous apercevons tout entier à vol d'oiseau ; l'amiral ne
se lasse pas d'admirer ce panorama, vraiment saisissant quand on le
contemple surtout pour la première fois. Il s'étonne surtout du calme,
du silence qui règnent dans les plages aériennes où nous voguons.

Nous passons au-dessus de la gare de l'Ouest, puis, quelque temps après, au-dessus de Saint-Denis. Le Champ de Mars, que nous avons quitté, est déjà loin.

Je surveille activement l'allure du ballon ; l'œil sur le baromètre et la main au lest, je m'efforce de faire garder à l'aérostat une course horizontale et de l'empêcher de descendre trop vite. .

Il tend un instant à revenir vers des niveaux inférieurs, mais je jette du lest, et à peine ai-je vidé un demi-sac, que le soleil, sortant d'un nuage épais, nous lance des rayons ardents qui nous brûlent le visage. L'aérostat subit presque immédiatement l'effet de cette élévation de température ; son gaz se dilate, le gonfle, tend son étoffe sur le filet et le fait monter avec rapidité vers les hautes régions atmosphériques.

Le baromètre métallique indique successivement des hauteurs de 1,200, 1,400, 1,600 mètres d'altitude. Nous arrivons bientôt à 1,700 mètres, puis à 1,900 mètres, et, cette fois, nous avons dépassé un nuage blanc d'une grande épaisseur, que nous laissons à 50 ou 60 mètres au-dessous de la nacelle.

Avec un si petit ballon et si peu de lest, il serait imprudent de gravir des régions supérieures à celles où nous sommes plongés ; mais il n'est pas facile de maîtriser l'ardeur de l'aérostat ; je suis obligé de donner successivement cinq ou six coups de soupape.

Au moment où nous redescendons, à 5 heures 40 min., un remarquable phénomène d'optique, analogue au *spectre d'Ulloa*, s'est offert à nos yeux.

A 5 heures 35 m. du soir, le ballon, comme je l'ai dit, avait dépassé les beaux cumulus blancs qui s'étendaient horizontalement dans l'atmosphère ; nous planons au-dessus d'un vaste nuage ; le soleil y projette l'ombre assez confuse de l'aérostat, qui nous apparaît entouré d'une auréole aux sept couleurs de l'arc-en-ciel. A peine avons-nous le temps de considérer ce premier phénomène, que nous descendons de 50 mètres environ. Nous passons alors tout à côté du cumulus qui s'étend près de notre nacelle et forme un écran d'une blancheur éblouissante, dont la hauteur n'a certainement pas moins de 70 à 80 mètres. (Gravure p. 233.)

L'ombre du ballon s'y découpe, cette fois, en une grande tâche noire, et s'y projette à peu près en vraie grandeur. Les moindres détails de la nacelle, l'ancre, les cordages, sont dessinés avec la netteté des ombres chinoises. Nos silhouettes ressortent avec régularité sur le fond argenté du nuage ; nous levons les bras, et nos Sosies lèvent les bras. L'ombre de l'aérostat est entourée d'une auréole elliptique assez pâle, mais où les sept couleurs du spectre apparaissent visiblement en zones concentriques. La température était de 14 degrés centigrades environ : l'altitude, de 1,900 mètres. Le ciel était très-pur et le soleil très-vif. Le nuage sur la paroi verticale duquel l'apparition s'est produite avait un volume considérable et ressemblait à un grand bloc de neige en pleine lumière. Nous étions nous-mêmes entourés d'une certaine nébulosité, car la terre ne s'entrevoyait plus que sous un brouillard indécis.

Des observations analogues ont été faites plusieurs fois déjà par quelques aéronautes ; mais je ne crois pas que l'on ait jamais vu, jusqu'ici, l'ombre d'un ballon se découper sur un nuage avec une intensité telle, qu'on eût dit un effet de lumière électrique. Le spectacle qu'il nous a été donné de contempler était vraiment saisissant, et ce genre de spectre aérostatique doit être certainement considéré comme une des plus belles scènes aériennes qui puisse s'offrir au voyageur en ballon. La présence d'une auréole autour de l'ombre complète ce tableau étrange ; elle semble trouver son explication dans les faits décrits par les physiciens sur les franges frisées. Cependant, comme nous le verrons dans la suite, il y a quelques remarques à faire au sujet de cette hypothèse.

Notre descente, après une heure cinq minutes de voyage, s'est opérée au delà de Chantilly, près de la gare de Saint-Firmin, à 45 kilomètres de Paris. On voit, d'après ce trajet, que le vent soufflait du sud-sud-ouest, avec une vitesse de plus de 12 mètres à la seconde. La direction des courants aériens avait brusquement tourné ; les jours précédents, le vent oscillait entre le nord-est et le nord-ouest. C'est ainsi que, dans quatre ascensions exécutées antérieurement, depuis le 29 mai, par nous et par d'autres aéronautes, l'aérostat a chaque fois touché terre vers le sud de Paris.

Il nous a été donné dans la suite de mieux observer encore les curieuses auréoles aérostatiques ; mais nous voulons dès à présent donner au lecteur quelques renseignements sur les phénomènes de même nature qui ont précédemment été observés, soit en montagne, soit en ballon.

Il y a fort longtemps que ces phénomènes, quelque exceptionnels qu'ils soient, ont été signalés ; depuis des époques très-reculées, la montagne du Brocken, célèbre dans le Hartz, en Hanovre, a été réputée comme le théâtre habituel d'apparitions extraordinaires. Les paysans du pays vous parlent encore aujourd'hui du Brocken avec un certain effroi ; ce sommet, qu'ils croient ensorcelé, leur inspire des terreurs supertitieuses ; ils redoutent d'en faire l'ascension à l'heure du lever du soleil, car c'est à ce moment surtout que, d'après leurs récits, des spectacles étranges apparaissent au sein de l'air ; c'est au lever du jour que des ombres colossales surgissent au milieu des amas de nuages. Quand ils se hasardent à gravir les rampes escarpées de la montagne, ils montrent au voyageur, durant la route, certaines pierres granitiques qu'ils appellent l'*autel de la sorcière* ou le *rocher magique ;* ils s'arrêtent devant la *fontaine enchantée ;* ils vous racontent que les anémones du Brocken sont douées de vertus particulières. D'après l'affirmation des archéologues allemands, ces dénominations remonteraient au temps où les Saxons adoraient encore leurs anciennes idoles, alors que le christianisme commençait à dominer les esprits des populations de la plaine. Il est probable que le spectre du Brocken, dont nous allons entretenir nos lecteurs, s'est souvent montré à cette époque, comme de nos jours, et qu'il avait sa part des tributs d'une idolâtrie superstitieuse.

Un des premiers observateurs qui ait donné une description exacte

et rationnelle du spectre du Brocken est le voyageur Hane, qui l'aperçut
en l'année 1792. Avec une persévérance infatigable, ce naturaliste se
rendit plus de trente fois au sommet du Brocken, sans que l'apparition
se révélât à ses yeux. Mais sa ténacité eut enfin sa récompense. Un certain jour du mois de mai, Hane a gravi le Brocken ; il est arrivé au sommet de la montagne à quatre heures du matin. Le temps est calme, le

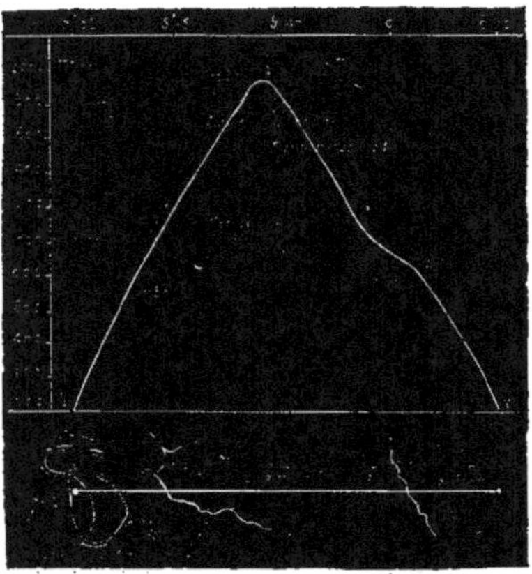

Diagramme de l'ascension du 8 juin 1872 du Champ de Mars à Saint-Firmin (Oise).

vent chasse devant lui une nuée de brouillards opalins, de vapeurs indé-
cises qui ne sont pas encore métamorphosées en nuages. Le soleil se lève
à 4 heures 15 minutes. L'heureux observateur voit son ombre prodi-
gieusement amplifiée se découper sur le rideau des brumes ; il porte
sa main à son chapeau, et la grande silhouette fait le même geste. Plus
tard, en 1862 un peintre français, M. Stroobant, aperçut nettement le
spectre de Brocken ; l'ombre du voyageur se dessina sur les nuages, ainsi

que celle d'une tour du voisinage. Ces silhouettes étaient vagues, leurs contours mal définis, mais elles apparaissaient, nettement entourées d'un contour lumineux formé des sept couleurs de l'arc-en-ciel.

Au siècle dernier, Bouguer et Ulloa, envoyés à l'équateur avec la Condamine pour mesurer le degré terrestre, observèrent des phénomènes du même ordre pendant leur séjour sur la Pichincha. Ulloa, qui a donné

Ombre du ballon projetée sur un nuage vertical et entourée d'une auréole de diffraction (8 juin 1872). — Page 230.

son nom à ces effets de lumière, a décrit avec précision l'apparition, devenue classique, qui se manifesta sous ses yeux. « Je me trouvais, dit-il, au point du jour sur le Pambamarca, avec six compagnons de voyage ; le sommet de la montagne était entièrement couvert de nuages épais ; le soleil, en se levant, dissipa ces nuages ; il ne resta à leur place que des vapeurs légères qu'il était presque impossible de distinguer. Tout à coup, au côté opposé à celui où se levait le soleil, chacun des voyageurs aperçut, à une douzaine de toises de la place qu'il occupait, son image réfléchie dans l'air comme dans un miroir ; l'image était au centre de trois arcs-en-ciel nuancés de diverses couleurs et entourés à une certaine distance par un quatrième arc d'une seule couleur. La couleur la plus extérieure de chaque arc était incarnat ou rouge ; la nuance voisine était orangée ; la troisième était jaune, la quatrième paille, la dernière verte. Tous ces arcs étaient perpendiculaires à l'horizon ; ils se mouvaient et suivaient dans toutes les directions la personne dont ils enveloppaient l'image comme une gloire. Ce qu'il y avait de plus remarquable, c'est que, bien que les sept voyageurs fussent réunis en un seul groupe, chacun d'eux ne voyait le phénomène que relativement à lui et était disposé à nier qu'il fût répété pour les autres. »

Kaemtz sur la cime de quelques montagnes alpestres, Scoresby dans les régions polaires, Ramond dans les Pyrénées, de Saussure sur le mont Blanc, M. Boussingault dans les Cordillières, ont confirmé depuis ces récits intéressants, par leurs propres observations. Mais ces beaux phénomènes se manifestent bien plus souvent aux yeux des aéronautes quand ils sillonnent une atmosphère chargée de nuages. MM. Glaisher, Flammarion, de Fonvielle et moi, nous les avons décrits plusieurs fois depuis quelques années. Nous reviendrons plus loin sur des scènes analogues.

CHAPITRE SEIZIÈME

27 juin 1872.

C'est encore avec l'appareil à gaz hydrogène de M. Giffard, que le 27 juin, le ballon *le Davy*, cubant 1,000 mètres, fut gonflé. L'ascension qui devait s'exécuter, allait compter cinq voyageurs : MM. Jules Godard, Alfred Flaud, Cohendet ingénieur, devenu depuis l'un des directeurs de l'usine Flaud, mon frère et moi.

Le départ a lieu assez tard, à 7 h. 15 du soir. Le vent souffle de l'ouest et nous traversons Paris à la hauteur de 720 mètres.

Voici un extrait de mon registre de bord qui donnera une idée exacte de cette ascension.

7 h. 27, hauteur 950 mètres, nous passons juste au-dessus de la tour Saint-Jacques, et nous nous trouvons dans l'axe des Champs-Elysées. Nous nous sommes rarement trouvés dans des circonstances aussi favorables pour admirer le tableau de Paris du haut des airs. L'atmosphère quoique grise est assez transparente et avec notre lunette nous distinguons nettement la rue de Rivoli, le Louvre, et même les passants qui s'arrêtent et lèvent la tête vers l'aérostat.

7 h. 35, altitude 1,700 mètres; température 6°. L'aérostat quitte Paris dans la direction de Vincennes.

7 h. 40, 1,800 mètres; température 10 degrés. On remarquera que la

la température est ici de 4 degrés plus élevée qu'à 100 mètres plus bas.

Nous suivons une route parfaitement horizontale; le baromètre ne bouge pas pendant au moins cinq minutes. Nous planons au-dessus de nuages grisâtres qui s'étendent à l'horizon, tout autour de la nacelle, comme de grandes draperies semi-transparentes. Mon frère fait un croquis de ce remarquable tableau (p. 237); M. Alfred Flaud, qui débute

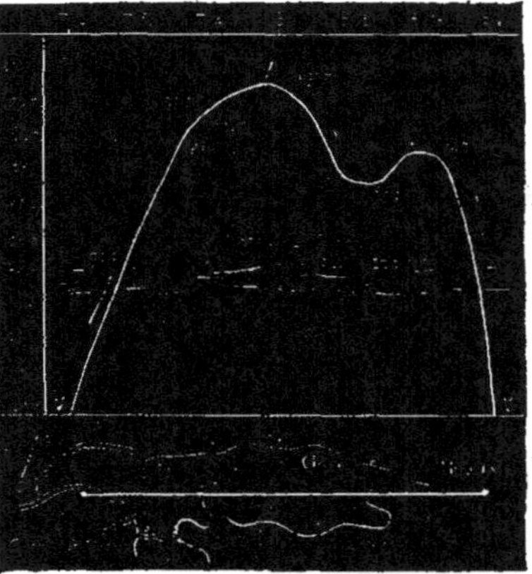

Diagramme de l'ascension du 27 juin 1872 de Paris à Meaux

aujourd'hui comme aéronaute, admire la majesté de ce spectacle. Nous avons su à notre descente que ces nuées qui, vues d'en haut, offraient un aspect particulier, avaient déversé sur terre une pluie abondante. Cela ne nous a nullement surpris, car la nappe de nuages se terminait à sa partie supérieure par des surfaces ondulées, grisâtres, formant des immenses anfractuosités, au fond desquelles on apercevait la terre aussi peu distinctement que l'on voit l'horizon à travers un *grain.* D'autres nuages se trouvaient suspendus à une assez grande hauteur au-dessus du point culminant de notre ascension, et le soleil ne s'est laissé entrevoir qu'à de rares intervalles. Nous avons eu ainsi la bonne fortune de faire route au-dessus de la pluie, sans recevoir une seule des gouttes d'eau qui tombaient abondamment sous nos pieds, inoudant impitoyablement nos concitoyens de la surface du sol.

Aspect des nuages de pluie vus à leur partie supérieure. — Ascension du 27 juin 1872.
Altitude 1700 mètres, 7 h. 45 m. soir.

A 7 h. 50, nous sommes à l'altitude de 1,700 mètres ; la température est de 5° 75.

A 7 h. 55, Jules Godard a jeté un peu de lest, nous remontons jusqu'à 1,900 mètres. Nous entendons très-distinctement le sifflet du chemin de fer que nous ne pouvons apercevoir au-dessous des nuages.

8 h. 2, altitude 1,820 mètres ; température 6° 75. On ressent une impression de fraîcheur très-marquée. Nous commençons à descendre.

8 h. 15, altitude 1,300 mètres ; température 6 degrés.

8 h. 20. Nous planons à 1,550 mètres au nord de Lagny, que nous reconnaissons très-distinctement en examinant une bonne carte que je viens d'ouvrir.

8 h. 40. Nous arrivons au-dessus de Meaux que nous allons traverser.

A 8 h. 55, nous touchons terre, au-delà du canal près de Meaux. Le temps est si calme que notre nacelle descend dans les bras des habitants qui nous reçoivent. Nous n'avons pas la peine de jeter ni ancre ni guide-rope. Avant d'atteindre le sol, la nacelle a frôlé doucement le toit d'une maison voisine, mais il n'y a eu ni secousse ni dégât.

Nous apprenons à terre, comme nous l'avons indiqué précédemment, que depuis notre départ la pluie n'a cessé de tomber, tandis que nous n'avons pas reçu une goutte d'eau pendant le cours de notre ascension. Les nappes de vapeurs au-dessus desquelles nous avons voyagé étaient donc des nuages à pluie, comme l'indique le diagramme précédent. (P. 236.)

CHAPITRE DIX-SEPTIÈME

16 février 1873.

L'usine à gaz de La Villette, si calme, si tranquille, offrait le dimanche 16 février 1873 un aspect inusité. Si vous étiez entré à onze heures du matin dans le vaste terrain des gazomètres, vous eussiez aperçu l'aérostat le *Jean-Bart*, notre ancien navire aérien du siége de Paris, arrondi et gonflé de gaz, se dressant fièrement au-dessus de sa nacelle : il oscillait avec grâce sous le souffle d'une légère brise; on l'eût dit impatient de prendre son vol.

Un groupe de spectateurs attendent le moment du départ; parmi eux se trouvent les ambassadeurs birmans, que notre ami M. de Thiersant, consul de France, a bien voulu inviter en notre nom : ils manifestent une légitime surprise devant un spectacle si nouveau pour eux, car le ballon est un article que notre commerce n'a pas encore exporté en Birmanie.

A 11 h. 15 du matin, mon frère et moi, nous montons dans la nacelle; cinq passagers prennent place à côté de nous; ce sont MM. Alfred Potier, ingénieur des mines, Poupinel, chimiste, Baudrais, Myrtille Oppenheimer et M. W., amateurs; quelques secondes après nous fuyons lentement la terre, comme enlevés par quelque sylphe aérien, qui nous entraînerait vers les splendeurs de l'empyrée. Doucement soulevés par l'aile du zéphyr, nous montons vers le couvercle de nuées qui couvre Paris d'un dôme immense.

Nos amis nous saluent de loin, ils diminuent à vue d'œil ; on dirait que nous les voyons par le gros bout d'une lorgnette. Les costumes chatoyants et multicolores des Birmans égayent la sombre couleur des autres spectateurs ; ils nous apparaissent comme des fleurs semées dans un champ de blé, ils se rapetissent encore, et forment bientôt un groupe de petits personnages qui tiendraient dans le creux de la main.... Tout à coup nous ne voyons plus rien. Le *Jean-Bart* a piqué une tête dans les nuages ; nous voilà plongés dans un bain russe. Au revoir, Paris ; reste enfoui aujourd'hui sous cet amas de brumes qui te cache le ciel bleu ; quant à nous, heureux voyageurs, nous allons là-haut nous retremper au pur soleil d'un été resplendissant.

Nous montons, nous montons peu à peu. Mon baromètre marque 1,100 mètres, puis 1,200. La buée opaline qui nous entoure devient graduellement lumineuse, elle s'éclaire insensiblement.... nous la traversons... et nous voilà éblouis par les torrents de lumière que lance un soleil des tropiques, ruisselant de feu, au milieu d'un ciel azuré. « Dieu ! que c'est beau ! » s'écrient nos voyageurs qui pour la première fois s'élancent dans le pays d'en haut, dans le monde de la lumière. C'était beau, en effet, ce spectacle incomparable, ce panorama grandiose qui se déroulait à nos yeux.

Ni la mer de glace, ni les champs de neige des Alpes ne donnent une idée de ce plateau de vapeur qui s'étend sous notre nacelle comme un cirque floconneux où des vallées d'argent apparaissent au milieu de mamelons de feu. Ni la mer au soleil couchant, ni les flots de l'océan éclairés par l'astre du jour au zénith, n'approchent en splendeur de cette armée de *cumulus* arrondis, qui ont aussi leurs vagues et leurs montagnes d'écume, mais qui ont en plus une lumière d'apothéose !

Notre corde traînante touche cet amas de nuages ; elle s'incline obliquement, comme entraînée par ce fleuve de vapeurs qui roule sous notre nacelle dans une direction sensiblement différente de la nôtre. Le vent supérieur nous pousse vers le sud-ouest, et notre guide-rope aujourd'hui trace un sillage au milieu des nuées.

Phénomène d'optique observé en ballon, le 10 février 1875. Altitude 1350 mètres. — Page 217.

Pendant trois heures consécutives, nous n'avons pas cessé un seul instant d'apercevoir sur la nappe de nuages au-dessus desquels nous planions, l'ombre de notre aérostat sans cesse enveloppée d'un contour

16

irisé. Jamais semblable occasion ne s'est offerte à l'observateur aérien, de bien étudier les circonstances de production de ces jeux de lumière dont il a été question précédemment ; jamais d'ailleurs panorama plus imposant de montagnes de nuages ne s'est peut-être aussi présenté aux regards d'un aéronaute.

Dès que notre ballon a dépassé d'une cinquantaine de mètres environ la plaine des nuages, son ombre s'y projette avec une netteté remarquable, et un magnifique arc-en-ciel circulaire apparaît autour de la projection. L'ombre de la nacelle forme le centre de cercles irisés et concentriques, où se distinguent les sept couleurs du spectre : violet, indigo, bleu, vert, jaune, orange et rouge. Le violet est intérieur, et le rouge extérieur, ces deux couleurs sont en même temps celles qui se révèlent avec le plus de netteté. Nous sommes au moment de cette observation à l'altitude de 1,350 mètres au-dessus du niveau de la mer. (Voyez p. 241.)

L'aérostat, dont le gaz se dilate par l'effet de la chaleur solaire, continue à s'élever rapidement dans l'atmosphère, son ombre diminue à vue d'œil ; bientôt à 1,700 mètres d'altitude, le cercle irisé l'enveloppe tout entière, et cesse de se produire autour de la nacelle. Un peu plus tard enfin, à 1 h. 35 minutes, nous nous rapprochons de la couche des nuages, et l'ombre est ceinte cette fois de trois auréoles aux sept couleurs elliptiques et concentriques.

Rien ne saurait donner une idée de la pureté de ces ombres, qui se découpent dans une brume opaline, et de la délicatesse de tons de l'arc-en-ciel qui les entoure. Le silence complet qui règne dans les régions de l'air où se manifestent ces jeux de lumière, le calme absolu où l'on se trouve, au-dessus de nuages que le soleil transforme en flots de lumière, ajoutent à la beauté de ces spectacles, et remplissent l'âme d'une indicible admiration. Nul ne saurait rester indifférent à la vue de ces tableaux enchanteurs que la nature réserve à ceux qui savent l'observer.

On ne sait pas encore exactement à quelle cause attribuer la production d'un contour lumineux autour de l'ombre projetée sur des vapeurs ou des brouillards. Il est probable, comme nous l'avons indiqué dans le récit de notre quinzième ascension, que ces phénomènes sont dus à la diffraction de la lumière, mais il serait possible qu'ils aient une origine commune avec l'arc-en-ciel. Ce qui tendrait à accréditer cette opinion, c'est la nécessité de la présence de la vapeur d'eau, pour que le phénomène se manifeste : s'il était le résultat de la diffraction, il devrait apparaître aussi bien sur un mur blanc, sur un écran quelconque que sur un nuage. Il ne serait pas impossible du reste d'étudier ces faits curieux, au moyen d'expériences exécutées à terre ; en disposant convenablement des écrans de soie, ou des écrans de mousseline imbibés d'eau, qui simuleraient un nuage, on pourrait espérer voir le phénomène se manifester ainsi par synthèse. Il y a quatre ans, M. Leterne a encore signalé un excellent moyen de l'étudier, sans qu'il soit nécessaire de s'élever au-dessus des nuées dans la nacelle d'un ballon. « Au printemps, dit cet observateur, le matin, lorsque le soleil, arrivé à 15 ou 20 degrés au-dessus de l'horizon, a déjà un peu réchauffé l'atmosphère, et qu'il s'est produit une légère condensation de vapeurs sur le tapis de gazon qui borde les routes, le voyageur peut voir sa silhouette, projetée sur ce tapis de verdure humide, entourée d'un contour lumineux dans lequel on reconnaît les couleurs du spectre, mais où le rouge domine. » On voit que cette observation est facile à provoquer ; à défaut de rosée, ne pourrait-on pas mettre à profit les jets d'eau qui forment une pluie de gouttelettes liquides, où, comme on le sait, l'arc-en-ciel apparaît fréquemment. Il n'est pas douteux que de semblables études complétées par des expériences ingénieuses sont susceptibles de conduire à quelque résultat intéressant. Comme l'a dit Montaigne, « il n'est désir plus naturel que le désir de cognoissance... ; quand la raison nous fault, nous y employons l'expérience. » On ne saurait mieux faire que de suivre les conseils de l'immortel auteur des *Essais*.

Mais revenons à notre voyage et au *Jean-Bart*, qui nous emporte au milieu des airs.

Par moments, des ouvertures se forment au milieu des nuages au-dessus desquels nous planons, et la campagne nous apparaît dans les bas-fonds; on dirait des lucarnes qui s'ouvrent sur notre chemin, pour nous rappeler qu'il y a là-bas une planète qu'on nomme la terre et des

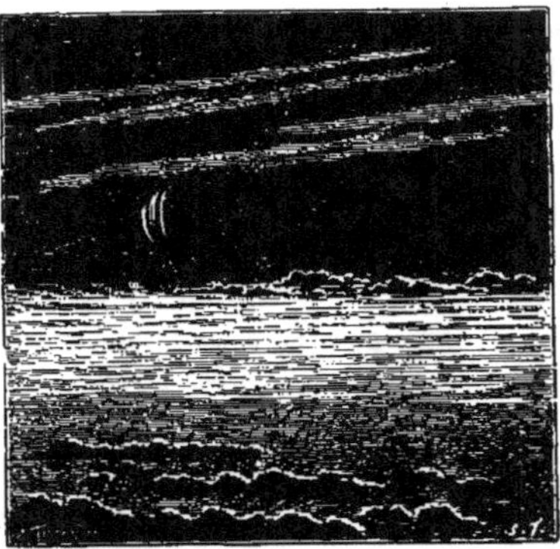

Surface supérieure de la nappe des nuages. — 1 h. 30. — Altitude : 1,400 mètres
(16 février 1873).

habitants qui sont les hommes. Quelquefois ces lucarnes se referment et le ballon chemine au-dessus d'un plateau de nuages uni comme un miroir et aussi blanc que la neige. (Voyez gravure ci-dessus).

Le *Jean-Bart* monte encore comme aspiré par le soleil : à deux heures, il plane à 2,000 mètres. La chaleur est ici presque insupportable. Notre compagnon Baudrais, qui a pris avec lui une superbe fourrure, regrette à présent sa veste blanche et son panama. Le thermomètre marque en effet, 18°, et le soleil nous lance impitoyablement ses rayons de feu en plein visage.

J'ai fait construire une chaufferette où de la chaux vive humectée
d'eau développe une température assez élevée pour réchauffer les

La nacelle du *Jean Bart* au sein d'un nuage de glace. — Altitude : 1,000 mètres.
16 février 1873. — Page 246.

pieds. Aujourd'hui c'est une sorbétière qu'il nous faudrait ! Arago
n'avait-il pas raison de dire que l'imprévu joue le premier rôle dans les
voyages en ballon ?

Il y a trois heures bientôt que nous sommes baignés dans un océan de lumière; nous avons procédé là à nos observations, à nos expériences. Un fil de cuivre de 200 mètres a été pendu à la nacelle, et à 4,800 mètres une légère étincelle a jailli; mon frère a pris ses croquis aériens.

Nous n'avons pas non plus oublié le déjeuner, et un poulet a été dévoré là-haut avec un appétit de naufragés. N'est-il pas temps de nous rapprocher de la terre, pour planer maintenant au-dessous des nuages, en vue du sol? C'est ce qui est décidé à l'unanimité.

A 1,200 mètres d'altitude, l'aérostat quitte ce pays de la lumière pour s'enfoncer dans le massif des vapeurs aériennes; il nous fait passer subitement de la clarté resplendissante au crépuscule sombre, de la chaleur de l'été (17°, 5) au froid de l'hiver (—2°). Les vapeurs qui nous entourent ont un aspect particulier; elles sont blanches, opalines et nous cachent entièrement la vue de l'aérostat; nous mettons nos paletots à la hâte, car nous sommes subitement saisis par un abaissement de température aussi prompt. Quelle n'est pas notre surprise en apercevant des cristaux de givre qui se déposent sur nos vêtements et qui croissent subitement comme une végétation fantastique! On voit grandir à vue d'œil ces arborescences singulières. Mais ce n'est pas seulement sur le drap que les cristaux glacés forment des houppes hérissées, ils se groupent sur nos cordages, sur notre panier d'osier et sur le fil de cuivre long de 200 mètres que j'ai laissé pendre de la nacelle, pour étudier l'électricité atmosphérique. Nous jetons les yeux autour de nous, et nous constatons que le nuage au sein duquel l'aérostat nous a plongés est entièrement formé de paillettes adamantines, groupées çà et là en mases allongées. Ce nuage détermine la condensation du gaz et nous fait descendre avec une rapidité vertigineuse. Un de nous a le temps d'approcher le doigt du fil de cuivre, et il reçoit une forte étincelle électrique, qui ne laisse pas que de nous causer une certaine inquiétude, car nous ne pouvons oublier que cette foudre en miniature jaillit sous une masse de gaz inflammable de 2,000 mètres cubes! Mais l'idée que nous obtenons

pour la première fois, dans de telles circonstances, une manifestation
électrique aussi énergique, aussi extraordinaire, apporte une compensa-
tion à nos craintes. Le baromètre, malgré le lest que nous jetons par-
dessus bord, indique que la descente est toujours rapide ; à 1000 mètres
nous entrevoyons la terre ; le nuage de glace avait, par conséquent, une
épaisseur de 200 mètres environ. Il nous a semblé que les petits cristaux de glace dont il était formé existaient surtout au centre, et qu'ils
étaient cachés en haut et en bas sous une couche de vapeur d'eau. Ce
nuage, vu à quelques centaines de mètres plus bas, avait à peu près l'apparence d'un cumulus ordinaire.

Mais nous n'avons pas le loisir de le contempler longtemps, car la
brusque variation de température a singulièrement contracté notre gaz :
le ballon a dû se charger, en outre, d'un poids considérable de glaçons ;
il se précipite vers la terre que nous voyons approcher avec une rapidité
prodigieuse. Le baromètre marque bientôt 300 mètres d'altitude. Je me
crois à cette hauteur, ignorant que nous planons au-dessus du plateau
de Montireau, le plus élevé du centre de la France, et situé, comme je
l'ai su plus tard, à 200 mètres au-dessus du niveau de la mer. Je m'ap-
prête à semer du lest pour planer en vue du sol quand mon frère s'écrie :
« Le guide-rope touche terre ! » Notre corde, qui n'a que cent mètres de
long, glisse en effet dans les champs ; mais l'effet de la condensation du
gaz refroidi se fait sentir maintenant dans toute sa force ; j'aperçois la
terre qui semble courir à notre rencontre.

C'est en vain que je jette par-dessus bord deux sacs de lest ; il est trop
tard pour arrêter la chute du ballon ! D'un coup de couteau je détache
l'ancre et le grand guide-rope.

— Tenez-vous bien ! crie un de nous.

A ces mots, nous subissons un choc terrible... La nacelle s'est heurtée
contre terre ; le ballon se renverse sur le flanc : nous sommes bousculés,
sens dessus dessous, dans un pêle-mêle indescriptible. La violence
de la chute est telle et si foudroyante que mon ami, Oppenheimer,

est jeté en dehors de notre panier. Nous ne sommes plus que six !

Le *Jean-Bart*, délesté, fait un bond de 200 mètres de haut, je le ramène à terre en ouvrant la soupape béante, et, grâce au ciel, j'aperçois en bas notre ami tombé des nues, qui se relève et qui marche. Il est sauvé !

Le vent est vif et souffle par rafales, le ballon continue à traîner, nous jetant dans un pommier qu'il brise, nous lançant au-dessus d'un bois...

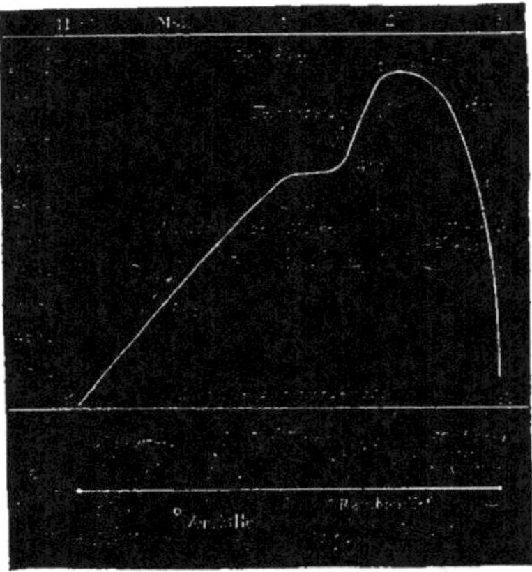

Diagramme de l'ascension du 16 février 1873, de Paris à Montireau.

je maintiens toujours la soupape ouverte... l'aérostat s'arrête enfin, et le vent qui s'y engouffre l'éventre et le déchire en lambeaux. Mais le *Jean-Bart* seul est blessé. L'équipage est sur pied !

Nous sommes à Montireau, à 120 kilomètres de Paris. Le ballon va être replié dans la nacelle, emporté à la gare de la Loupe, quand un personnage nous apparaît, furibond et gesticulant ; c'est l'adjoint au maire de Montireau.

— « De quel droit, messieurs, descendez-vous ainsi dans notre commune ? Avez-vous une autorisation pour venir casser nos pommiers ? Où sont vos papiers ? Au nom de la loi, je vous arrête. »

Nous répondons à ce bon villageois par des éclats de rire homériques. Dans son indignation, il relève sa blouse, et nous montre son écharpe tricolore, nous menaçant des gendarmes.

Ceux-ci arrivent, avec le brave curé de Montireau, à qui nous expliquons l'affaire. L'adjoint est obligé de rentrer sa colère et de cacher sa confusion.

CHAPITRE DIX-HUITIÈME

4 octobre 1873.

S'il est vrai que les jours se suivent et ne se ressemblent pas, on peut affirmer qu'il en est bien de même pour les ascensions aérostatiques. Jamais nous n'avons opéré une descente, aussi tranquille, aussi douce, que le samedi 4 octobre 1873, lors de ce nouveau voyage aérien : notre nacelle, lentement ramenée à terre par un jeu de lest régulier, est pour ainsi dire tombée entre les bras des habitants de Crouy-sur-Ourcq, qui ont pu nous remorquer à l'état captif, jusqu'au milieu de leur ville. Les braves gens qui nous entourent mettent un empressement si louable à nous aider après la descente, ils nous accueillent d'une façon si obligeante, si hospitalière, qu'il est impossible de leur refuser le plaisir de s'asseoir sur les banquettes de la nacelle aérostatique : nous faisons monter à 200 mètres de hauteur, des aéronautes improvisés, enlevés par l'aérostat qui s'élève et descend à l'état captif.

Le ballon le *Jean-Bart* s'était élevé de l'usine à gaz de La Villette, à midi 3 minutes. Notre grand peintre, M. Bonnat, M. Paul Henri, le jeune et déjà célèbre astronome de l'Observatoire, M. Poupinel, mon frère et moi, nous formions l'équipage aérostatique.

La particularité la plus remarquable de cette ascension aérostatique est la route suivie par l'aérostat sous l'influence de deux courants aériens superposés. Au moment où nous nous sommes élevés de l'usine à gaz de La Villette, à midi 3 minutes, le courant aérien inférieur nous a lancés

dans la direction est-sud-est, tandis que, vers l'altitude de 700 mètres,
le courant supérieur sud-ouest nous a dirigés vers le nord-est. On nous
a vus décrire dans l'espace une courbe très-prononcée, comme l'indique
le tracé de notre voyage. Cette particularité se présente assez fréquemment au voyageur aérien. Il ne nous semble pas nécessaire d'insister encore une fois sur l'importance considérable qu'elle offre au point de vue
de la navigation aérienne, puisqu'elle permet à l'aéronaute de choisir
à son gré deux directions différentes.

On se rappelle que des circonstances analogues nous ont sauvés
d'un naufrage imminent, en 1868, lors de notre ascension de Calais, où entraînés jusqu'à sept lieues au large en pleine mer du Nord,
il nous a été possible de revenir à terre, en rebroussant chemin, sous
l'influence d'un courant de surface, complétement opposé au courant
supérieur. L'étude des couches atmosphériques superposées ne présente pas moins d'intérêt au point de vue météorologique; elle ne peut
être bien exécutée qu'à l'aide de l'aérostat. Dans l'ascension, en effet,
l'observateur mesure avec exactitude la vitesse des courants supérieurs,
dont l'action échappe aux anémomètres terrestres. Connaissant la durée
de notre voyage et la longueur de la distance parcourue, nous avons
constaté que le courant supérieur dans lequel nous étions plongés avait
une vitesse de 35 kilomètres à l'heure. La vitesse du courant inférieur
n'était que de 6 à 7 kilomètres à l'heure, ainsi que M. Paul Henri qui
nous accompagnait a pu le constater.

M. Henry, habitué aux mesures astronomiques, est facilement arrivé à
un résultat exact en observant la différence des temps du passage des
bords du ballon sur une ligne terrestre. C'est avec une légitime surprise
que nous avons ainsi constaté l'existence d'un courant atmosphérique,
entraîné par un mouvement relativement très-rapide au-dessus d'une
couche d'air terrestre d'une si faible vitesse (¹).

(1) Une observation semblable a été faite dans notre ascension du 29 septembre 1877.
(Voir le chapitre vingt-quatrième).

A la hauteur maxima de l'ascension, c'est-à-dire à 2,600 mètres,
l'aérostat s'est trouvé plongé dans un banc de cumulus très-espacés.
Ces nuages étaient terminés par une couche épaisse de cumulo-nimbus,
dont nous avons évalué l'altitude à 3,600 mètres environ ; quelques éclair-
cies s'ouvraient çà et là, dans ce massif de vapeurs, et nous laissaient

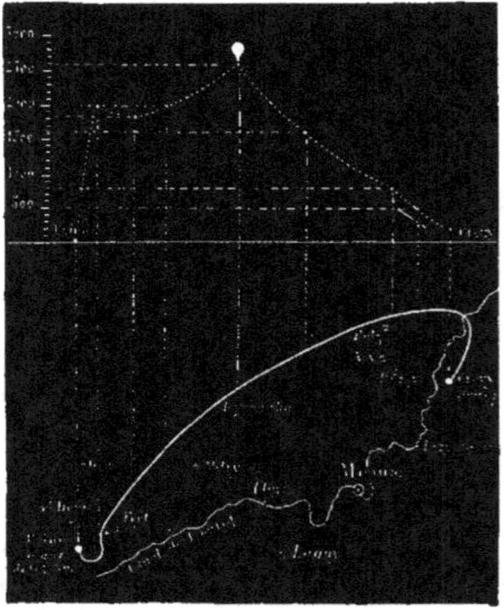

Diagramme de l'ascension du 4 octobre 1873, de Paris à Crouy-sur-Ourcq.

entrevoir le bleu du ciel. A ce moment, M. Paul Henry a constaté que
la polarisation de l'atmosphère était beaucoup plus faible qu'à la surface
du sol. Pendant le voyage on a relevé à l'aide d'un psychromètre l'état
hygrométrique de l'air et les températures. L'air à l'altitude de
2000 mètres était particulièrement sec, et la quantité d'humidité était
plus considérable en se rapprochant de terre.

Nous n'avons pas cessé d'apercevoir l'ombre du ballon, non pas cette

fois sur les nuages, mais sur la terre. A 1 h. 35, à l'altitude de 700 mètres,
cette ombre projetée sur une prairie est apparue, entourée d'une auréole
de diffraction, très-lumineuse et de couleur jaune.(Voy. gr. ci-dessous.) —
Malheureusement, quelque intéressant qu'ait été notre voyage, nul effet
de lumière, aussi grandiose que le 16 février dernier, aussi imposant que
dans le cours de quelques-unes de nos ascensions précédentes, ne s'est
offert à nos yeux. C'est pour nous un regret réel, car nous avions offert

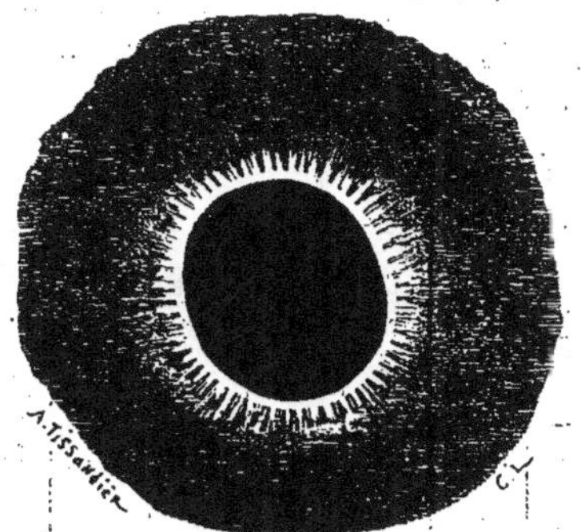

Ombre du ballon projetée sur une prairie et entourée d'une auréole
de diffraction.

une place dans notre nacelle à un artiste éminent, M. Bonnat, dont 'e
pinceau serait digne de créer la nouvelle école de la peinture aérostatique.

Mais le ciel, une autre fois, sera plus favorable ; pour notre part, nous
serons toujours heureux de fraterniser au-dessus des nuages, avec de
véritables amis de la nature, artistes ou savants ; car il ne faut pas oublier que l'art véritable et la science bien entendue doivent être considérés
dérés comme deux alliés inséparables. L'artiste et le savant ne gravis-
sent-ils pas avec la même ardeur des chemins également difficiles, qui,

quoique différents, conduisent l'un et l'autre au sublime sommet de la vérité ?

Pendant une partie de la durée du voyage, on a relevé, à l'aide d'un psychomètre, l'état hygrométrique de l'air et les températures ([1]).

La descente s'est effectuée, dans d'excellentes conditions, à Crouy-sur-Ourcq ; en nous rapprochant de terre, nous avons été repris par le courant inférieur qui nous a ramenés sur notre route, comme au moment du départ. Si le vent n'avait pas été aussi faible, il nous aurait été possible en y restant plongés, de nous rapprocher sensiblement de notre point de départ. (Voir le diagramme page 252.)

([1]) Observations faites pendant le voyage du 4 octobre 1873 :

Heures	Thermomètre sec	Thermomètre mouillé	Différence	Tension de la vapeur	État hygrométrique	Hauteur du ballon	OBSERVATIONS
h. m.	Degré	Degré	Degré			m.	Départ.
12.3							
12.35	16.6	14.9	4.7	9.7	57	2010	
12.47	18.6	13.4	5.2	8.3	52	1920	
12.53	19.0	12.9	6.1	7.5	46	2000	
12.57	19.5	12.8	6.7	7.1	41	2110	
1. 3	18.0	12.4	5.6	7.3	48	2600	Bancs de cumulus à la hauteur du ballon.
1.10	18.3	13.2	5.1	8.1	53	1500	
1.33	22.8	17.6	5.2	11.7	57	780	Le ballon passe au-dessus d'un bois.
1.42	26.6	20.8	4.8	15.3	66	520	
2.15							Descente.

CHAPITRE DIX-NEUVIÈME

ASCENSION DE PARIS A NOGEON (OISE)

24 septembre 1874.

Dans l'ascension aérostatique que j'ai exéeutée, le 24 septembre 1874, avec mon frère, MM. W. de Fonvielle, Lucien Marc, Cohendet et Corot, ingénieurs, il nous a été donné de faire un certain nombre de nouvelles observations qui me paraissent offrir de l'intérêt au point de vue météorologique.

Au moment du départ, qui a eu lieu à l'usine à gaz de La Villette à 11 h. 55, le ciel était couvert de nuages gris ; mais, à la surface du sol, l'air était assez limpide. Ces nuages étaient très-rapprochés. Jamais, dans aucun de nos voyages aériens, nous n'en n'avons rencontré à si faible distance de la terre ; notre nacelle, en effet, s'y trouva plongée à l'altitude de 150 mètres. A 500 mètres, elle s'échappa de leur partie supérieure. Un ciel bleu, un soleil ardent s'offrirent à notre vue. Le massif de vapeur prit l'aspect d'un plateau circulaire, d'un blanc éblouissant, et dont la surface était formée de mamelons arrondis.

Pendant trois heures consécutives, l'aérostat fut maintenu au-dessus de cet amas de nuages. Son ombre était entourée d'une auréole aux sept couleurs du spectre offrant une série de phénomènes semblables à ceux que nous avons déjà décrits. Du côté du soleil, les nuages avaient une teinte jaune très-appréciable.

Le courant où nous étions plongés se dirigeait vers le nord-est ; les nuages marchaient un peu plus vers l'est, comme notre corde traînante, longue de 180 mètres, a pu l'indiquer : quand sa partie inférieure plongeait dans la masse des vapeurs aériennes, elle s'inclinait sensiblement, exactement comme si elle eût été baignée dans un cours d'eau. Cependant, la différence de vitesse et de direction n'était pas considérable, car notre ballon, en passant la couche de nuages, y avait pratiqué une ouverture qui se révélait par une tache grise et un relèvement des nuées. Cet orifice ouvert dans la couche de nuages comme à l'emporte-pièce, ne se referma pas. Nous en vîmes la trace pendant toute la durée du voyage.

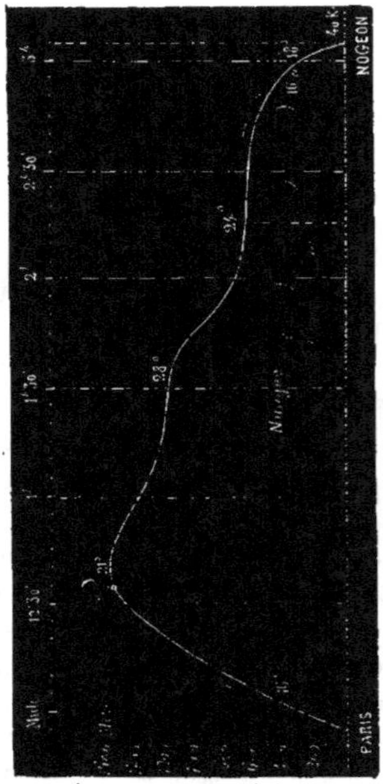

Notre voyage aérien s'exécuta à trois niveaux différents, de 1,600 mètres à 1,200, de 1,200 mètres à 800, et de 800 à 530.

Près des nuages, la température était de 24° centésimaux ; à 1,600 mètres, elle était de 21° ; dans la région moyenne de 1,200 mètres, vers 1 h. 30, le thermomètre s'éleva à 28°. Le thermomètre à boule mouillée marquait alors 21°.

Le soleil était tellement ardent que nous fûmes obligés de nous couvrir la tête de nos mouchoirs. En nous rapprochant des nuages, nous sentions une vive impression de fraîcheur.

Diagramme de l'ascension du 24 septembre 1874, de Paris à Nogeon (Oise).

A 2 h. 30, l'écran de nuages nous cachait entièrement la vue de la terre, mais des voix nombreuses que nous entendîmes nous indiquèrent que nous étions vus de la surface du sol ; les nuages étaient par conséquent, opaques de bas en haut et transparents de haut en bas. Il nous fut possible de demander des renseignements à des spectateurs invisibles pour nous et qui nous apercevaient. Sur notre demande, ils nous dirent où nous étions, et nous apprirent que le vent était faible à terre.

Nous opérâmes l'atterrissage dans d'excellentes conditions à Nogeon, près Acy-en-Multien (Oise), à 40 kilomètres de notre point de départ. Le courant supérieur, qui nous avait entraînés, avait donc une vitesse très-modérée de 13 kilomètres environ à l'heure.

Notre descente aérostatique fut accompagnée d'un épisode assez curieux qu'il ne nous avait pas encore été donné d'observer d'une façon si remarquable. Dès que l'aérostat se trouva en vue de terre, le gibier des environs fut saisi d'une terreur épouvantable ; les compagnies de perdreaux, notamment, volaient affolées, en s'éloignant du ballon comme d'un centre répulsif. Quand, un peu plus tard, nous étions occupés à dégonfler l'aérostat avec l'aide de nombreux habitants de la localité, les lièvres eux-mêmes manifestèrent leur épouvante en courant dans toutes les directions et jusqu'au milieu des assistants. Parmi ceux-ci, les chasseurs ne faisaient pas défaut, aussi quelques lièvres furent-ils impitoyablement fusillés presque à bout portant. Nous avons souvent remarqué, dans des ascensions précédentes que, lorsque l'on passe en ballon à une faible distance de bois ou de forêts, les oiseaux, et surtout les corbeaux, se sauvent à tire-d'aile, aussi vite qu'ils peuvent voler. Il est facile de remarquer que les oiseaux observent très-bien ce qui se passe dans l'atmosphère ; si un aigle, un vautour, ou quelque ennemi semblable vient à planer, même à une altitude élevée, on les voit immédiatement saisis d'effroi, jusqu'à une assez grande distance. Comment ces petits êtres ne verraient-ils pas la masse sphérique qui descend du

17

ciel ? Ils la considèrent probablement comme un oiseau de proie gigantesque qui va les dévorer.

Les animaux, et l'homme lui-même, se méfient de l'objet nouveau qu'ils ne connaissent pas ; il n'y a pas si longtemps que les aéronautes sont accueillis à bras ouverts, et il ne faudrait pas remonter bien loin dans le passé, pour citer des exemples de voyageurs aériens que des paysans ignorants ont roué de coups à leur descente, comme s'ils avaient voulu se défaire de quelque génie malfaisant. On pourrait, à ce sujet, rapporter un très-grand nombre d'histoires authentiques, dont l'énumération serait longue. Le drame le plus terrible que nous puissions mentionner est celui dont la forêt de Leicester, en Angleterre, a été le théâtre, il n'y a guère plus de trente ans. Un aéronaute, nommé Youngs, y avait opéré sa descente ; il fut bientôt entouré de forestiers grossiers et ignorants, qui s'approchèrent d'abord avec effroi du globe aérien. Puis, excités par quelques fanatiques, ils se mirent à lancer des pierres à l'audacieux qui descendait du ciel ; ils se jetèrent sur lui, le terrassèrent et le laissèrent à moitié mort au milieu d'un carrefour, tandis que d'autres de leurs compagnons mirent le feu à la nacelle et enflammèrent le ballon tout entier. Grâce au ciel, le temps d'une telle barbarie est passé ; nous pourrions en prendre pour garant l'hospitalité cordiale et sympathique qui nous fut offerte à la belle ferme de Nogeon.

Après cette intéressante et heureuse ascension, nous allons avoir à retracer les chapitres les plus émouvants du récit de nos voyages.

En 1875, nous devions entreprendre une nouvelle campagne aérienne, qui se signale par les événements les plus curieux et les plus dramatiques, dont l'histoire des ballons ait jusqu'ici offert l'exemple.

CHAPITRE VINGTIÈME

L'ASCENSION DE LONGUE DURÉE DU BALLON « LE ZÉNITH »
DE PARIS A ARCACHON (GIRONDE).

23-24 mars 1875.

Si la science commence à entrevoir les lois qui président aux mouve-vements de l'Océan, c'est que des navigateurs ont sillonné la surface de ses eaux, dans leur étendue tout entière ; c'est que des observateurs ont jeté la sonde dans leurs abîmes, ont mesuré leur température à différentes profondeurs.

Si nous voulons connaître l'atmosphère qui enveloppe notre globe, qui règle le cours des saisons, qui entretient la vie, il faut procéder de la même façon ; il faut la parcourir sur de vastes étendues, la sonder de bas en haut, depuis la surface de la terre jusqu'à ses plus hautes régions. De là, la nécessité de deux modes d'exploration par les aérostats : ascensions de longue durée, ascensions à grande hauteur. C'est ce qui a été compris et proposé dans le courant de l'année 1874 par un groupe de savants éminents.

Depuis le siége de Paris, les aérostats, autrefois délaissés, ont particulièrement attiré les regards. Une société savante, la *Société française de navigation aérienne*, a été fondée. Présidée en 1874, par un des plus illustres membres de l'Institut, M. Janssen, qui, par ses grands travaux et sa mâle énergie, s'est assuré déjà la reconnaissance de la postérité ; présidée en 1875 par un autre membre de l'Académie des sciences, M. Hervé-Mangon, dont le rare dévouement à la science est connu de tous, dont le rôle si actif dans l'organisation de la poste aérienne, pendant la guerre, ne sera pas oublié, la *Société de navigation aérienne* a vite attiré dans son sein la plupart de ceux qui se préoccupent de l'aéronautique et de l'étude de l'atmosphère.

Voyage de longue durée du *Zénith*. — Lever du soleil déformé par la *réfraction*, à 6 h. 10 du matin (24 mars 1875).

En 1874, c'est sous ses auspices que Crocé-Spinelli et Sivel ont exécuté ce magnifique voyage en hauteur, dont tout le monde connaît les beaux résultats. Sans répéter ici ce que nous avons dit dans la première partie de cet ouvrage, nous rappellerons que grâce aux remarquables travaux physiologiques de M. Paul Bert, et à l'inhalation de l'oxygène, les intrépides et savants voyageurs ont pu atteindre l'altitude de 7,300 mètres, et rapporter de leur expédition le fruit d'observations nombreuses et fécondes.

En 1875, la *Société de navigation aérienne* a étudié un nouveau programme d'ascensions scientifiques : il a été décidé que deux voyages
seraient successivement exécutés à l'aide du ballon le *Zénith* cubant
3,000 mètres, et construit par Sivel : l'une de longue durée, l'autre de
grande hauteur.

Voyage de longue durée du *Zénith*, — Lever de la lune déformée par la réfraction,
à 8 h. 16 du soir (23 mars 1875).— Page 261.

Grâce au concours de l'Académie des sciences, de l'Association scientifique de France, de l'Association française pour l'avancement des
sciences, grâce à l'appui de MM. Dumas, Hervé-Mangon, Henri
Giffard, docteur Paul Bert, Dupuy de Lôme, de MM. Hureau de
Villeneuve, secrétaire général de la Société, d'Eichthal, docteur Marey,
Houel, Lavalley, F.-R. Duval, Dailly, Chabrier, etc., les conditions
nécessaires à l'exécution de l'entreprise ont été rapidement assurées.

Le premier voyage du ballon le *Zénith* a répondu aux espérances de la

Société de navigation aérienne; il a eu lieu pendant 22 h. 40 m., dépassant ainsi de beaucoup, la durée des plus longues ascensions accomplies jusqu'à ce jour ; il a permis aux membres de l'expédition d'entreprendre, sans interruption, une série d'observations, et d'exécuter de nombreuses expériences.

Le départ a eu lieu le 23 mars, à l'usine à gaz de La Villette, où la Compagnie parisienne a fourni le gaz de l'éclairage nécessaire au gonflement. A 6 h. 20 m. du soir, le ballon s'élève majestueusement dans l'espace, emportant dans sa nacelle les aéronautes désignés par la *Société de navigation aérienne :* Sivel, Crocé-Spinelli, Albert Tissandier, Jobert et moi, 1,100 kilogrammes de lest formé de sable fin, des instruments et des appareils de physique et de chimie.

Nous nous élevons dans l'atmosphère, traversant Paris, où des milliers de lumières scintillent comme les constellations d'un ciel étoilé ; nous passons lentement au-dessus du jardin des Tuileries, au-dessus du dôme des Invalides, et bientôt le spectacle de la grande métropole disparaît à l'horizon, pour céder la place au tableau non moins majestueux de la campagne. Le soleil jette ses derniers feux sur les brumes lointaines, amassées en grandes nappes de vapeurs, l'obscurité se fait, et nos lampes de Davy nous éclairent seules au milieu de la nuit. Après avoir mis en ordre la nacelle, rangé méthodiquement les sacs de lest, nous commençons à procéder à nos expériences.

Sivel, à qui nous avons dû, par son énergie, par son amour de la science, par son infatigable persévérance, le succès de l'ascension, s'occupe de déterminer la direction de notre route, au moyen de la boussole et d'une cordelette longue de 800 mètres, qui, traînant à terre, se dirige toujours à l'arrière de la nacelle. Crocé-Spinelli commence ses observations spectroscopiques, à l'aide de deux beaux appareils de modèle différent, qu'il devait à M. Duboscq. Jobert lance par-dessus bord les imprimés, destinés à être recueillis à terre par les habitants, et à être renvoyés par eux à Paris, avec les indications de la pression barométrique, de la température, de l'état du ciel, sur tous les points au-dessus desquels a passé le *Zénith*. Albert Tissandier dessine, d'après nature, les paysages aériens, il reproduit notamment le curieux spectacle de la déformation de la lune qui vient de paraître au-dessus des nuages dont la surface supérieure est unie comme celle d'un lac (page 261). Quant à moi, je fais passer successivement 100 litres d'air, à l'aide d'un aspirateur à retournement, dans des tubes à pierre ponce imbibée de potasse, où l'acide carbonique absorbé, sera dégagé plus tard dans le laboratoire et dosé à l'état gazeux, par une nouvelle méthode que nous avons étudiée, M. Hervé-Mangon et moi (Voyez l'Appendice.)

Il faut, en outre, noter constamment la pression barométrique, dont une lampe des mines éclaire le cadran, inscrire la température qui, pendant la durée de la nuit, atteint le minimum de 4 degrés et demi au-dessous de zéro, prendre les degrés des deux thermomètres à boule sèche et à boule mouillée du psychromètre dont l'eau malheureusement ne va pas tarder à geler, mais que l'hygromètre à point de rosée, de Regnault, remplacera avec avantage ; il faut descendre de la nacelle un long fil de cuivre de 200 mètres, et y approcher fréquemment un électroscope à feuille d'cr, pour relever l'état électrique de l'air ; il faut enfin considérer ce spectacle infini du ciel resplendissant, où l'étoile filante trace parfois sa courbe lumineuse, de la terre que les rayons argentés de la lune éclairent d'une pâle lueur, et qui, par une illusion de la vision, se creuse sous la nacelle, en prenant l'apparence d'une immense lentille concave. Que de fois ne nous a-t-on pas dit, au retour de notre voyage, que la nuit devait être longue et le froid mordant ! Jamais, au contraire, le temps ne s'est écoulé plus vite pour chacun de nous ; jamais les heures n'ont été mieux remplies. Le ballon, grâce à l'habileté de Sivel, se maintient sur une ligne horizontale, de 700 mètres à 1,100 mètres d'altitude, et déjà nous sommes persuadés que notre séjour dans l'atmosphère sera prolongé.

Au moyen d'un appareil imaginé par un des membres les plus actifs

de la *Société de navigation aérienne*, M. A. Pénaud, et que Crocé-Spinelli et Jobert font fonctionner, nous pouvons constamment déterminer
du haut des airs, la vitesse de notre marche. Cet instrument est formé
d'un limbe gradué au centre duquel se meut une alidade mobile autour
d'un axe. Un observateur vise, sous un angle de 30 degrés, un objet vi-

Halo lunaire et croix lumineuse, observés à bord du ballon *le Zénith*, le 24 mars 1875
(5 h. 15 min. du matin), à l'altitude de 1100 mètres. — Page 267.

sible sur terre, dans le sens de la marche du ballon; quand cet objet a
passé sur la ligne de l'alidade, il remonte celle ci à 60°, puis il attend
que le même objet ait été exactement relevé une seconde fois. Un autre
observateur a noté le temps écoulé entre les deux lectures ; à l'aide des
deux angles, et connaissant en outre l'altitude, une simple formule tri-

Voyage de longue durée du *Zénith*. — Passage de la Gironde près de son embouchure,
le 24 mars 1875, à 10 h. 15 min. du matin.

gonométrique permet de déduire la vitesse de l'aérostat. Cette expérience, exécutée à plusieurs reprises, a donné des chiffres très-précis, comme on a pu le vérifier après l'expédition.

Nous parlerons tout à l'heure des résultats généraux de notre ascension ; continuons actuellement notre voyage qui s'exécute toujours par un vent N.-N.-E., dans la direction de la Rochelle et de l'Océan.

A 4 h. 30 du matin, un spectacle grandiose va se présenter à nos yeux. La lune qui n'a pas cessé de briller dans l'azur du ciel, s'entoure d'un halo resplendissant, d'un cercle de feu, dû à la réfraction de la lumière à travers les paillettes de glace suspendues dans l'atmosphère ; ce cercle est blanc comme de l'argent, il se découpe sur un fond obscur, et grandit à vue d'œil, en prenant bientôt l'aspect d'une ellipse. Peu à peu, une croix de lumière étend ses quatre branches autour de la lune et complète ce tableau étrange, plein de majesté, qu'ont admiré parfois les explorateurs des régions polaires (Voyez les gravures des pages 264, 268, 269.)

L'atmosphère offrait à ce moment un aspect particulier; au-dessus de la terre une buée semi-transparente d'environ 500 mètres d'épaisseur avait diminué d'opacité au moment du lever de la lune, ce qui avait déterminé une ascension de l'aérostat. Elle allait se dissiper complétement deux heures après le lever du soleil. Quelques cirrus suspendus dans les hautes régions de l'air étaient très-visibles pendant la durée du halo et restèrent dans l'atmosphère, avec plus de persistance que la buée inférieure, jusqu'à 11 h. 1|2. En s'abaissant à l'horizon, ces cirrus prirent l'aspect d'une longue chaîne montagneuse couverte de pics glacés. Pendant quelques minutes même, l'illusion fut si complète, que nous crûmes voir apparaître au loin le massif pyrénéen. Ajoutons enfin que d'autres cirrus très-élevés se montrèrent encore dans le ciel vers trois heures de l'après-midi.

Le halo et la croix lumineuse, qui ont graduellement apparu, disparaissent de même, lentement et progressivement; la lueur se dissipe avec l'apparition du soleil, qui se montre bientôt au-dessus des nuées lointaines. La terre s'éclaire, et l'Océan ouvre au loin l'immensité de ses eaux. Nous sommes, en effet, en vue de la Rochelle, et à ce moment Sivel observe avec attention la direction du *Zénith*. Par bonheur le vent s'est relevé vers le nord et lance l'aérostat vers le sud. Nous allons pouvoir cotoyer la mer pendant de longues heures, nous en rapprocher et ne jamais la perdre de vue.

Halo lunaire observé à bord du ballon *le Zénith* le 24 mars 1875.
Commencement du phénomène, à 4 h. 30 m. du matin. — Page 267.

Aussitôt que le soleil a dépassé la ligne de l'horizon, l'atmosphère toujours sèche à la hauteur de 1,850 mètres où nous planons, se charge subitement d'électricité. Les feuilles d'or de l'électroscope approché de notre fil de cuivre se dévient en effet de 0^m,06. La quantité d'électricité décroît successivement, pour devenir très-faible, jusqu'au moment où nous passerons au-dessus de la Gironde, qui réfléchit les rayons solaires avec intensité, et produit une élévation de température considérable.

Cette traversée du grand fleuve, exécutée à 10 heures du matin, en vue de la Tour de Cordouan, est certainement un des moments les plus émouvants de notre voyage. Le *Zénith* s'engage sur la Gironde à l'endroit de sa plus grande largeur, il y passe majestueusement et n'atteint l'autre rivage que 35 minutes après. Pendant que nous planons au milieu du fleuve, des bateaux à voile en sillonnent la surface ; deux navires à vapeur en descendent le cours ; ils passent juste au-dessous de notre nacelle, et à

Croix lumineuse observée à bord du ballon *le Zénith* le 24 mars 1875.
Fin du phénomène à 5 h. 55 du matin. — Page 267.

ce moment ils font hisser trois fois leurs pavillons tricolores. Nous répondons à ce salut sympathique en agitant nos mouchoirs. Ce fleuve vu en plan, ces navires lilliputiens, ce phare de Cordouan, réduit à la proportion d'une épingle brillant sur un fond brumeux, cette onde jaunâtre que ridem les vagues, se colorent par les tons chauds d'un beau soleil et forment un de ces tableaux délicieux, qui laissent dans l'esprit les impressions les plus durables. (Voyez gravure page 265.)

Pendant cette partie du voyage, nous avons opéré le lancement successif des quatre pigeons voyageurs que nous avait confiés M. Cassier, un

des colombophiles du siége de Paris. Le premier pigeon a quitté la nacelle à 9 heures du matin, les trois autres ont été lâchés avant et après
la traversée de la Gironde. Le dernier pigeon ne s'est pas élancé immédiatement dans l'espace ; il est resté juché sur le bord de la nacelle, en
proie à une hésitation très-apparente. Les quatre oiseaux messagers se
sont rapprochés de terre en décrivant de grands circuits dans l'atmosphère, mais aucun d'eux n'est revenu au colombier. Il est à présumer
qu'ils auront été désorientés par l'influence d'une longue nuit passée
dans les airs, et qu'en outre, la distance qui les séparait de Paris, était déjà
trop considérable pour qu'ils aient pu retrouver leur chemin.

Après avoir traversé la Gironde, le vent qui nous entraîne, nous dirige
vers l'étang de Carcans, que nous apercevons bientôt, et vers l'Océan,
qui n'en est séparé que par une mince langue de terre. Heureusement que
quelques feux, allumés à la surface du sol, au milieu des plaines marécageuses qui ouvrent les Landes, laissent échapper une fumée épaisse
qui se dirige dans la direction du S.-E. Cette observation nous indique
nettement qu'il règne à la surface du sol un courant aérien du N.-O.,
dont nous pourrons profiter pour nous éloigner de la mer.

Cependant le soleil est devenu très-ardent : le *Zénith* se gonfle avec
rapidité, le gaz se dilate et s'échappe par l'appendice en descendant à
flot jusque dans la nacelle.

Nous montons rapidement jusqu'à l'altitude de 1,200 mètres, niveau
qu'il y aurait imprudence de dépasser dans un si proche voisinage de la
mer. Sivel donne un coup de soupape, et l'aérostat cesse bientôt de s'élever; mais l'action du soleil produit une dilatation du gaz si considérable
que le *Zénith*, à peine descendu de 200 mètres, remonte encore, et c'est
par cinq ou six fois qu'il faut ouvrir la soupape béante, pour le faire revenir à 60 mètres au-dessus de la terre, où il est entraîné par le courant
inférieur.

Ce courant inférieur était très-humide, tandis que le courant supérieur était d'une sécheresse presque absolue, comme nous l'avons cons taté, Crocé-Spinelli et moi, à l'aide de l'hygromètre à point de rosée et du spectroscope.

Le passage de l'aérostat de la couche d'air supérieure à l'autre courant fut signalé par des mouvements de rotation renouvelés et énergiques. On ressent une impression particulière quand on se trouve à la limite de séparation de deux vents ainsi superposés; l'air est agité, le ballon frissonne et tourbillonne, son étoffe tremble, tandis qu'il est parfaitement immobile quand il est bien équilibré dans l'atmosphère. Il y a là, entre les deux courants, des remous, des vagues aériennes que l'on ne voit pas, mais dont l'aérostat subit l'influence; il y a des mouvements analogues à ceux qui existeraient à la surface inférieure d'une couche d'huile glissant sur une nappe d'eau, douée elle-même d'un mouvement rapide. Le courant inférieur va peu à peu diminuer d'épaisseur jusqu'à la fin du jour, où il n'aura plus qu'une hauteur de 150 mètres environ, mais en même temps il gagnera de vitesse. Le courant supérieur, au contraire, va régner uniformément ; c'est toujours le N.-N.-E., bien établi dans l'atmosphère, c'est le courant dominant, général, que les observateurs terrestres ne voient pas cependant, plongés qu'ils sont dans le courant N.-O. inférieur, vent superficiel et probablement tout accidentel.

Pendant six heures consécutives, le *Zénith* a trouvé de précieuses ressources dans l'emploi de ces deux courants superposés; huit fois successivement, il est monté dans le courant supérieur, qui le dirigeait vers la mer, pour redescendre alternativement un même nombre de fois dans le courant inférieur, qui le rejetait sur la terre ferme. La route dans la verticale est singulièrement tortueuse, comme l'indique le diagramme de l'ascension ; sa marche en projection horizontale forme une série de zigzags, qui le rapprochent peu à peu d'Arcachon, près du bassin duquel il arrive à la fin du jour, après avoir tiré des bordées comme un navire à voile.

Après ce long voyage au-dessus des maigres sapins des Landes, que découpent des flaques d'eau abondantes, après un séjour de six heures dans un air brûlant où le soleil nous lance des rayons ardents, le *Zénith* touche terre à Montplaisir, commune de Lanton (Gironde), dans le voisinage d'Arcachon. La brise est forte et la nacelle est emportée avec rapidité : mais l'ancre jetée par Sivel mord immédiatement, sans secousse, grâce à un système d'arrêt très-ingénieux, formé de frotteurs qui font glisser l'ancre avec des résistances toujours croissantes, le long du câble où elle est attachée à l'aide d'une boucle. — Nous nous pendons à la corde de la soupape et le *Zénith* est bientôt maîtrisé.

Nous avons déjà mis pied à terre, lorsque quelques bergers des Landes accourent montés sur des échasses, en faisant entendre des cris de joie et d'étonnement : ils nous prêtent de très-bonne grâce l'utile concours de leurs bras vigoureux. (Voyez gravure page 273.)

Une ascension de longue durée, comme celle que nous venons de raconter, exactement retracée à l'aide d'un diagramme, dont les éléments ont été recueillis sans interruption, ne manque pas de fournir des faits généraux offrant un intérêt réel au point de vue de la physique du globe. Grâce aux imprimés lancés de la nacelle, et retournés à Paris au nombre de soixante, de tous les points de notre route, notre diagramme indique les températures du sol en même temps que les températures de l'air supérieur. On voit que la température de l'air était plus élevée dans tout le parcours que la température du sol. Le diagramme montre encore que le ballon, quand il était maintenu sur l'horizontale, suivait les proéminences du sol et s'élevait de lui-même, poussé par un vent ascendant quand il passait au-dessus d'une colline. Ce fait est surtout rendu manifeste par le passage du ballon à 600 mètres au-dessus d'un monticule situé dans la Touraine, et dominant de 268 mètres le niveau de la mer. Le tracé graphique de l'ascension met en évidence la ligne courbe suivie par un courant aérien, pendant un long parcours ; le ballon s'est, en effet, fréquemment éloigné d'une direction en ligne directe ; ce tracé montre enfin les variations très-appréciables de la vitesse du vent, qui fait environ 5 mètres à la seconde pendant la nuit,

Voyage de longue durée du *Zénith*. — Atterrissage dans les landes le 24 mars 1875. — Page 272.

10 mètres au lever du jour, et qui diminue de vitesse dans les hautes
régions, con.rairement à ce qui a lieu le plus habituellement. La vitesse
du courant N.-N.-E. dans les landes de la Gironde ne dépassait pas la
vitesse de 3 mètres à la seconde, tandis que le vent inférieur, dont la
vitesse s'est accrue jusqu'au moment de l'atterrissage, était d'abord de
7 mètres à la seconde, pour atteindre ensuite près de 12 mètres. (Les
chiffres de l'échelle des hauteurs indiquent, sur le diagramme, les mètres;
ceux de la ligne horizontale de terre donnent les kilomètres. (Page 277.)

Nous ne nous engagerons pas plus longuement dans le résumé de ces
observations multiples ; il faudrait entrer dans des détails trop minutieux
pour parler des effets de nuages, des déformations du soleil et de la lune
par la réfraction, phénomènes dont Albert Tissandier a retracé la
succession par le dessin, indispensable complément des études météorologiques. Mais nous devons ajouter quelques mots sur les observations
spectroscopiques de Crocé-Spinelli. Quand le soleil et la lune ont été au-
dessous de l'horizon, les spectroscopes ont montré des bandes de vapeur
d'eau extrêmement accusées. Aussitôt que ces deux astres se sont élevés de quelques degrés seulement sur l'horizon, les bandes sont deve-
nues infiniment plus faibles et ont fini même par être très-peu visibles,
ce qui démontrait que la quantité de vapeur d'eau dans les régions supérieures de l'air était très-faible. Une telle sécheresse est un fait qui
mérite d'être signalé. Le psychromètre, avant que l'eau qu'il contenait
ne fût gelée, l'hygromètre de Regnault ont, comme nous l'avons vu précédemment, vérifié ces observations.

Nous aurions encore à parler des sondes aériennes imaginées par Sivel,
d'un appareil destiné à mesurer l'ombre du ballon que nous avons vu
se dessiner sur le sol, sur les rivières, d'un remarquable thermomètre
enregistreur de M. Negretti, destiné à prendre des températures à quelques centaines de mètres au-dessous de la nacelle, d'un nouvel anémomètre de Crocé-Spinelli et Redier; mais, nous ne voulons pas étendre
outre mesure ce chapitre déjà long.

Nous terminons ici le résumé d'une ascension où, pendant 22 heures 40 minutes, il n'a jamais manqué ni d'expériences à exécuter, ni d'observations à entreprendre ; car dans l'atmosphère, si peu connue, tout est à considérer, tout est à apprendre.

Nous espérons, disions-nous au retour de notre voyage, que la *Société française de navigation aérienne* ne s'en tiendra pas à ces premières tentatives ; elle saura prouver dans l'avenir qu'elle était digne de prendre pour devise cette belle parole : « Toujours plus loin et toujours plus haut! »

Nous terminons ce chapitre en publiant les deux tableaux ci-dessous des observations faites pendant le voyage.

TABLEAU DE L'ÉTAT DU VENT.

HEURES	Altitudes	DIRECTION DU VENT	Vitesse par seconde	Températ. à bord de l'Aérostat	Température à terre
	mètres		mètres		
7 h. soir	700	N.E.	7 70	— 3°	au-dessous de 0
11 h. 20 —	750	N. 1/4 N.E.	6 80	— 1°	de 0
1 h. 20 m.	1000	N. 1/4 N.E.	5 80	— 4°5	»
2 h. 40 —	900	entre N.N.E. et N E	6 »	— 2°	»
3 h. 15 —	950	idem	7 70	— 1°5	»
4 h. —	1000	N. 1/4 N.E	7 46	— 1°	»
5 h 20 —	1000	N.N.E.	12 »	»	— 3°
7 h. —	1700	entre N.N.E. et N.E.	5 90	+ 1°	— 2°
9 h. 30 —	750	idem	8 25	+ 6°	+ 4°
10 h. 30 —	650	idem	6 60	+ 10°	+ 8°

TABLEAU DES PHÉNOMÈNES ÉLECTRIQUES.

HEURES	ALTITUDES	Déviation des feuilles	Températures à bord de l'Aérostat	Températures à terre	Observations
de 10 h. s. à 5 h. 40 m.	entre 650 et 1100 m.	nulle	ent 0° et 4°5	au-dessous de 0°	Environ 20 minutes après le lever du soleil.
5 h. 50 m.	650 m.	1 c. 1/2	— 0°3	— 1°	
6 h 10 —	600 —	4 —	+ 0°5	— 1°	
6 h. 15 —	400 —	7 —	+ 0°5	— 2°	
7 h. —	1700 —	1 1/2	+ 1°	— 2°	leil.
10 h. m.	700 —	0 —	+ 0°	— 2°	5 minutes avant l'entrée en Gironde.
de 11 h. à 5 h.	var. de 30 m. à 1200 mèt.	nulle	+ 8° à 10°	+ 6° à + 0°	

Nous publions enfin, dans l'Appendice, le résultat des expériences que j'ai exécutées, au sujet de l'acide carbonique de l'air, en faisant comprendre auparavant quel est l'intérêt particulier de cette question.

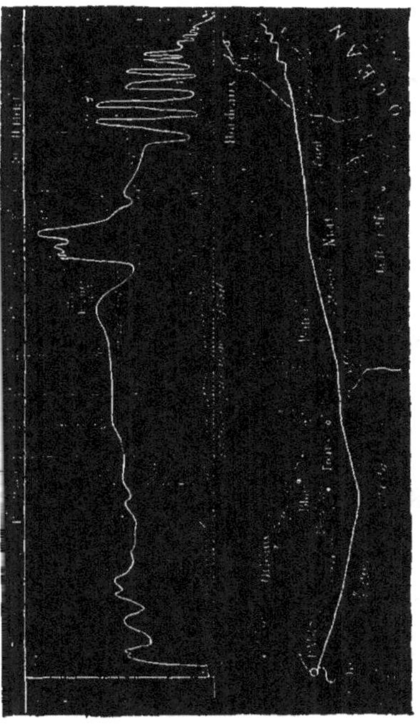

Diagramme de l'ascension de longue durée des 23-24 mars 1875, de Paris à Arcachon (Gironde).

CHAPITRE VINGT ET UNIÈME

ASCENSION A GRANDE HAUTEUR DU *Zénith* DE PARIS A CIRON (INDRE),
15 AVRIL 1875.

MORT DE CROCÉ-SPINELLI ET DE SIVEL.

Le jeudi 15 avril 1875, à 11 heures 32 minutes du matin, l'aérostat *le Zénith* s'élevait de terre à l'usine à gaz de La Villette. Crocé-Spinelli, Sivel et moi avions pris place dans la nacelle. Trois ballonnets remplis d'un mélange d'air à 70 pour 100 d'oxygène étaient attachés au cercle. A la partie inférieure de chacun d'eux un tube de caoutchouc traversait un flacon laveur rempli d'un liquide aromatique. Cet appareil, dans les hautes régions de l'atmosphère, devait fournir aux voyageurs le gaz comburant nécessaire à l'entretien de la vie. Un aspirateur à retourne-ment rempli d'essence de pétrole, que l'abaissement de température ne peut solidifier, était suspendu en dehors de la nacelle; il allait être arrimé verticalement à 3,000 mètres d'altitude pour faire passer de l'air dans les tubes à potasse destinés au dosage de l'acide carbonique. Sivel avait attaché à portée de sa main quelques sacs de lest qui se vidaient d'eux-mêmes en coupant la mince cordelette qui les retenait. Il avait fixé sous la nacelle un épais matelas de paille pour amortir le choc à la descente. Crocé-Spinelli avait emporté son beau spectroscope, si fréquemment employé dans le précédent voyage du ballon *le Zénith*. On avait suspendu aux cordes de la nacelle deux baromètres anéroïdes, vérifiés le matin sous la machine pneumatique et donnant, le premier, les pressions correspondant aux altitudes de 0 à 4,000 mètres, le second indiquant celles de 4,000 à 9,000 mètres. A côté de ces instruments, pendaient : un thermomètre à alcool rougi donnant la mesure de basses températures jusqu'à — 30° ; un thermomètre à minima et à maxima, qu'une cordelette sans fin fixée à la soupape dans l'axe vertical de l'aérostat, pouvait faire monter et descendre au milieu de la masse de gaz. Au-dessus, dans une boîte scellée, étaient enfermés les huit tubes barométriques témoins, bien emballés dans de la sciure de bois, et destinés à fournir au retour des indications précises sur le maximum de hauteur atteint par les voyageurs. L'instrument à faire le point de M. A. Pénaud, des cartes, des boussoles, des questionnaires imprimés destinés à être lancés de la nacelle, des jumelles, etc., complétaient le matériel scientifique de l'expédition.

On part, on s'élève au milieu d'un flot de lumière, emblème de la joie, de l'espérance!...

Trois heures après le départ, Sivel et Crocé-Spinelli allaient être trouvés inanimés dans la nacelle! Au delà de 8,000 mètres d'altitude, l'asphyxie a frappé de mort ces disciples de la science et de la vérité!

Il appartient à leur compagnon de voyage, miraculeusement échappé au trépas, de fermer un instant son cœur à la douleur, de chasser les tristes souvenirs et les sombres visions, pour rapporter les faits recueillis pendant l'exploration et pour dire ce qu'il sait de la mort de ses infortunés et glorieux amis.

Dès les premiers moments de l'ascension, qui s'exécuta d'abord avec une vitesse de 2 mètres environ à la seconde, et se ralentit légèrement à 3,500 mètres pour augmenter à 5,000 mètres, sous la chute constante de lest et sous l'action d'un soleil brûlant, Sivel prend le soin prudent de descendre la corde d'ancre et de tout préparer pour l'atterrissage. A peine sommes-nous à 300 mètres au-dessus du sol qu'il s'écrie avec joie : « Nous voilà partis, mes amis ! je suis bien content. » Et un peu plus tard, regardant l'aérostat arrondi au-dessus de la nacelle : « Voyez *le Zénith*, comme il est bien gonflé ; comme il est beau ! »

Crocé-Spinelli me disait : « Allons, Tissandier, du courage. A l'aspirateur, à l'acide carbonique ! » et je disposais mon expérience pour faire passer 70 litres d'air dans les tubes à potasse à l'altitude de 4,000 à 6,000 mètres. Mais ces tubes, que je n'ai pas eu la force au dernier moment de serrer dans leur boîte ouatée, devaient être brisés en mille fragments à la descente ! Ces expériences seront reprises ultérieurement.

A l'altitude de 3,300 mètres, le gaz s'échappait avec force de l'appendice béant au-dessus de nos têtes. L'odeur était prononcée, et sans que Sivel et moi en ayons été incommodés, je dois signaler les lignes suivantes que je trouve écrites sur le carnet de Crocé Spinelli :

« 11 h. 57. H. 500. — *Température* + 1° *Légère douleur dans les oreilles. Un peu oppressé. C'est le gaz.* »

J'ajouterai que *le Zénith* n'avait pas été entièrement gonflé, pour laisser une large place à la dilatation.

Quelques personnes ont pensé que le gaz de l'éclairage s'échappant de l'appendice de l'aérostat au-dessus de la tête des voyageurs a dû exercer une action délétère assez considérable pour causer la mort de Crocé-Spinelli et de Sivel. J'ai la persuasion que cette cause doit être éliminée. Dans plusieurs ascensions précédentes, il m'est arrivé de sentir l'odeur du gaz de l'éclairage bien plus vivement et pendant un temps de longue durée, sans que ni moi ni mes compagnons d'ascension en aient été sérieusement incommodés. L'appendice est assez loin de la nacelle pour que le gaz se trouve mélangé à un très-grand volume d'air qui atténue singulièrement ses effets. Je ferai observer que, comme on le verra tout à l'heure, Crocé-Spinelli et Sivel vivaient encore après avoir atteint l'altitude de 8,000 mètres ; qu'ils ont trouvé la mort lors du retour de l'aérostat dans les hautes régions, et que pendant cette deuxième ascension, le ballon avait à peu près perdu tout le gaz qu'il pouvait laisser échapper par son ouverture inférieure.

La nacelle du *Zénith* dans les hautes régions de l'atmosphère.

SIVEL
coupe les cordelettes qui retiennent à la nacelle
les sacs de lest remplis de sable.

G. TISSANDIER
observe
les baromètres.

CROCÉ-SPINELLI
après avoir fait les observations spectroscopiques, va respirer l'oxygène.

A 4,000 mètres le soleil est ardent, le ciel est resplendissant, de nombreux cirrus s'étendent à l'horizon, dominant une buée opaline qui forme un cercle immense autour de la nacelle.

A 4,300 mètres, nous commençons à respirer de l'oxygène, non pas parce que nous sentons encore le besoin d'avoir recours au mélange gazeux, mais uniquement parce que nous voulons nous convaincre que nos appareils, si bien disposés par M. Limousin, d'après les proportions indiquées par M. P. Bert, fonctionnent convenablement.

Je dois dire à ce sujet que mon cher et regretté Crocé-Spinelli avait insisté avec énergie pour que je fisse partie de l'ascension à grande hauteur, qu'il devait d'abord accomplir seul avec Sivel. M. Hervé-Mangon, président de la *Société de navigation aérienne*, et M. Hureau de Villeneuve, secrétaire général, n'approuvaient pas ce projet, dans la seule crainte, je me hâte de l'ajouter, de priver Sivel de la quantité suffisante de lest que ma présence devait forcément diminuer. Ces messieurs avaient cependant cédé aux pressantes instances de Crocé-Spinelli. Qui eût résisté aux charmes de sa parole entraînante et de son regard ? « Mon ami Tissandier, me disait Crocé quelques jours avant la première ascension du *Zénith*, soyez tranquille, vous partirez avec nous. Je ne vous quitte pas, ajoutait-il en me serrant dans ses bras. Il faut être trois pour faire une ascension en hauteur, pour mieux confirmer les résultats. Et qui sait? un accident peut survenir. Six bras valent mieux que quatre ! D'ailleurs, il faut que vous respiriez l'oxygène, dans les hautes régions, pour affirmer comme nous que cela est efficace, que cela est nécessaire. »

Crocé-Spinelli avait un ardent amour de la vérité, et il ne pouvait admettre, lui si franc, si loyal, que l'on mît en doute ses affirmations. C'est à l'altitude de 7,000 mètres, à 1 heure 20 minutes, que j'ai respiré le mélange d'air et d'oxygène, et que j'ai senti, en effet, tout mon être, déjà oppressé, se ranimer sous l'action de ce cordial ; à 7,000 mètres, j'ai tracé sur mon carnet de bord les lignes suivantes : *Je respire oxygène. Excellent effet.*

A cette hauteur, Sivel, qui était d'une force physique peu commune et d'un tempérament sanguin, commençait à fermer les yeux par moments, à s'assoupir même et à devenir un peu pâle. Mais cette âme vaillante ne s'abandonnait pas longtemps aux mouvements de la faiblesse : il se redressait avec l'expression de la fermeté ; il me faisait vider le liquide contenu dans mon aspirateur après mon expérience, et il jetait le lest par-dessus bord pour atteindre des régions plus élevées. Sivel avait été l'an dernier à 7,300 mètres, avec Crocé-Spinelli. Il voulait, cette année, monter à 8,000 mètres, et quand Sivel voulait, il eût fallu de grands obstacles pour entraver ses desseins.

Crocé-Spinelli avait depuis longtemps l'œil fixé au spectroscope. Il paraissait rayonnant de joie et s'était écrié déjà : « Il y a absence complète des raies de la vapeur d'eau. » Puis, après avoir fait entendre ces paroles, il s'était mis à continuer ses observations avec une telle ardeur, qu'il m'avait prié d'inscrire sur mon carnet le résultat des lectures du thermomètre et du baromètre.

Pendant le cours de cette ascension rapide, au milieu d'occupations multiples, il nous a été difficile d'apporter aux observations physiologiques l'attention qu'elles nécessitent. Nous réservions nos forces à cet égard pour le moment où nous serions plongés dans l'air des régions supérieures, sans soupçonner le dénouement funeste qui allait paralyser nos efforts. Il nous a été possible cependant d'obtenir les résultats suivants, que nous enregistrons d'après les carnets du bord :

Heures.	Altitudes.	
12 h. 48	4.602ᵐ	Tissandier, 110 pulsations la minute.
12 h. 55	5.210ᵐ	Crocé, température buccale 37°50.
1 h. 03	5.300ᵐ	Crocé, 120 pulsations à la minute.
1 h. 03	5.300ᵐ	Tissandier, nombre d'inspirations déterminé par Crocé, 28.
id.	id.	Sivel, 150 pulsations à la minute.
id.	id.	id. température buccale, 37-00.

Voici la moyenne des observations qui avaient été recueillies précédemment à terre pendant plusieurs jours consécutifs :

	Pulsations à la minute.	Inspirations à la minute.	Température buccale.
Crocé-Spinelli....	74 à 85	21	37°3
Sivel..................... ...	76 à 80	inconnu	37°5
Tissandier..........	70 à 80	19 à 23	37°4

Pendant la durée de l'ascension jusqu'à 7,000 mètres, les observations thermométriques ont été exécutées régulièrement. Elles indiquent une diminution progressive de température jusqu'à 3,200 mètres, une augmentation de 3,200 à 3,700, et enfin une diminution graduelle de 4,000 m. jusqu'à 7,000 et au delà.

Voici le résultat complet des lectures :

Heures	Altitudes	Températures
11 h. 30'	à terre	+ 14°
—	364 mètres	11°
—	792 —	8°
11 h. 40	1.267 —	8°
—	2.000 —	7°
—	3.200 —	1°
—	3.500 —	1°5
12 h. 15	3.698 —	2°
—	4.100 —	0°
—	4.387 —	0°
—	5.700 —	0°
11 h. 51	4.700 —	0°
—	5.210 —	— 3°
—	5.240 —	— 5°
—	5.300 —	— 5°
1 h. 05	5.600 —	— 5°
—	5.800 —	— 5°
—	6.700 —	— 8°
1 h. 20	7.000 —	—10°
—	7.400 —	—11°
—	8 000 —	indéterminée.

Pour la première fois nous avons déterminé d'une façon précise la température intérieure du ballon, et les résultats que nous avons obtenus nous semblent offrir un grand intérêt. Sivel avait parfaitement organisé la cordelette destinée à l'ascension d'un thermométrographe dans l'aérostat, et Crocé-Spinelli fit l'expérience à deux reprises différentes à l'aide de l'appareil que je m'étais procuré. Le thermomètre, à tube courbe, contenait de l'alcool et du mercure, qui s'élevait dans une des branches du tube, soulevant un indice de fer; on ramenait préalablement l'indice à la surface du liquide à l'aide d'un aimant. Le thermométrographe nous indiqua que la température du gaz du ballon était de 19° au centre, de 22° près de la soupape, alors que nous planions à l'altitude de 4,600 à 5,000 m., et que la température de l'air ambiant était de 0°. A 5,300 m., la température intérieure du ballon, au centre, atteignait 23°, tandis que l'air extérieur était à — 5°. Enfin le thermométrographe resta dans le ballon au moment de notre anéantissement. Je l'ai retrouvé intact après la descente ; il s'était élevé à la température de 23°. Ces faits nouveaux expliquent, par cette différence considérable de température du gaz du ballon et de l'air où il est immergé, l'ascension rapide du navire aérien dans les hautes régions et sa descente précipitée à des niveaux inférieurs.

J'arrive à l'heure fatale où nous allions être saisis par la terrible influence de la dépression atmosphérique. A 7,000 mètres, nous sommes tous debout dans la nacelle ; Sivel, un moment engourdi, s'est ranimé ; Crocé-Spinelli est immobile en face de moi. « Voyez, me dit ce dernier, comme ces cirrus sont beaux ! » C'était beau, en effet, ce spectacle sublime qui s'offrait à nos yeux. Des cirrus de formes diverses, les uns allongés, les autres légèrement mamelonnés, formaient autour de nous un cercle d'un blanc d'argent. En se penchant au dehors de la nacelle, on apercevait, comme au fond d'un puits dont les cirrus et la buée inférieure eussent formé les parois, la surface terrestre qui apparaissait dans les abîmes de l'atmosphère. Le ciel, loin d'être noir et foncé, était d'un bleu clair et limpide ; le soleil ardent nous brûlait le visage. Cependant le froid commençait à faire sentir son influence, et nous avions antérieurement déjà, placé nos couvertures sur nos épaules. L'engourdissement m'avait saisi, mes mains étaient froides, glacées. Je voulais mettre mes gants de fourrure ; mais, sans en avoir conscience, l'action de les prendre dans ma poche nécessitait de ma part un effort que je ne pouvais plus faire.

A cette hauteur de 7,000 m., j'écrivais presque machinalement sur mon carnet ; je recopie textuellement les lignes **suivantes, qui ont été** écrites sans que j'en aie actuellement le souvenir bien précis ; elles sont tracées d'une façon peu lisible, par une main que le froid devait singulièrement faire trembler :

« J'ai les mains gelées. Je vais bien. Nous allons bien. Brume à l'horizon avec petits cirrus arrondis. Nous montons. Crocé souffle. Nous respirons oxygène. Sivel ferme les yeux. Crocé aussi ferme les yeux. Je vide aspirateur. Temp. — 10°. 1 h. 20 H. — 320. Sivel est assoupi... 1 h. 25, temp. — 11°. H = 300. Sivel jette lest. Sivel jette lest. (Ces derniers mots sont à peine lisibles.)

Sivel, en effet, qui était resté quelques instants comme pensif et immobile, fermant parfois les yeux, venait de se rappeler sans doute qu'il voulait dépasser les limites où planait encore *le Zénith*. Il se redresse; sa figure énergique s'éclaire subitement d'un éclat inaccoutumé; il se tourne vers moi et me dit : « Quelle est la pression ? » — 300 (7,540 mètres d'altitude environ). — « Nous avons beaucoup de lest, faut-il en jeter? » — Je lui réponds : « Faites ce que vous voudrez. » — Il se tourne vers Crocé et lui fait la même question. Crocé baisse la tête en signe d'affirmation très-énergique.

Il y avait dans la nacelle au moins cinq sacs de lest; il y en avait encore à peu près autant, pendus en dehors par leurs cordelettes. Ceux-ci, nous devons l'ajouter, n'étaient plus entièrement remplis ; Sivel avait certainement su estimer leur poids, mais il nous est impossible de rien fixer à cet égard.

Sivel saisit son couteau et coupe successivement trois cordes ; les trois sacs se vident et nous montons rapidement. Le dernier souvenir bien net qui me soit resté de l'ascension, remonte à un moment un peu antérieur. Crocé-Spinelli était assis, tenant à la main le flacon laveur du gaz oxygène ; il avait la tête légèrement inclinée et semblait oppressé. J'avais encore la force de frapper du doigt le baromètre anéroïde pour faciliter le mouvement de son aiguille ; Sivel venait de lever la main vers le ciel, comme pour montrer du doigt les régions supérieures de l'atmosphère. (Voy. gravure p. 281.)

Mais je n'avais pas tardé à garder l'immobilité absolue, sans me douter que j'avais déjà peut-être perdu l'usage de mes mouvements. Vers 7,500 mètres, l'état d'engourdissement où l'on se trouve est extraordinaire. Le corps et l'esprit s'affaiblissent peu à peu, graduellement, insensiblement, sans qu'on en ait conscience. On ne souffre en aucune façon ; au contraire. On éprouve une joie intérieure et comme un effet de ce rayonnement de lumière qui vous inonde. On devient indifférent ; on ne pense plus ni à la situation périlleuse ni au danger ; on monte, et on est heureux de monter. Le vertige des hautes régions n'est pas un vain mot. Mais, autant que je puis en juger par mes impressions personnelles, ce vertige apparaît au dernier moment ; il précède immédiatement l'anéantissement, subit, inattendu, irrésistible.

Lorsque Sivel eut coupé les trois sacs de lest, à l'altitude de 7,450 m. environ, c'est-à-dire sous la pression 300 (c'est le dernier chiffre que j'aie écrit alors sur mon carnet), je crois me rappeler qu'il s'assit au fond de la nacelle, où je me soutenais appuyé contre le bord de l'esquif. Je ne tardai pas à me sentir si faible, que je ne pus même pas tourner la tête pour regarder mes compagnons.

Bientôt je veux saisir le tube à oxygène, mais il m'est impossible de lever le bras. Mon esprit cependant est encore très-lucide. Je considère toujours le baromètre ; j'ai les yeux fixés sur l'aiguille, qui arrive bientôt au chiffre de la pression 290, puis 280 qu'elle dépasse.

Je veux m'écrier : « Nous sommes à 8,000 mètres ! » Mais ma langue est comme paralysée. Tout à coup, je ferme les yeux et je tombe inerte, perdant absolument le souvenir. Il était environ 1 h. 30 m.

A 2 h. 8 m. je me réveille un moment. Le ballon descenduit rapidement. J'ai pu couper un sac de lest pour arrêter la vitesse, et écrire sur mon registre de bord les lignes suivantes, que je recopie :

« Nous descendons ; température — 8° ; je jette lest, H. — 315. Nous descen-

dons. Sivel et Crocé encore évanouis au fond de la nacelle. Descendons très-fort. »

A peine ai-je écrit ces lignes qu'une sorte de tremblement me saisit, et je retombe affaibli encore une fois. Le vent était violent de bas en haut, et dénotait une descente très-rapide. Quelques moments après, je me sens secouer par le bras, et je reconnais Crocé, qui s'est ranimé. « Jetez du lest me dit-il, nous descendons. » Mais c'est à peine si je puis ouvrir les yeux, et je n'ai pas vu si Sivel était réveillé.

Je me rappelle que Crocé a détaché l'aspirateur qu'il a lancé par-dessus bord, et qu'il a jeté du lest, des couvertures, etc. (¹). Tout cela est un souvenir extrêmement confus qui s'éteint vite, car je retombe dans mon inertie plus complétement encore qu'auparavant, et il me semble que je m'endors d'un sommeil éternel.

Que s'est-il passé? Il est certain que le ballon délesté, imperméable comme il l'était, et très-chaud, est remonté encore une fois dans les hautes régions (²).

A 3 h. 30 environ, je rouvre les yeux, je me sens étourdi, affaissé, mais

(1) L'aspirateur d'après les renseignements fournis à la *Société de navigation aérienne* par le maire de Courmenin (Loir-et-Cher), est tombé près d'une femme assise sur l'herbe avec ses deux enfants. Son choc contre terre produisit un grand bruit. On ramassa dans le voisinage une couverture de voyage et une boîte garnie de ouate, destinée à garantir les tubes à potasse. Nous rappellerons que l'aspirateur était vide, qu'il ne pesait plus que 17 kilogrammes, et que l'infortuné Spinelli, en le jetant, n'avait rien fait de contraire aux règles de l'aéronautique, puisque la descente était très-rapide. Quand le ballon remonta, il eût fallu tirer la corde de la soupape, mais Crocé, repris par la faiblesse, n'eut sans doute plus la force de le faire.

(2) Le récit de cette dernière partie du voyage a été écrit le lendemain même de l'atterrissage, dans une lettre adressée à M. Mangon, président de la *Société française de navigation aérienne*. Il est tout empreint de l'impression que je ressentais alors. Je n'y ai rien ajouté, rien changé, car je ne saurais retracer plus complétement, aujourd'hui, cet événement plein d'horreur. On jugera de l'état de surexcitation où je me trouvais à la descente, par le fait suivant. Quand j'ai tranché la corde qui retenait l'ancre, avec le couteau que je tenais de la main droite, je me coupais en même temps l'index de la main gauche sans le sentir en aucune façon. La vue du sang m'a seule arrêté. Les manœuvres de la descente, lancement de l'ancre, au moment voulu, ouverture de la soupape pendant le traînage, etc., ont été faites en quelque sorte instinctivement, grâce à l'habitude acquise dans mes précédents voyage. Je ne publie ces détails que parce qu'ils me semblent offrir un intérêt physiologique. Cet état de surexcitation fébrile, suivi d'un affaissement, est-il le résultat de l'influence de l'asphyxie, ou celui du saisissement qu'avait fait naître, en mon esprit, la vue de mes infortunés amis, morts si subitement, et d'une façon si terrible? Il provenait peut-être de ces deux causes réunies.

mon esprit se ranime. Le ballon descend avec une vitesse effrayante ; la nacelle est balancée fortement et décrit de grandes oscillations. Je me traîne sur les genoux et je tire Sivel par le bras, ainsi que Crocé.

« Sivel ! Crocé ! m'écriai-je, réveillez-vous ! »

Mes deux compagnons étaient accroupis dans la nacelle, la tête cachée sous leurs couvertures de voyage. Je rassemble mes forces et j'essaye de les soulever. Sivel avait la figure noire, les yeux ternes, la bouche béante et remplie de sang. Crocé avait les yeux à demi fermés et la bouche ensanglantée.

Raconter en détail ce qui se passa alors, m'est impossible. Je ressentais un vent effroyable de bas en haut. Nous étions encore à 6,000 mètres d'altitude. Il y avait dans la nacelle deux sacs de lest que j'ai jetés. Bientôt la terre se rapproche, je veux saisir mon couteau pour couper la cordelette de l'ancre : impossible de le trouver. J'étais comme fou, je continuais à appeler : Sivel ! Sivel !

Par bonheur, j'ai pu mettre la main sur un couteau et détacher l'ancre au moment voulu. Le choc à terre fut d'une violence extrême. Le ballon sembla s'aplatir et je crus qu'il allait rester en place, mais le vent était rapide et l'entraîna. L'ancre ne mordait pas et la nacelle glissait à plat sur le champs ; les corps de mes malheureux amis étaient cahotés çà et là ; je croyais à tout moment qu'ils allaient tomber de l'esquif. Cependant, j'ai pu saisir la corde de soupape, et le ballon n'a pas tardé à se vider, puis à s'éventrer contre un arbre. Il était quatre heures.

En mettant pied à terre, j'ai été pris d'une surexcitation fébrile, et je me suis un instant affaissé en devenant livide. J'ai cru que j'allais rejoindre mes amis dans l'autre monde.

La descente du *Zénith* a eu lieu dans les plaines qui avoisinent Ciron (Indre), à 250 kilomètres de Paris à vol d'oiseau. D'après les questionnaires lancés de la nacelle, et renvoyés au siége de la *Société de navigation aérienne* par ceux qui les ont ramassés à terre, je me suis assuré que le *Zénith* n'a pas été dévié de sa route, et que sa direction était constante jusqu'à la hauteur de 8,000 mètres. Sa vitesse était certainement plus considérable dans les hautes régions de l'atmosphère, qu'à la surface du sol.

Les questionnaires imprimés n'ont pas mis moins de 3 heures pour descendre de la hauteur de 7,000 mètres jusqu'à terre. Un papier lancé machinalement par moi, au moment de mon premier réveil, et taché de sang par une coupure légère que je m'étais faite à la main avant mon premier évanouissement, a été recueilli voltigeant encore dans l'atmosphère, 35 minutes après l'atterrissage du ballon.

Après avoir retracé l'histoire de l'ascension du *Zénith*, j'arrive aux deux points importants qui ont si vivement préoccupé l'attention du monde savant et du public.

Quelle est la hauteur maxima atteinte par le *Zénith* ?

Quelle est la cause de la mort de Crocé-Spinelli et de Sivel ?

La première question est tout à fait résolue par l'ouverture des tubes barométriques témoins, imaginés par M. Janssen, et déjà employés par Sivel et Crocé-Spinelli lors de leur ascension à 7,300 mètres (22 mars 1874).

La figure ci-jointe représente un de ces tubes ; il est épais, allongé, recourbé à sa partie inférieure dont l'ouverture est capillaire. Sa longueur est de $0^m,50$, son diamètre intérieur, de 1 à 2 millimètres. Le tube A, au départ, est plein de mercure; quand il arrive dans les régions supérieures, là où la pression est au-dessous de 50 centimètres, le mercure s'abaisse et s'écoule par l'ouverture capillaire inférieure. Si on atteint la pression 26, par exemple, le mercure s'abaissera comme on le voit en B. La quantité de mercure restant dans le tube, donne, au retour, la pression *minima*. Il va sans dire que

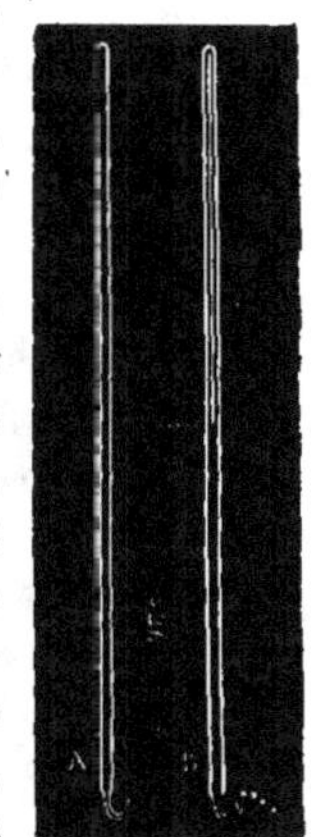

Tube barométrique témoin de M. Janssen.

la capillarité inférieure est telle que le choc ne peut pas faire écouler le mercure, que les tubes emportés par les aéronautes sont emballés avec grand soin, et enfermés dans une boîte close, munie de cachets, dont on doit reconnaître l'authenticité à la descente.

L'opération; en ce qui concerne l'ascension du *Zénith*, a été faite dans le laboratoire de physique de la Sorbonne, avec le concours de MM. Berthelot, Jamin et Hervé-Mangon. Les tubes que j'ai rapportés ont été placés sous la machine pneumatique avec un baromètre. On a fait progressivement le vide jusqu'à ramener la colonne de mercure à l'extrémité courbée du tube, dans les conditions où elle devait se trouver au moment où nous avons atteint la plus grande hauteur. Un tube avait été cassé, quelques autres avaient éprouvé des accidents ou fonctionné mal, mais il y en a deux dont la marche a été régulière, et qui nous ont fourni des résultats concordants. Ils tendent à établir que la plus faible pression était de 264 à 262 millimètres, ce qui porte la hauteur maximum entre 8,540 et 8,601 mètres (correction faite de la pression à la surface du sol).

M. Janssen en préconisant l'emploi des baromètres témoins que nous venons de décrire, recommandait de retourner les tubes après avoir atteint le maximum de hauteur. Mais cette précaution n'est pas indispensable ; nous avons constaté à l'aide de la machine pneumatique, que les tubes barométriques capillaires peuvent fonctionner avec précision, sans qu'il y ait une rentrée d'air, s'ils sont soumis à des dépressions successives. Après avoir baissé dans le tube, le mercure est refoulé dans sa partie supérieure, quand la pression barométrique augmente : c'est ainsi qu'ont fonctionné les deux tubes témoins expérimentés au laboratoire de la Sorbonne.

Comme au moment de mon anéantissement, à 8,000 mètres, l'aiguille du baromètre passait rapidement sur le chiffre de la pression 28 (8,002 mètres) et indiquait ainsi une ascension d'une assez grande vitesse, j'ai la persuasion que nous avons atteint cette altitude de 8,600 mètres, dès la première ascension. Mais ce n'est pas la rapidité de cette ascension qui a causé la mort de mes deux amis, car après la première descente, Crocé-Spinelli et très-certainement Sivel vivaient encore; ils ont été frappés de mort quand le ballon a atteint une seconde fois les niveaux élevés qu'il venait de quitter, mais qu'il n'a pas dû dépasser beaucoup, son

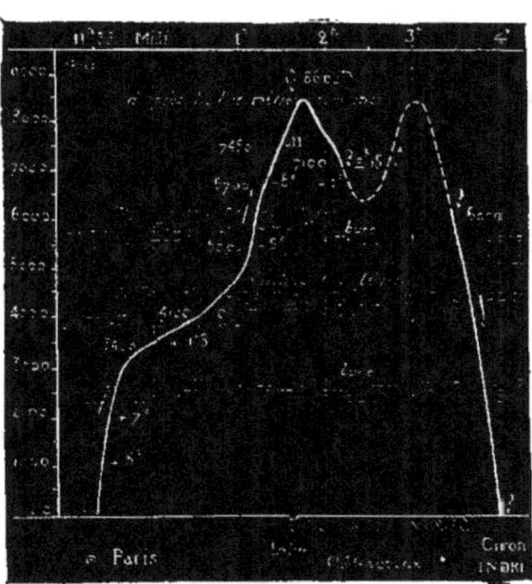

Diagramme de l'ascension à grande hauteur du 15 avril 1875,
de Paris à Ciron (Indre).

poids et son volume ne lui permettant certainement pas de monter plus haut.

Il ne me semble pas douteux que la mort de ces infortunés soit la conséquence de la privation d'air résultant de la dépression atmosphérique ; il est possible de supporter, pendant un temps de faible durée, l'action de cette asphyxie ; il est difficile d'en subir l'effet coup sur coup, pendant près de deux heures presque consécutives. Notre séjour dans les hautes régions a été, en effet, bien plus long que celui d'aucune ascension précédente à grande hauteur. J'ajouterai que l'air particulièrement sec n'a peut-être pas été sans exercer une funeste influence.

On sait qu'en réalité la diminution de pression n'est pas la cause directe des accidents. Ceux-ci sont dus à une trop faible *tension* de l'oxygène respiré par les hommes ou les animaux qui sont soumis dans l'air ordinaire à une faible pression.

M. Bert a montré qu'un homme qui respire de l'air ordinaire à une demi-atmosphère, qui se trouve par exemple à 5,500 mètres d'altitude, est dans la même situation que si, au niveau de la mer, il respirait un air contenant 10 pour 10o d'oxygène au lieu de 20, quantité normale en chiffres ronds. A la pression ordinaire la tension de l'oxygène est de 20, elle est de 10 à une demi-atmosphère, de 5 à un quart.

La dépression atmosphérique agit donc par l'asphyxie, et non par l'influence mécanique de la diminution de pression.

On voit, par le diagramme (p. 293) que le *Zénith* a décrit, dans l'espace une sorte de M gigantesque de 8,600 mètres de hauteur. Nous appellerons l'attention du lecteur sur les cirrus que nous avons observés, et dont la présence offre un intérêt tout particulier, puisque l'atmosphère, à la surface du sol, paraissait absolument limpide, et que le ciel n'a pas cessé d'être bleu et clair. L'air était certainement rempli de paillettes de glaces, extrêmement ténues, dont rien ne faisait soupçonner la présence dans les bas-fonds de l'atmosphère. A 2,500 mètres, nous distinguions une brume translucide, une buée légèrement opaline, qui nous a cachés aux observateurs terrestres, quelque temps après le départ. A 4,500 mètres, des cirrus très-légers se sont montrés à l'horizon, tout autour de l'aérostat. Mais c'est à 7,000 mètres et au delà, que le spectacle de l'atmosphère offrait le plus d'intérêt. Le *Zénith* planait au-dessus d'un véritable cirque de cirrus, qui prenaient l'aspect de massifs de neige ; ces nuages avaient la forme de longs filaments étirés, à la surface desquels on entrevoyait comme des boursouflures et des mamelons, parfaitement lisses et unis. Au-dessous de la nacelle on distinguait encore la terre, mais on n'en voyait qu'une faible surface, qui semblait être la base d'un cylindre immense, limité intérieurement par le buée et les cirrus supérieurs.

Notre diagramme indique les décroissances de température jusqu'à 7,450 mètres ; il fait voir que notre ascension n'a pas été d'une vitesse exagérée, puisque l'altitude de 8,600 mètres n'a été atteinte que deux heures environ après le départ. La partie ponctuée de la courbe représente la deuxième phase de l'ascension. Il est probable qu'elle ne s'éloigne pas beaucoup du tracé véritable. C'est pendant cette partie du voyage que Crocé-Spinelli et Sivel ont perdu la vie, au milieu de ces déserts glacés des hautes régions atmosphériques !

On se demandera à présent quelle est la cause de mon salut. Je dois la vie probablement à mon tempérament particulier, lymphatique et très-nerveux, peut-être à mon évanouissement complet, sorte d'arrêt des fonctions respiratoires. J'étais à jeun au moment du départ, et je pensais d'abord que cette circonstance m'était particulière, mais j'ai eu depuis la preuve que si Sivel avait un peu mangé, Crocé n'avait comme moi, presque aucun aliment dans l'estomac.

La dépression est considérable à l'altitude de 8,600 mètres, puisque la colonne mercurielle du baromètre n'est plus que de $0^m,26$ environ. Les rares ascensions en hauteur précédentes sont très-loin de cette altitude. Gay-Lussac, en 1804, atteint 7,016 mètres, Robertson et Lhoest, en 1803 7,170 mètres ; Barral et Bixio, en 1852, 7,004 mètres; Welsh, la même année, 6,990 mètres. On voit que tous ces voyages ont eu pour limite, les hauteurs de 7,000 à 7,200 mètres. Nous croyons qu'elles peuvent être considérées comme les bornes extrêmes de l'atmosphère respirable.

Notre maître et ami, M. Glaisher, en 1862, est monté à l'altitude de 8,838 mètres ; là il s'est évanoui subitement et il a failli perdre la vie ; il nous dit lui-même qu'il se sentait mourir. Quant à la hauteur qu'il suppose avoir atteinte au delà (11,000 mètres), elle nous paraît très-contestable, puisqu'il ne la détermine que par une proportion algébrique, déduite de la vitesse de l'aérostat à la montée et à la descente. L'honorable savant admet que ces vitesses ont été constantes pendant la durée de son anéantissement, tandis qu'elles ont dû varier et que la vitesse d'ascension a pu devenir nulle. Nous ajouterons que M. Glaisher avait fait précédemment plusieurs expéditions analogues. Il s'était *entraîné* peu à peu, et il est certain qu'il avait habitué son organisme à l'action de la dépression de l'air, ce qui lui donnait, pour ces sortes de voyages périlleux, comme des facultés toutes spéciales. Nous renvoyons à ce sujet le lecteur à la première partie du présent volume.

J'ai la persuasion que Crocé-Spinelli et Sivel vivraient encore, malgré leur séjour prolongé dans les hautes régions, s'ils avaient pu respirer l'oxygène. Ils auront, comme moi, subitement perdu la faculté de se mouvoir. Les tubes adducteurs de l'air vital auront échappé de leurs mains paralysées? Mais ces nobles victimes ont ouvert à l'investigation scientifique de nouveaux horizons; ces soldats de la science, en mourant, ont montré du doigt les périls de la route, afin que l'on sache, après eux, les prévoir et les éviter.

Nous venons de résumer le récit d'une ascension terrible, drame le plus émouvant qu'on puisse trouver dans les annales de la navigation aérienne; mais notre rôle d'historien et de témoin, ne doit pas se borner à la description du voyage proprement dit. Il nous reste à suivre nos amis jusqu'à la tombe. Après les avoir accompagnés jusqu'à la surface de la terre, il nous faut parler des épisodes qui se sont produits au moment de l'atterrissage, des scènes qui ont eu lieu au jour de leurs obsèques; il nous faut essayer de faire revivre les sentiments de pieuse émotion que l'on doit à leur mémoire.

J'ai dit que la nacelle du *Zénith* toucha le sol dans le département de l'Indre; elle se heurta contre terre dans un champ voisin de la petite ville de Ciron. Quand le ballon d'abord emporté par le traînage se fut ouvert en se brisant contre un rideau d'arbres, la nacelle resta droite;

... Je me tenais debout à côté de mes amis. — Page 294.

j'en sortis précipitamment dans un état de surexcitation tout à fait fébrile. Les corps inertes de Crocé-Spinelli et de Sivel, impitoyablement
projetés pendant le traînage contre les parois de l'esquif, se trouvaient
dans une posture effroyable. Les deux têtes de ces malheureux étaient
au fond du panier et leurs jambes déjà raides en dépassaient le rebord.
Quelques habitants de la localité accoururent ; je leur demandai de
m'aider à retirer mes amis de la nacelle. On jeta nos couvertures sur le
sol, on y étendit les deux jeunes gens.... Tout à l'heure, ils me sou-
riaient ; la vie, la gaieté, l'enthousiasme se peignaient sur leur visage, à
présent la mort hideuse avait terni l'éclat de leurs yeux, et noirci leur
face. Moi-même, à peine remis d'un évanouissement prolongé, l'esprit
affolé par cette épouvantable surprise d'un réveil à côté de deux ca-
davres, par cette descente vertigineuse au sein de l'air, véritable chute,
si rapide que la nacelle se balançait dans l'espace avec des mouvements
saccadés à la façon d'une pendule, je me frappais le front pour savoir si
je n'étais pas le jouet d'un cauchemar.

Jamais je n'oublierai ces moments d'angoisse. Tantôt je me tenais debout à côté de mes amis et de grosses larmes me roulaient des yeux,
tantôt je me précipitais contre leur cœur, dans l'espoir d'en sentir les
battements et je prenais leurs mains auxquelles l'asphyxie avait déjà
communiqué une teinte noire et cadavérique. D'après ce qui me fut
raconté plus tard, j'étais moi-même aussi vert qu'un noyé ; je ressentais
l'impression de bourdonnements confus et précipités dans la tête ; j'avais
perdu l'ouïe et pour que je puisse entendre, il fallait me crier à tue-tête
dans les oreilles.

Les habitants de la localité ne tardèrent pas à accourir de toutes
parts ; pour éviter l'indiscrète curiosité de la foule, je résolus de mettre
à l'abri, les victimes de la catastrophe. Les corps de Crocé-Spinelli et
de Sivel, furent transportés dans des draps blancs, jusque dans une
grange voisine, où je les tins enfermés, après les avoir couchés sur de
la paille.

Ma langue était desséchée par l'émotion et la fatigue, je sentais que mes forces commençaient à me trahir et que je ne pouvais rester plus longtemps debout. M. Henry, fermier du comte de Bondy, sur les propriétés duquel la descente avait eu lieu, me conduisit dans sa demeure, je me jetai dans un fauteuil la respiration haletante et entrecoupée. Il me semblait que j'allais étouffer.

Il me fut impossible de prendre aucun aliment et je ne tardai pas à me coucher épuisé, dans le lit que m'avait préparé avec une sollicitude toute maternelle l'excellente femme du fermier. Pendant la durée de la nuit, une fièvre ardente me dévora ; on m'entendait crier : « Sivel, Crocé où êtes-vous ? » Puis je demandais à me rendre auprès de mes compagnons. Je me figurais dans mon délire que ces pauvres amis allaient m'accuser de les abandonner.

Au lever du jour, le sommeil vint enfin calmer cette agitation. Quand je me levai, ma respiration avait repris librement son cours, il me fut donné de pouvoir prendre quelque aliment, et d'écrire une longue lettre sur le récit de la catastrophe. Je l'adressai à Paris à M. Hervé-Mangon, président de la *Société française de navigation aérienne ;* elle a été reproduite par les journaux de Paris, et de l'Europe tout entière.

La nouvelle de la catastrophe ne parvint pas vite à Paris. Une dépêche que j'avais fait envoyer le jour même de notre descente, ne sortit pas de la Préfecture de Police. Les familles des victimes ne furent prévenues que 18 heures après l'accident. Cependant les journaux du soir, apprirent au public la triste nouvelle. L'émotion fut grande et universelle.

Tous les grands journaux politiques et illustrés envoyèrent un *reporter* sur le lieu de la catastrophe. Mon frère quitta Paris aussitôt qu'il le put, pour venir me rejoindre.

Le 17 avril au matin, il se jeta dans mes bras ; je reçus avec lui les reporters qui l'accompagnaient et qui me témoignèrent les marques de sympathie les plus touchantes. Ces messieurs se joignirent à mon frère, pour s'occuper des tristes détails du transport des corps à Paris. On fit

... Les corps de Crocé-Spinelli et de Sivel furent transportés dans des draps blancs... — Page 299.

construire des bières de plomb; quand elles furent prêtes, nous procédames à l'ensevelissement de Crocé-Spinelli et de Sivel. Le 18, il fallut transporter les corps à la gare du chemin de fer; on les plaça sur une charrette et je suivis jusqu'à Ciron les corps des deux martyrs de la science, qu'emportait un attelage de bœufs. (Voyez le frontispice.)

Le soir, je quittai Ciron après avoir embrassé mes hôtes qui m'avaient prodigué les soins les plus touchants. Je revins à Paris avec les corps des deux aéronautes. Une foule émue nous attendait à la gare d'Orléans, où devaient avoir lieu les funérailles.

Les obsèques des victimes du « Zénith » (1).

Les funérailles de Sivel et Crocé-Spinelli eurent lieu le 20 avril au milieu d'un grand concours de population. Dès dix heures du matin, la cour des marchandises de la gare d'Orléans était remplie par une foule considérable qui débordait en dehors des barrières et en obstruait les abords. A onze heures précises, la levée des corps a été faite et les cercueils ont été transportés à bras d'hommes jusqu'aux corbillards qui attendaient dans la cour d'arrivée. L'émotion des assistants était profonde; chacun rappelait les actes d'énergie, de dévouement des deux jeunes savants, et les tristes incidents du drame terrible du 15 avril. Avant le départ du convoi, M. le pasteur Dide, — les deux défunts appartenaient à la religion protestante, — a prononcé une courte allocution qui a vivement impressionné l'auditoire. Puis le cortége s'est mis en marche et a suivi le pont d'Austerlitz, le boulevard Contrescarpe, la place de la Bastille et la rue de la Roquette jusqu'au Père-Lachaise. Tout le long du parcours, ce cortége marchait au milieu d'une double haie humaine et grossissait à mesure qu'il avançait. On était parti dix mille à peu près de la gare d'Orléans, on était près de vingt mille en approchant du cime-

(1) Nous empruntons les documents de ce chapitre à l'*Aéronaute*.

tière. Le premier corbillard, à draperies noires, contenait le cercueil de Sivel ; le second, à draperies blanches, celui de Crocé-Spinelli. Derrière, marchaient les membres des deux familles, le père et les frères de Crocé-Spinelli, la petite fille de Sivel et madame Poitevin, sa belle-mère. Le deuil était conduit par M. Hervé-Mangon, membre de l'Institut, président de la *Société de navigation aérienne ;* à sa droite, M. le lieutenant de vaisseau de Langsdoff, officier d'ordonnance de M. le maréchal de Mac-Mahon et représentant le président de la République ; à sa gauche M. le capitaine d'infanterie Chabord, du cabinet de M. le ministre de la guerre ; M. de Watteville, délégué par M. le ministre de l'instruction publique, et qui avait en son nom apporté une somme de mille francs à la souscription ouverte par la *Société de navigation aérienne.*

On remarquait dans l'assistance :

M. Frémy, président, et M. Dumas, secrétaire perpétuel de l'Académie des sciences, MM. Ernest Picard, le colonel Denfert, Gambetta, de Mahy, Laurent Pichat, Barodet, Bamberger, Martin Bernard, députés à l'Assemblée nationale. La *Société de navigation aérienne* était représentée par MM. Paul Bert, député, Marey, professeur au collége de France, Motard, · le docteur Hureau de Villeneuve, Dupuy de Lôme, de l'Institut, le baron Thénard, de l'Institut, Charles Sainte-Claire-Deville de l'Institut, le baron Larrey de l'Institut, Félix Caron, Rampont député, le colonel Laussedat, de la Landelle, Hauvel, Jobert, Alphonse et Eugène Pénaud, Gaston, Albert et Alfred Tissandier, Armengaud, de Ponton d'Amécourt, Georges Masson. On y voyait aussi MM. Félix Leblanc, chimiste, Henri Giffard, ingénieur, Liouville, agrégé de la faculté de Médecine, Mannheim, professeur à l'Ecole polytechnique, le docteur Jourdanet, Georges Pouchet, Grimaux, professeur agrégé à la faculté de Médecine, Lesage, conseiller général, Duplessis, maire du treizième arrondissement ; des rédacteurs du *Rappel,* du *Siècle,* du *XIXe Siècle,* du *Temps,* du *Journal des Débats,* de l'*Opinion nationale,* du *National,* du *Bien Public,* de l'*Evénement,* etc , enfin la rédaction de la *République française.*

Au Père-Lachaise, les deux corps sont déposés dans le caveau de la Ville. M. le pasteur Dide reprend la parole et prononce un magnifique éloge des deux glorieuses victimes. Après le discours de M. le pasteur Dide, M. Thulié, président du Conseil municipal, parle au nom de la ville de Paris. Au nom de la Société des ingénieurs civils de la ville de Paris et des anciens élèves de l'Ecole centrale, M. Emile Barrault adresse à Sivel et Crocé-Spinelli un suprême adieu.

M. Hervé-Mangon s'approche à son tour et prononce le remarquable discours qui suit :

« Mes chers collègues, messieurs,

« Je viens au nom de la *Société française de navigation aérienne* et au nom de tous ceux qui honorent les sciences, rendre un dernier hommage à Crocé-Spinelli et à Sivel.

« Jeudi dernier, nous assistions au départ du ballon le *Zénith*, monté par MM. Crocé, Sivel et Tissandier; nous répondions à leurs joyeuses espérances par nos souhaits affectueux. Moins de trois heures après ce départ fatal, Crocé et Sivel expiraient à une hauteur de huit mille mètres. Le troisième voyageur, Gaston Tissandier, échappait seul à la mort, grâce à un véritable prodige.

« Je ne vous retracerai pas, messieurs, l'histoire de ce drame horrible, je dirai seulement quelques mots des deux victimes que nous pleurons.

« Joseph Crocé-Spinelli avait à peine trente ans ; il était encore élève à l'Ecole centrale des arts et manufactures en 1866. Depuis cette époque, il se livrait avec passion à l'étude de la physique du globe et de l'aéronautique. Oublieux de ses intérêts personnels, il donnait à la science son ardeur et son travail incessant.

« L'École centrale, qui a doté la France depuis quarante-cinq ans d'un si grand nombre d'hommes et d'ingénieurs éminents, placera Crocé

au nombre des élèves dont elle peut s'honorer à bon droit ; ses cama-
rades, jeunes et vieux, ne l'oublieront pas.

« Crocé avait deux passions, dont une seule eût suffi pour lui donner
une grande valeur ; il aimait la science de toutes ses forces ; il aimait surtout notre chère France de tout son cœur. S'il se sacrifiait à la science,
c'est parce qu'il savait qu'elle honore et qu'elle grandit le pays où on la
cultive avec ardeur et désintéressement. Confident, dans ces derniers
temps, des pensées intimes de Crocé, je peux dire à l'honneur de sa mémoire que le patriotisme était le véritable mobile de toutes ses actions.

« Crocé avait déjà fait plusieurs ascensions scientifiques. L'année dernière, avec son digne ami, Sivel, qui repose maintenant à côté de lui, il
avait exécuté une ascension à grande hauteur, analogue à celle qui devait lui devenir si funeste. Il avait fait alors, sur les raies de la vapeur
d'eau, dans l'atmosphère, des observations importantes qui resteront
acquises à la science.

« Le journal *La République française* comptait M. Crocé au nombre de
ses rédacteurs scientifiques. Il appartenait à ce groupe de jeunes savants
qui, sous la haute direction de M. Paul Bert, donnent à la partie scientifique de ce journal un si vif intérêt et une si légitime autorité.

« La *Société française de navigation aérienne* avait élu M. Crocé l'un
de ses vice-présidents. A ses amis, à ceux qui l'ont connu, je n'ai pas besoin de dire combien il était sympathique, combien son caractère, à la
fois enjoué et résolu, combien ses convictions profondes le faisaient aimer et estimer. A ceux qui ne l'ont connu que de nom, je dirai seulement que ma voix serait impuissante à leur faire connaître ce charmant
esprit et cet excellent cœur. J'aimais Crocé comme un fils et si quelque
chose pouvait adoucir ma peine en ce moment, ce serait le souvenir des
témoignages d'affection qu'il me donnait.

« M. Sivel, officier de marine, venait d'atteindre sa quarantième année. Il avait été appelé, par un irrésistible attrait, à s'occuper de navi-

gation aérienne. L'inconnu semblait le fasciner. La navigation maritime n'avait pas suffi à son insatiable curiosité. La mer n'avait plus pour lui de rivages assez inabordables à découvrir : il voulait sonder les profondeurs inconnues de l'atmosphère où la mort l'attendait.

« Une instruction solide, une expérience sanctionnée par le succès de près de deux cents ascensions, faisaient de M. Sivel l'un des membres les plus utiles de la Société. La droiture de son caractère, son courage, le charme de ses manières, le faisaient aimer de tous. Un esprit vif, une élocution facile et distinguée donnaient le plus grand attrait aux récits qu'il faisait de ses ascensions. On doit à M. Sivel plusieurs inventions utiles au progrès de l'aérostation. Il suffit ici de citer son *ancre-cône* et son *guide-rope à frotteurs*.

« L'attachement et le dévouement de M. Sivel pour notre Société n'avaient pas de bornes : son temps, son travail personnel, son expérience, son matériel étaient à la disposition de ses collègues. — Nous nous rappelons encore les services qu'il nous rendit l'année dernière pour l'organisation de notre séance générale. Qui pouvait prévoir, lors de cette heureuse soirée, si remplie de nos projets d'avenir, que quelques mois après nous serions réunis autour de ces cercueils qui renferment aujourd'hui les deux meilleurs d'entre nous.

« M. Sivel laisse un père fort âgé, une belle-mère, madame Poitevin, qui l'aimait comme son propre fils, et une petite fille de cinq ans. Je vois encore cette charmante enfant lui envoyer, au moment du départ de jeudi, ses gracieuses caresses qui devaient être son dernier adieu. Quand l'âge de la raison sera venu pour vous, pauvre petite orpheline, vous comprendrez l'immensité du malheur qui vous frappe aujourd'hui, et vous deviendrez, j'en suis sûr, une digne et noble femme, car vous serez fière de la mort glorieuse de votre père, et vous voudrez honorer toujours le nom respectable qu'il vous lègue.

« La mort de Crocé prive son vieux père de son principal appui ; la mort de Sivel enlève à son enfant son guide et son soutien. La France n'abandonnera pas les familles de ces deux nobles victimes, mortes au champ d'honneur des travaux scientifiques.

« La douleur nous accable, messieurs, mais ne nous laissons jamais abattre. Notre malheur doit relever nos âmes et nous donner un viril enseignement. Crocé et Sivel voulaient résoudre un grand problème ; ils connaissaient le danger de l'ascension, et cependant ils n'ont pas hésité

Joseph Crocé-Spinelli.

à l'entreprendre. Ils sont morts à la limite qu'ils voulaient franchir, victimes de leur ardent désir d'assurer à la patrie des Montgolfier l'honneur de la découverte de ces régions élevées que nul n'est encore parvenu à connaître. D'autres, plus heureux, exploreront un jour, bientôt peut-être, ces dangereux déserts de l'espace ; mais nos chers amis conserveront toujours la gloire qui appartient aux précurseurs des grandes découvertes. Dans nos heures de tristesse et de découragement, pensons à Crocé et à

Sivel : l'exemple de leur courage et de leur énergie nous donnera la force d'accomplir le devoir, de nous montrer dignes de leur souvenir.

« Crocé ! Sivel ! vous êtes morts à la recherche de vérités nouvelles ; vos noms seront inscrits parmi ceux des martyrs de la science ! Votre mémoire vivra au plus profond de nos cœurs. Quand nous essayerons de

Théodore Sivel.

faire une bonne action, vos images bénies seront présentes à nos yeux !

« Au revoir, Crocé ! au revoir, Sivel ! »

M. Hureau de Villeneuve, secrétaire général de la *Société de navigation aérienne*, prononça ensuite quelques paroles émues.

J'ai voulu rendre les derniers devoirs à mes malheureux amis, à mon tour je m'avançai vers la tombe et d'une voix entrecoupée de sanglots : « Crocé-Spinelli ! Sivel ! m'écriai-je, je ne veux pas que cette tombe se ferme sans vous dire un dernier adieu !...» Il ne me fut pas possible de continuer, les larmes m'étouffaient, et mon frère fut obligé de m'entraîner loin de la tombe. Le vieux père de Crocé-Spinelli s'est, lui aussi, traîné jusqu'à la fosse, et a poussé un cri déchirant : « Adieu ! mon fils, adieu ! »

Puis, après quelques mots de M. Tarbé des Sablons, au nom de la Société des aéronautes du siége de Paris, la foule se retire profondément émue. A la sortie du cimetière, j'eus l'honneur d'être l'objet d'une manifestátion sympathique et chaleureuse.

La Société de Navigation aérienne ouvrit une souscription en faveur de s familles des victimes de la catastrophe du *Zénith*. Cette souscription allait s'élever au chiffre de 91,948 francs ; superbe témoignage de la reconnaissance publique à l'égard de ceux qui ont généreusement sacrifié leur vie pour le progrès des sciences. Les noms de Crocé-Spinelli et de Sivel ont eu le juste privilége d'exciter partout l'émotion et l'admiration.

Dès que leur mort est connue, la France tressaille et s'émeut.

« C'est que tout dans cette double mort, comme l'a si bien dit M. Paul Bert, est étrange et sublime ! Certes, Sivel et Crocé-Spinelli, ne sont pas les premiers aéronautes dont la science ait à déplorer la perte ; leurs noms sont les derniers d'une liste en tête de laquelle brillent les noms de deux autres savants, Pilâtre de Rozier et Romain, qui se brisèrent, en 1785, sur la plage de Boulogne. Mais la mort qui avait frappé ces aéronautes était une mort connue, prévue, vulgaire en quelque sorte ; une mort à laquelle chacun avait pensé, que chacun avait redoutée, depuis le jour où parut dans les airs la machine de Montgolfier : c'était la chute. Ils étaient morts en tombant. Mais ici, pour la première fois, on voyait deux hommes mourir au sein même des airs, et mourir en montant. Ils sentent venir la mort, une mort inconnue jusqu'alors ; leur poitrine oppressée les avertit du danger ; ils se consultent : Faut-il redescendre? Ah! la consultation ne fut pas longue. Nous avons du lest, nous pouvons là-haut faire encore des observations utiles ; *excelsior*, plus haut ! Et puis, l'on dit qu'un Anglais a pu vivre et observer par-delà 8,000 mètres : il faut que le pavillon que nous portons aille flotter plus haut encore. Ils bondissent, et la mort les saisit, sans efforts, sans souffrance, comme une proie à elle dévolue dans ces régions glacées où règne un éternel silence. Oui, nos malheureux amis ont eu cet étrange privilége, ce funeste honneur, de mourir les premiers dans ce que nous appelons les cieux. »

M. le comte de Bondy, au milieu des propriétés duquel eut lieu le triste dénouement de la catastrophe du *Zénith*, a voulu perpétuer dans la localité le souvenir de cet événement unique dans les annales de la navigation aérienne. L'honorable sénateur a fait élever sur la place de Ciron un monument à la mémoire de Crocé-Spinelli et de Sivel. M. Albert Tissandier en a fait le plan, et la construction est aujourd'hui terminée.

C'est une pierre simplement ornée : deux inscriptions se lisent sur ses parois.

On peut voir sur le dessin ci-joint (page 313) celle qui est gravée sur la face principale du monument. Voici le texte de l'épitaphe qui se trouve sur la face postérieure :

SIVEL (HENRI-THÉODORE)

NÉ LE 10 NOVEMBRE 1831,
DANS LA COMMUNE DE SAUVE, DÉPARTEMENT DU GARD
MORT EN BALLON LE 15 AVRIL 1875

CROCÉ-SPINELLI (JOSEPH-EUSTACHE)

INGÉNIEUR DES ARTS ET MANUFACTURES, NÉ LE 10 JUILLET 1815
A MONTBAZILLAC, DÉPARTEMENT DE LA DORDOGNE
MORT EN BALLON LE 15 AVRIL 1875

Une urne funéraire est sculptée à la partie supérieure du monument. Les arbres qui l'entourent y jettent leur ombre.

Le voyageur qui passe s'arrête devant ce mausolée. Il lit les noms de Crocé-Spinelli et de Sivel. Il s'incline avec émotion devant la jeunesse et la force, sacrifiées avec héroïsme ; en saluant ces nobles martyrs, il salue la vaillance et le dévouement scientifique.

Gaston Tissandier.

Monument commémoratif de la catastrophe du *Zénith*, construit à Ciron (Indre)
sur le plan de M. Albert Tissandier. — Page 311.

CHAPITRE VINGT-DEUXIÈME

ASCENSION DE PARIS AUX DAUFRAIS (EURE-ET-LOIR).
29 NOVEMBRE 1875.

Le 29 novembre 1875, une nouvelle ascension aérostatique a été exécutée, sous les auspices de la *Société française de navigation aérienne*. M. Duté-Poitevin, le beau-frère du regretté Sivel, avait bien voulu se mettre à notre disposition avec son ballon l'*Atmosphère*, cubant 2,500 mètres. Les circonstances atmosphériques nous ont particulièrement favorisés, en nous donnant l'occasion de rapporter de nouveaux faits météorologiques, que M. Bertrand a présentés à l'Académie des sciences, dans la séance du 13 décembre 1875, et que nous résumerons ici pour nos lecteurs.

Le départ a eu lieu à 11 h. 40 m. MM. Albert Tissandier, Duté-Poitevin, Louis Redier, Frantzen frères et moi, nous avions pris place dans la nacelle.

L'aérostat s'est élevé au milieu de légers flocons de neige, dont la chute n'a pas tardé à s'interrompre. La température, jusqu'à 700 mètres, était de — 2°. A cette altitude, un massif de nuages blanchâtres, opalins, s'étendait au-dessus de la surface terrestre sur une épaisseur de 800 mètres. En pénétrant dans leur masse la température s'abaissa et descendit à — 3°, puis à — 4°.

A 1,500 mètres, après avoir dépassé la surface supérieure de ces nuages, nous avons plané au milieu d'un véritable banc de cristaux de

glace suspendus dans l'atmosphère sur une épaisseur de 150 mètres. La
température du milieu ambiant était de 0°. Les cristaux qui voltigeaient
autour de nous étaient transparents, très-nettement formés d'étoiles
hexagonales variées, de 0^m,004 de diamètre, et du plus remarquable
aspect. L'élévation de température était due sans doute à la formation

Effet de montagnes de nuages observé pendant l'ascension du 29 novembre 1875.
12 h. 40 min. -- Altitude 1770 mètres — Page 310.

même de ces cristaux, au dégagement de chaleur produit par la solidifi-
cation de la vapeur d'eau. Quant au fait de la suspension des paillettes
cristallisées dans l'atmosphère, il peut s'expliquer par les mouvements
de tourbillonnement dont elles étaient animées sous l'influence des
rayons solaires réfléchis par la surface supérieure des nuages. Ces nuages

Aspect du ciel au-dessus des nuages de neige pendant l'ascension du 20 novembre 1875. — 1 h. — Altitude 1770 mètres. — Page 319.

étaient, en effet, d'un blanc éblouissant et offraient à s'y méprendre l'aspect de montagnes de neige ; nous donnons deux gravures qui représentent ces effets les plus saisissants. (Pages 316 et 317).

A 1,650 mètres, l'air était assez pur, et la température, jusqu'à 1,770 mètres, s'élevait encore pour atteindre — 1°. Des cumulus s'étendaient à des niveaux supérieurs et le ciel bleu s'entrevoyait à travers les intervalles qui les séparaient par moment. Notre diagramme rend d'ailleurs un compte exact de l'état de l'atmosphère en ce moment et pendant toute la durée du voyage. (P. 320.)

Quand le soleil se voilait, les cristaux de glace, bien moins éclairés, il est vrai, ne semblaient plus cependant être soumis aux mêmes mouvements tourbillonnants, Il est probable qu'ils tombaient alors au sein du nuage intérieur et arrivaient jusqu'à la surface du sol, où, comme nous l'avons constaté à la descente, ils étaient beaucoup plus gros, mais moins réguliers et comme recouverts d'un givre opaque qui leur donnait l'aspect d'un sel cristallisé effleuri. Les chutes de neige successives du 29 novembre trouveraient ainsi leur explication, par le fait des cristaux de glace supérieurs qui tombaient jusqu'à terre, ou séjournaient dans l'air par des mouvements de tourbillons, selon que les rayons solaires arrivaient jusqu'à eux ou étaient arrêtés par l'écran de nuages supérieurs.

A l'altitude de 1,776 mètres, l'aérostat, grâce au jeu de lest, fort bien exécuté par Duté-Poitevin, se maintint à la même hauteur pendant une heure environ. A 1 h. 30, il descendit lentement et traversa de haut en bas le banc de cristaux, dont la température était la même qu'au moment de l'ascension.

A 2 h. 15 la terre apparut, à l'altitude de 900 mètres ; elle était couverte d'un manteau de neige, dont la chute avait eu lieu précédemment. La descente s'opéra dans les conditions les plus favorables, au hameau des Daufrais, près d'Illiers (arrondissement de Chartres,) à 103 kilomètres de Paris à vol d'oiseau.

Pendant l'ascension, les couches atmosphériques supérieures et infé-

. rieures se mouvaient dans la direction du nord-est au sud-ouest avec une
vitesse de 41 kilomètres à l'heure. Les massifs de nuages et le banc de
cristaux avaient la même vitesse et la même direction.

L'élévation de température observée le 29 novembre en montant dans
l'atmosphère est un fait qui s'est déjà plusieurs fois présenté à nous
dans des ascensions précédentes.

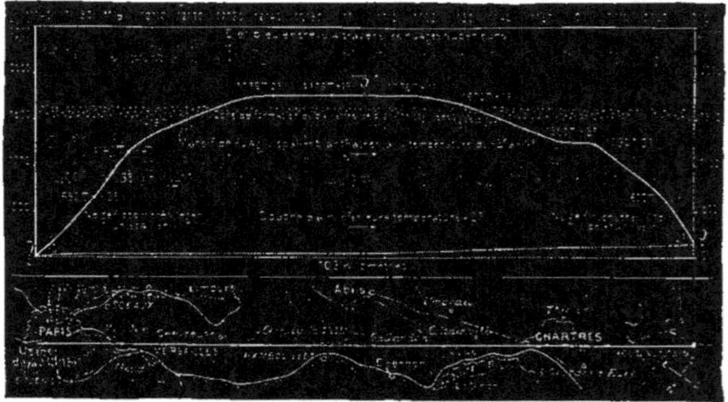

Diagramme de l'ascension de Paris aux Daufrais (Eure-et-Loir) au-dessus des nuages de neige
(29 novembre 1875).

Nous ajouterons enfin que les nuages de glace de forme extérieure
mamelonnée, souvent observés par les aéronautes, que les bancs de cristaux de glace, suspendus dans l'atmosphère, n'ont pas jusqu'ici trouvé
leur place dans la classification des nuages : ils existent très-fréquemment cependant, et il serait à désirer que l'on ajoutât leurs noms à côté
de ceux des cirrus, des cumulus, des nimbus et des stratus dont ils se
distinguent si nettement.

CHAPITRE VINGT-TROISIÈME (¹)

L'ACCIDENT DU BALLON « L'UNIVERS »

8 DÉCEMBRE 1875.

Le 8 décembre 1875, M. le colonel du génie Laussedat, professeur
au Conservatoire des Arts et Métiers, président de la Commission des Aérostats au Ministère de la guerre et vice-président de la
Société française de navigation aérienne s'élevait dans la nacelle du
ballon l'*Univers*, accompagné de M. le commandant Mangin, les capi-
taines Renard et Bitard, le lieutenant Bastoul et Albert Tissandier,
chargé de l'exécution de dessins topographiques. Le but de l'expédition
était de poursuivre les expériences d'aérostation militaire, entreprises
dans le courant de l'année. M. Eug. Godard et son aide Térès avaient
été chargés du gonflement et de la manœuvre de l'aérostat. Le départ
s'effectua à 11 h. 5 m. à l'usine à gaz de La Villette. Une demi-heure après,
le ballon planait au-dessus de Montreuil, quand une épouvantable catastrophe eut lieu tout à coup. Par suite d'un accident, le ballon se dégonfla,
la partie inférieure de son étoffe se releva avec violence, les voyageurs
furent précipités contre terre, ayant eu à peine le temps de jeter quelques
sacs de lest. Le choc fut terrible, la nacelle s'incrusta dans le sol, tandis que
l'aérostat, presque dégonflé, s'affaissait, perdant le reste de son gaz par
une large déchirure.

(1) Quoique je n'ai pas fait partie de cette expédition, je crois devoir en donner le
récit succinct, puisque mon frère y a pris part et qu'il a échappé au péril de ce
voyage dramatique.

"

Le colonel Laussedat et le commandant Mangin ont eu la jambe cas-
sée; le capitaine Renard, une fracture du péroné avec entorse aux deux
pieds ; le capitaine Bitard, une entorse; E. Godard, une contusion
grave du genou, et Térès, des contusions au côté droit de la poitrine.
Le lieutenant Bastoul et Albert Tissandier avaient été entièrement
épargnés.

On a publié au sujet de cet événement, dont toutes les victimes ont été
rétablies, un grand nombre de récits absolument inexacts. Je donne ici
le rapport que mon frère a adressé à ce sujet à M. le colonel Laussedat.

« Notre départ remis plusieurs fois par Godard, à cause du mauvais
temps, fut enfin décidé, par lui, le mercredi 8 décembre à huit heures
du matin. On commença le gonflement du ballon ; le temps très-calme
permit à Godard de faire toutes les manœuvres avec facilité ; une petite
pluie fine commença à tomber vers les 9 h. 1|2, mais heureusement cela
ne dura pas fort longtemps; les cordes et l'étoffe du ballon ne purent
donc se mouiller beaucoup et notre départ s'exécuta dans les meilleures
conditions possibles à 11 h. 5 m. du matin. Le thermomètre marquait à
notre départ 1° 5 au-dessus de zéro ; durant notre court voyage la température a peu varié, elle changeait de 1° 5 au-dessus de zéro à 2 degrés;
restant presque toujours à la même hauteur, nous trouvant dans la
même couche de vapeurs, les conditions devaient rester les mêmes.

« Dix minutes après notre départ, nous étions en vue des carrières
d'Amérique ; nous distinguions à travers la brume et les vapeurs légères
qui nous entouraient, la porte du pré Saint-Gervais, les lignes des fortifications et la porte de Ménilmontant. Tandis que mes compagnons écri-
vaient leurs observations et prenaient des notes, je pris le croquis des
postes-casernes et casernes d'octroi qui s'échelonnent sur le boulevard
Mortier. Le colonel Laussedat m'en a fait remarquer le curieux aspect,
ils étaient enveloppés de vapeurs légères cachant l'horizon; les fortifications couvertes de neige, éclairées à peine par les rayons du soleil, donnaient au paysage un air de désolation tout à fait extraordinaire. Notre

ballon passe bientôt au-dessus des fortifications ; la hauteur à laquelle se
trouvait l'aérostat a toujours été très-faible, nous n'avions pas encore
dépassé 200 mètres, lorsque vers 11 h. 24 nous commençons à monter
un peu. Un instant même, à travers les vapeurs, nous distinguons le fort
de Vincennes ; la direction du vent nous y conduit, et nous nous félici-
tons de pouvoir planer dans quelques minutes au-dessus de la forteresse. Nous allions avoir ainsi l'occasion de faire quelques curieuses
observations.

« Il était 11 h. 35, le baromètre marquait 230 mètres de hauteur,
lorsque tout à coup un bruit d'étoffe nous fait lever la tête ; le ballon se
dégonfle à vue d'œil et nous descendons rapidement. Comprenant aussitôt qu'un accident terrible a dû survenir, nous jetons tous du lest ; je
remarque que le ballon se plisse progressivement et que l'étoffe remonte
vers la soupape en se creusant à la façon d'un parachute. Cette descente
que rien ne pouvait faire prévoir nous avait pris à l'improviste ; les sacs,
entassés pêle-mêle dans la nacelle étaient difficiles à prendre, la plupart
d'entre eux étant sous les banquettes ou les instruments ; je vis la terre
qui semblait arriver sur nous avec une vitesse extraordinaire lorsque
nous n'avions encore jeté qu'une dizaine de sacs à nous tous. Il n'y avait
plus rien à faire qu'à se garantir au plus vite de la chute qui nous
menaçait ; je me tins aux cordes de la nacelle en me soulevant à la force
des bras, puis je sentis une secousse extrême. Le ballon, aux deux tiers
dégonflé, était tombé de côté et se trouvait plié en deux parties de chaque
côté d'un mur ; la nacelle s'était enfoncée de 8 centimètres dans la terre
et nous gisions au fond du panier comme écrasés par l'intensité du
choc. Le capitaine Bitard, le lieutenant Bastoul et moi nous nous rele-
vons aussitôt ; nous étions sains et saufs. Nos malheureux compagnons,
MM. le colonel Laussedat et Godard s'écrient qu'ils sont blessés, et ils
s'aperçoivent qu'il leur est impossible de se soulever. Nous sautons hors
de la nacelle, MM. Bastoul et Bitard courent chercher du secours, et
bientôt quelques habitants du voisinage viennent à notre aide ; on va

chercher des voitures ; les médecins arrivent pour panser les blessés.
Pendant ce temps Godard m'avait prié de m'occuper du ballon, lui-
même ayant le genou déboîté, ne pouvait se soutenir. J'allai du côté où

L'accident du ballon l'*Univers* (8 décembre 1875. — Page 32J).

se trouve la soupape, un des clapets était tout grand ouvert, l'étoffe était
déchirée dans le sens des coutures, depuis l'équateur jusqu'à la couronne du filet.

« La soupape s'était donc ouverte en l'air et l'étoffe, remontant vers le
haut du ballon, avait dû se déchirer, tourmentée qu'elle était par ce vio-

ent mouvement et par les efforts du gaz s'échappant à travers l'ouverture produite par le clapet tombé. Aidé des habitants du quartier, j'a-
chevai bientôt le dégonflement du ballon et je pus voir et toucher enfin
la soupape. Les caoutchoucs retenant les clapets étaient faibles et je
constatai qu'ils n'avaient plus l'élasticité nécessaire pour faire remonter
le clapet une fois tombé. J'essayai à plusieurs reprises de refermer celui-ci
en lui imprimant quelques oscillations, mais il ballottait et restait dans
la même position. L'étoffe était souple et nullement cassante; Godard l'a-
vait d'ailleurs, avant le gonflement, enveloppée dans des bâches neuves
avec le plus grand soin ; le ballon était resté dans ces conditions pendant quelques jours : la nuit enveloppé, dans la journée déplié par
Godard et aéré avec soin. Les cordes du filet étaient aussi en fort bon
état. Elles étaient à peine mouillées.

« Au moment de sa chute, le ballon était encore assez rempli de gaz
pour que son hémisphère supérieur soit resté gonflé : la soupape n'a
donc pas touché le sol et il n'est pas admissible que les clapets aient pu
s'ouvrir par l'action d'une secousse dont ils n'ont pas subi l'effet. L'é-
toffe seule a pu se déchirer à ce moment par son contact contre le mur.
Est-ce le froid ou la gelée qui ont fait perdre au caoutchouc sa résistance; ces caoutchoucs étaient-ils détériorés ou trop faibles? c'est ce
qu'il ne nous appartient pas de résoudre. Quant à la durée de notre
chute, elle a pu être, je crois, de vingt à vingt-cinq secondes tout au
plus. Le ballon, en tombant dans le terrain de la rue de Lagny, a décrit
une sorte de courbe. Les sacs de lest qu'on a ramassés étaient échelonnés de distance en distance. Ce dixième sac que je retrouvai à terre se
trouvait environ à 50 mètres de la nacelle. »

CHAPITRE VINGT-QUATRIÈME.

ASCENSION DE PARIS A CHAVENAY (SEINE-ET-OISE)
29 SEPTEMBRE 1877.

Nous avons exécuté, mon frère et moi, une nouvelle ascension aérostatique le samedi 29 septembre 1877. Il y avait près de deux ans que je n'avais mis le pied dans la nacelle d'un ballon, et je commençais à subir les atteintes d'une véritable nostalgie aérienne. Le départ a eu lieu à trois heures vingt minutes, sur le terrain de l'usine Flaud et Cohendet avenue de Suffren (Champ de Mars).

Le temps était magnifique, le ciel bleu, le soleil ardent; cependant l'atmosphère n'était nullement homogène, contrairement à ce qui s'observe habituellement dans des circonstances analogues. Trois couches bien distinctes s'y superposaient dans l'ordre suivant :

1° De la surface du sol à 400 mètres, couche d'air animée d'un mouvement très-faible de l'est à l'ouest; elle était limitée à la partie supérieure par une mince nappe de buées tout à fait transparente dans le sens vertical, mais très-visible dans le sens horizontal;

2° De 400 à 800 mètres, deuxième couche d'air d'une température de 14° (thermomètre fronde) douée d'un mouvement assez rapide de l'est à l'ouest de 20 à 25 kilomètres à l'heure;

3° De 800 à 1000 mètres, nous avons traversé une seconde zone de buées nettement limitées à 1000 mètres d'altitude. Au-dessus, l'air était presque complétement immobile; à 1109 mètres, point culminant de

l'ascension, le ballon est resté stationnaire, comme nous l'avons constaté
en prenant un point de repère, sur le sol à l'extrémité du guide-rope
pendu sous la nacelle. On distinguait en effet nettement la terre à travers
les deux zones de buées.

.On voit donc qu'une couche d'air animée d'un mouvement assez
rapide et limitée en haut et en bas par de minces couches de buées,
glissait entre deux nappes d'air presque immobiles. C'est la première
fois que nous avons constaté cette particularité atmosphérique.

A l'altitude de 1100 mètres, le fond de l'air n'était pas à une température élevée (11°, 50); cependant les rayons solaires étaient très-ardents
et très-chauds.

Le diagramme ci-contre donne le chemin parcouru par l'aérostat. A
quatre heures quarante-cinq minutes, le ballon a traversé dans sa longueur le réservoir de Marly, où il se réfléchissait comme dans un miroir,
puis il a passé à 300 mètres au-dessus du clocher de Saint-Nom.

Le spectacle de la forêt de Marly vue à travers la brume translucide
comme une fine mousseline, offrait un tableau délicieux, Le soleil argen-
tait les buées aériennes du côté de l'occident, et ses feux se reflétaient
avec tant d'intensité dans l'étang de Vaucresson, que la surface de celui-
ci ressemblait à une plaque de métal incandescente, lançant au sein de
la brume des rayons d'or.

A 800 mètres nous avons rencontré, planant autour de nous, un assez
grand nombre de *fils de la Vierge*. Ce fait montre que sous l'influence du
soleil ou de mouvements tourbillonnants, les corpuscules légers suspendus dans l'air peuvent s'élever à une assez grande hauteur. J'ai rencontré,
il y a déjà quelques années, des fils de la Vierge à 2000 mètres d'altitude.

J'avais emporté du nitrate d'ammoniaque pour faire un mélange réfrigérant, afin de condenser le givre, dans le but d'étudier les poussières
atmosphériques à différentes altitudes; mais la formation du givre, que
j'avais pu déterminer à terre, n'a pas réussi dans les couches supérieures
où l'air était très-sec et les rayons solaires très-intenses.

Après un voyage de deux heures, nous avons touché terre à Chavenay (Seine-et-Oise), à 23 kilomètres du point de départ.

J'ajouterai que c'est à l'obligeance de M. Henri Giffard que nous devons encore ce nouveau voyage aérien. Le ballon, qui cubait 450 mètres a été gonflé très-promptement au moyen du nouvel appareil à gaz hydrogène

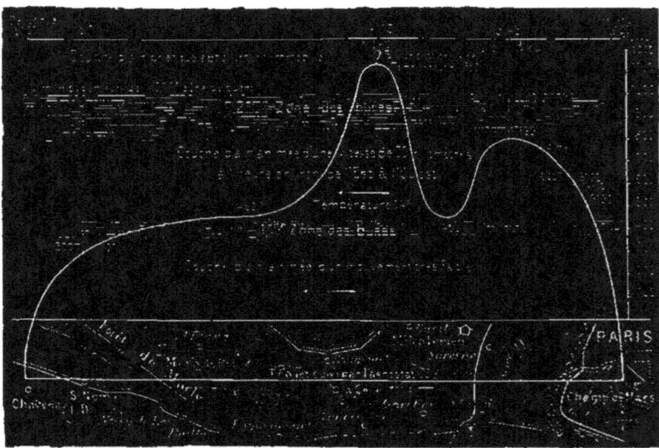

Diagramme de l'ascension de Paris à Chavenay (Seine-et-Oise). — 29 septembre 1877.

dont nos lecteurs peuvent lire la description en se reportant à l'*Appen-dice.*

Ici se termine l'*Histoire de mes ascensions.* Cette histoire est pour moi le meilleur souvenir de dix années de ma vie. Je fais des vœux pour que dans dix ans, il me soit encore donné, de présenter le récit d'une nouvelle et plus importante série d'explorations aériennes.

APPENDICE

L'ACIDE CARBONIQUE DE L'AIR

EXPÉRIENCES EXÉCUTÉES A BORD DU BALLON « LE ZÉNITH »

Le gaz acide carbonique, entrevu pour la première fois, par Van-Helmont, au commencement du dix-septième siècle, étudié par Black en 1757, et plus tard par Lavoisier et Priestley, joue un rôle considérable à la surface du globe. Disons d'abord que sa présence dans l'atmosphère peut être manifestée très-facilement. Si, comme l'a fait le chimiste anglais Black, on expose à l'air de l'eau de chaux limpide et claire, on ne tarde pas à voir le liquide se couvrir d'une pellicule cristalline. C'est du carbonate de chaux qui a pris naissance, par l'union de l'acide carbonique contenu dans l'air, avec la chaux dissoute dans l'eau.

Thénard, en 1812, imagina une méthode d'analyse propre à déterminer exactement la proportion de l'acide carbonique existant dans l'atmosphère. Il faisait entrer de l'air dans un grand ballon où l'on avait préalablement fait le vide ; il y versait de l'eau de baryte, qui absorbait l'acide carbonique en le précipitant à l'état de carbonate de baryte. Il était facile de déduire le poids de l'acide carbonique de celui du sel insoluble obtenu. Thénard a reconnu que 10,000 parties d'air en volume contiennent de 3,71 à 4,00 d'acide carbonique, ou, en d'autres termes, que 100 litres d'air renferment en moyenne 4 centimètres cubes de ce gaz.

Théodore de Saussure entreprit des expériences analogues : il étudia à la surface du sol les variations de proportion de l'acide carbonique dans l'air, suivant les saisons, et ses dosages sont résumés par le tableau suivant :

10,000 parties d'air ont donné les quantités suivantes d'acide carbonique en volume :

1809. 31 janvier.	tp.	— 5°	4,56	—
1810. 20 août		+ 22°	—	7,79
1811. 2 janvier.		— 0°	4,66	—
1811. 27 juillet.		+ 22°	—	6,47
1812. 7 janvier.		+ 1°	5,14	—
1815. 15 juillet.		+ 29°	—	7,13
Moyenne d'hiver en volume.			4,79	d'été 7,13

Plus tard, M. Boussingault exécuta un remarquable travail sur le même sujet et opéra de nombreux dosages d'acide carbonique atmosphérique à l'aide d'une méthode devenue classique. Un certain volume d'air, dépouillé de la vapeur d'eau par son passage à travers de la ponce sulfurique, circula dans des tubes en U remplis de pierre ponce imbibée d'une solution de potasse caustique. L'augmentation de poids de ces tubes donne le poids d'acide carbonique qu'ils ont retenu. M. Boussingault a trouvé que le volume d'acide carbonique contenu dans 10,000 parties d'air était de 3,9 pendant le jour et 4,2 pendant la nuit.

On sait que les proportions d'acide carbonique de l'air sont soumises à des variations à la surface du sol ; suivant que l'on opère, par exemple, dans le voisinage des plantes à feuilles vertes, qui absorbent l'acide carbonique ; suivant que l'on exécute des dosages, pendant le jour ou pendant la nuit, etc., on obtient des résultats différents. On sait encore que bien des causes tendent à élever cette proportion, tandis que d'autres tendent à la diminuer.

M. Péligot a calculé que les 550 millions de quintaux métriques de houille que l'on brûle tous les ans en Europe doivent produire environ 80 milliards de mètres cubes d'acide carbonique. Tous les êtres vivants contiennent dans leurs tissus du charbon qui, à leur mort, brûle lentement et fournit de l'acide carbonique ; pendant leur vie, ils produisent constamment encore de l'acide carbonique par leur respiration. — Les volcans, les sources thermales lancent constamment dans l'air des quantités énormes d'acide carbonique. Il est vrai que ces phénomènes, comme l'a démontré M. Dumas, passent presque inaperçus, tant est considérable la masse de l'atmosphère.

D'ailleurs, plusieurs causes exercent une action inverse des précédentes et tendent à faire disparaître une partie de l'acide carbonique contenu dans l'air.

L'eau des mers, des fleuves, renferme en grande abondance de l'acide carbonique, sans doute fourni par l'eau de pluie, qui le dissout par sa chute au sein de l'atmosphère. Certaines roches naturelles s'emparent, par leur décomposition, de l'acide carbonique de l'air, et le fixent à l'état solide. Les végétaux, enfin, sous l'influence de la lumière, absorbent l'acide carbonique, le décomposent, retiennent le carbone et exhalent l'oxygène. Les plantes purifient ainsi l'air vicié par les animaux.

Grâce à ces actions compensatrices qui constituent une des plus belles harmonies de notre globe, la proportion de l'acide carbonique dans l'air reste à peu près constante à la surface du sol. Les analyses nombreuses exécutées à ce sujet le démontrent d'ailleurs. Voici la moyenne des résultats obtenus.

10,000 parties d'air renferment à la surface du sol en volume :

D'après MM. Th. de Saussure	4,15
— Thénard	4,00
— Verver	4,20
— Boussingault	4,00
— Truchot	4,09
— Henneberg	3,20
— Schulze	2,90

En présence de nombreux résultats concordants, il sera permis de mettre en doute les chiffres fournis par les deux derniers chimistes allemands, MM. Henneberg et Schulze, chiffres qui paraissent beaucoup trop faibles. On peut admettre en toute certitude que 10,000 parties d'air en volume renferment environ, à la surface du sol, 4 parties d'acide carbonique.

Si l'atmosphère a été souvent analysée à la surface des continents ; si l'on connaît la composition des parties basses de l'océan aérien au fond duquel nous vivons, on ne sait presque rien de sa constitution dans ses régions élevées. — L'air est un mélange, par conséquent il y a lieu de se demander si la proportion des gaz qui le constituent ne varie pas avec les altitudes ; si les quantités d'humidité, d'acide carbonique, d'ammoniaque, d'acide nitrique qu'il renferme, ne sont pas en diminution à mesure que l'on s'élève au-dessus du niveau de la mer. De nombreux problèmes à résoudre s'offrent ainsi au chimiste ; pour en trouver les solutions d'une façon précise, il faut qu'il opère ses dosages au sommet des montagnes ou dans la nacelle des aérostats.

La détermination de la quantité d'acide carbonique contenu dans l'air, à différentes altitudes, a été déjà entreprise, en 1873, par M. P. Truchot [1], au sommet du Puy-de-Dôme et du pic de Sancy. Ce savant chimiste a fait passer de l'air

---

[1] *Comptes rendus de l'Académie des sciences*, t. XXX, p. 675.

dans de l'eau de baryte préalablement titrée, a laissé déposer le carbonate formé, puis a tiré de nouveau la liqueur limpide surnageante en en prélevant une certaine quantité à l'aide d'une pipette.

Les résultats obtenus par M. Truchot ont indiqué une diminution rapide d'acide carbonique avec l'altitude ; mais il nous a semblé qu'il y avait un intérêt réel à analyser l'air, loin de la terre, dans la nacelle de l'aérostat, là où l'on a abandonné complétement le sol, qui doit exercer une grande influence sur l'atmosphère qui en baigne la surface. Il est probable que le massif d'une montagne influe sur l'air qui l'enveloppe ; il est possible que cet air diffère sensiblement de celui qui se trouve à la même altitude au-dessus des plaines et loin de tout contact terrestre.

Ces motifs ont déterminé la *Société française de navigation aérienne* à me confier le soin de doser l'acide carbonique de l'air, à différentes altitudes, dans la nacelle du ballon le *Zénith*.

L'appareil habituellement employé pour ces dosages, et qui consiste, comme nous l'avons vu précédemment, à déterminer l'augmentation de poids de tubes à potasse caustique où a été retenu l'acide carbonique d'un certain volume d'air, ne pouvait être avantageusement employé en ballon. Nous avons eu recours à une disposition nouvelle dont M. Hervé-Mangon nous a suggéré l'idée, d'après le principe de la méthode que M. Regnault a employée pour les dosages de l'acide carbonique dégagé dans la respiration des animaux.

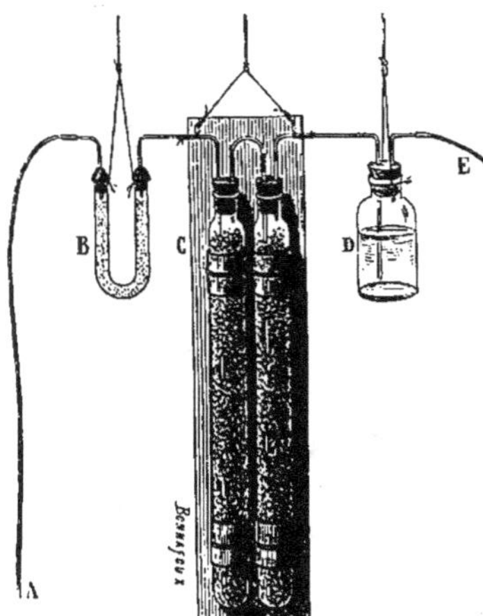

Notre appareil, représenté fig. 1, tel qu'il a été disposé à bord du *Zénith*, consiste en deux tubes de verre fermés à la lampe à leur partie inférieure et munis d'un bouchon à leur partie supérieure. Leur hauteur est de $0^m,38$ leur diamètre de $0^m,03$, tous deux sont fixés à une planchette de bois C, qui permet de les manier commodément. Ces tubes sont remplis de pierre ponce lavée et calcinée, imbibée d'une solution concentrée de potasse caustique, préalablement précipitée par le chrorure de baryum, et parfaitement exempte d'acide carbonique. L'air extérieur appelé à l'aide d'un aspirateur à retournement, mis en communication avec le tube E, était prélevé à 6 mètres au-dessous de la nacelle, à l'extrémité d'un mince tuyau formé par des tubes à gaz reliés, à l'aide de caoutchouc, au tube A. L'air extérieur traversait d'abord un tube en U, représenté sur notre figure en B, et rempli de coton destiné à arrêter les parcelles de sable servant de lest, qui eussent pu introduire de l'acide carbo-

Fig. 1. — Appareil de MM. Hervé-Mangon et Gaston Tissandier pour doser l'acide carbonique de l'air, tel qu'il était disposé à bord du ballon *le Zénith*.

A. Entrée de l'air extérieur. — B. Tube à coton destiné à intercepter les poussières. — C, Tubes remplis de pierre ponce imbibée de potasse exempte de carbonate. — D. Flacon renfermant de l'eau de baryte. — Tube communiquant avec un aspirateur à retournement.

nique, étranger à l'air par l'apport de petits fragments de carbonate de chaux. Il arrivait à la partie inférieure du premier tube à potasse, qu'il traversait de bas en haut, et s'engageait de la même manière dans le second tube. En circulant dans ces deux tubes, l'air était absolument dépouillé de l'acide carbonique qu'il contenait. A la sortie, il passait dans de l'eau de baryte, D, qui est restée limpide pendant la durée des expériences.

L'aspirateur, que nous n'avons pas représenté sur notre figure, contenait 22 litres d'eau additionnée du tiers de son volume d'alcool qui avait pour but d'empêcher la congélation du liquide par le froid. Sans cette précaution, nous n'eussions pas réussi à exécuter nos expériences, car l'eau destinée à humecter la surface de la boule de notre thermomètre mouillé n'a pas tardé à se congeler sous l'influence d'une température de —4°.

Notre première expérience a été commencée le 23 mars, à 8 h. 45 m. du soir, à l'altitude de 890 mètres au-dessus du niveau de la mer. Elle a duré jusqu'a 10 h. 7 m. Dans cet espace de temps, nous avons fait passer dans nos premiers tubes 110 litres d'air, en retournant cinq fois l'aspirateur. L'aérostat est resté sensiblement sur l'horizontale ; sa hauteur n'a varié que de 100 mètres environ.

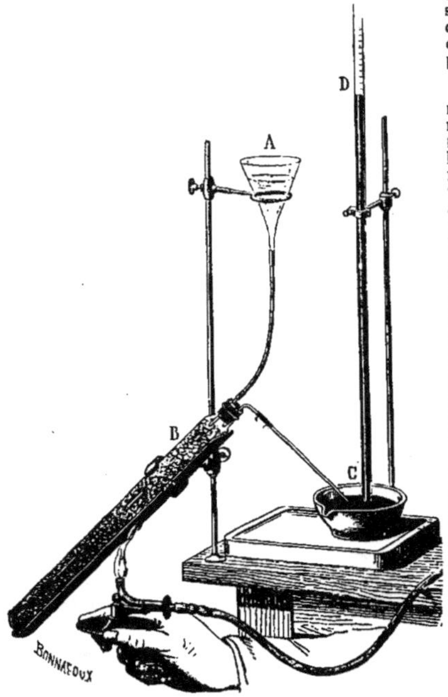

Fig. 2. — Extraction de l'acide carbonique, recueilli dans les tubes de MM. Hervé-Mangon et Gaston Tissandier.

A. Entonnoir au moyen duquel on introduit de l'eau additionnée d'acide sulfurique dans le tube B. — C. Cuve à mesure où s'engage le tube de dégagement. — D. Tube gradué destiné à recueillir l'acide carbonique à l'état gazeux.

Notre deuxième expérience a été faite le 24 mars, de 3 h. 35 à 4 h. 30 du matin. Pendant tout ce temps, l'aérostat a plané à l'altitude de 1,000 mètres. La pression barométrique est restée presque absolument constante. Par suite de quelques dispositions à donner à notre appareil, nous n'avons fait passer dans nos seconds tubes que 60 litres d'air.

Les tubes à potasse, après ces expériences qui se sont exécutées dans les conditions les plus favorables, ont été rapportés à terre parfaitement intacts, grâce à un emballage minutieux. Les deux tubes fixés à la planchette de bois C étaient introduits dans une petite caisse de bois garnie de ouate. Une fois le couvercle fermé, ils se trouvaient entourés de coton de toutes parts, et ils ont pu supporter sans inconvénients les secousses de la descente.

M. Hervé-Mangon et moi, nous avons déterminé la proportion d'acide carbonique absorbé dans chaque expérience, en séparant le gaz de la façon suivante :

Chaque tube à pierre ponce potassique a été muni successivement, à sa partie supérieure, d'un entonnoir A (fig. 2), où l'on a introduit de l'acide sulfurique étendu d'eau. Ce liquide décomposait le carbonate de potasse formé ; l'acide carbonique isolé était chassé à travers un tube à dégagement dans une longue éprouvette de verre graduée D, remplie de mercure et retournée sur une cuve à mercure C.

Le tube à potasse B, retenu par une pince, incliné environ à 45°, comme le représente la figure 2, était à moitié entouré d'une feuille métallique, qui permettait de le chauffer à l'aide d'un bec Bunsen. On arrivait ainsi à faire bouillir le liquide et à chasser les dernières traces de gaz dans l'éprouvette graduée.

Après avoir recueilli dans l'éprouvette D les gaz (air et acide carbonique) contenus dans les deux tubes à potasse ayant servi à la première expérience, on a déterminé le volume de l'acide carbonique en l'absorbant par une solution concentrée de potasse caustique. Les corrections de pression, de température, ont été calculées très-exactement ; les lectures des divisions de l'éprouvette graduée, comme celle du baromètre et du thermomètre, placées dans son voisinage, ont été faites à l'aide du cathétomètre. L'expérience a été recommencée de la même façon pour les tubes à potasse de la deuxième expérience.

Voici les résultats de nos dosages :

Altitude.	Volume d'acide carbonique contenu dans 10,000 d'air à 0° et à 700 millim.
800 à 800 mètres.	2,40
1,000 mètres.	3,00

La différence entre ces deux chiffres est dans les limites de variation des expériences exécutées à terre. Ces résultats semblent indiquer que la proportion d'acide carbonique contenu dans l'air décroît avec l'altitude. Mais nous devons faire observer que, pour obtenir des conclusions certaines, il est indispensable de faire des dosages à des hauteurs plus considérables dans des ascensions exécutées dans les hautes régions de l'atmosphère. Nous espérons pouvoir compléter quelque jour nos premières déterminations et fournir des faits positifs sur les variations de la quantité d'acide carbonique contenu dans dans l'air à différentes altitudes.

Nous ajouterons enfin que la méthode d'analyse employée par nous à bord du *Zénith* a été précédemment étudiée à la surface du sol, et que nous avons déterminé par de nombreuses opérations préparatoires les conditions de fonctionnement de l'appareil.

NOUVEAUX APPAREILS DE M. H. GIFFARD

POUR LA PRÉPARATION EN GRAND DE L'HYDROGÈNE PUR

L'hydrogène est le plus léger de tous les gaz connus ; il pèse quatorze fois et demi moins que l'air, aussi est-il naturellement indiqué comme la substance la plus favorable au gonflement des ballons. Si les aéronautes ont abandonné son usage, c'est que le gaz de l'éclairage, industriellement fabriqué dans les grandes villes, où on le trouve tout préparé dans le gazomètre des usines, est d'un emploi commode et pratique. Mais, à volume égal, le gaz de l'éclairage offre une force ascensionnelle beaucoup moindre que celle de l'hydrogène pur : 700 grammes environ au lieu de 1,100 par mètre cube. On peut dire que si l'on utilise le pre-

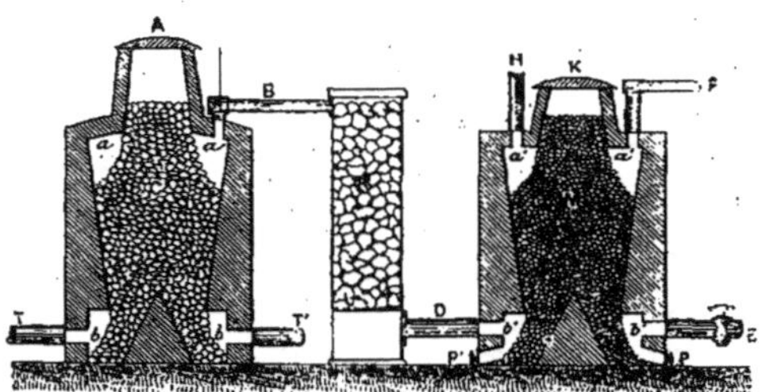

Fig. 1. — Appareil de M. Henri Giffard pour la préparation de l'hydrogène par voie sèche. (Réduction 1/100.)

mier gaz, ce n'est que pour éviter les opérations difficiles et coûteuses de la préparation du second.

La production économique de l'hydrogène pur intéresse donc au plus haut degré l'aéronautique. Elle n'offre pas moins d'importance à différents points de vue industriels, en ce qui concerne notamment l'éclairage et le chauffage. Aussi croyons-nous devoir donner la description de remarquables appareils qui peuvent être signalés comme des solutions complètes d'un problème important, et que M. Henri Giffard, a construits à la suite de longues et patientes recherches. Grâce à la libéralité de l'inventeur, les deux appareils dont nous allons parler nous ont permis d'exécuter un certain nombre d'ascensions, dont le lecteur a lu précédemment le récit.

L'éminent inventeur de l'*injecteur* a successivement employé deux appareils : le premier fonctionne par voie sèche, le second par voie humide.

Préparation de l'hydrogène par voie sèche. — M. Giffard a basé son appareil sur deux réactions bien connues des chimistes, et qui avaient été antérieurerement proposées, mais dans des conditions théoriques erronées et irréalisables.

Ces deux réactions sont les suivantes :

1° Réduction, par l'oxyde de carbone, de l'oxyde de fer naturel ;

2° Décomposition de la vapeur d'eau par le fer métallique réduit dans la réaction précédente.

Le système se compose essentiellement (fig. 1) de deux fours cylindriques C et M. Le premier est plein de coke, le second est rempli de menus fragments d'oxyde de fer naturel (minerai). Ces fours sont construits en briques réfractaires. A l'intérieur, les parois forment des retraits, disposés de telle façon que la matière concassée, coke ou minerai, qu'ils renferment, soit enveloppée en haut et en bas d'espaces annulaires aa, bb, $a'a'$, $b'b'$, qui se trouvent toujours libres, la matière introduite par les ouvertures A et K formant en ces points des talus d'éboulement. Le four à minerai est muni de portes PP' qui servent à agiter la masse inférieure du minerai, dans le cas où il y aurait obstruction.

Le coke de la chambre C est allumé à sa partie inférieure ; une machine soufflante y lance de l'air par des tuyères TT'. La combustion s'effectue avec une grande énergie. La masse inférieure devient incandescente. Le masse supérieure n'atteint qu'une température inférieure à celle de la formation de l'oxyde de carbone.

L'oxyde de carbone formé s'échappe à la partie supérieure du coke par l'espace annulaire aa. Il passe dans le tube B, traverse un cylindre R, rempli d'une matière réfractaire divisée, où il se dépouille, par filtration, des cendres qu'il entraîne. Le gaz vient enfin, par le conduit D, à la partie inférieure du four à oxyde de fer M. L'oxyde de carbone traverse le minerai, entrant dans sa masse par l'espace annulaire $b'b'$, en sortant à la partie supérieure en $a'a'$. Il réduit l'oxyde de fer, convertit sa surface en fer métallique et se transforme lui-même en acide carbonique qui s'échappe par le tuyau F, communiquant avec une cheminée. Cette réduction s'opère sans le secours d'aucun foyer extérieur ; l'oxyde de carbone est assez chaud pour élever au degré voulu la température du minerai ; l'expérience a même démontré que cette température tend à s'accroître considérablement et que la réaction qui s'opère, bien loin d'exiger de la chaleur, en dégage elle-même.

Quand la réduction du minerai de fer est produite, on fait passer à travers sa masse un courant de vapeur d'eau. Le fer métallique réduit s'empare de l'oxygène de l'eau, l'hydrogène se dégage. Pour cette opération, on ferme les soupapes s' et s, on fait arriver la vapeur d'eau par le tuyau E. L'hydrogène s'échappe par le tube H pour traverser un puissant réfrigérant et se sécher ensuite à travers un épurateur à chaux.

Après cette décomposition de l'eau, le fer se trouve oxydé de nouveau ; on y fait agir une seconde fois l'oxyde de carbone, qui le réduit comme précédemment et le rend propre à décomposer les nouvelles quantités de vapeur d'eau qui lui seront fournies ; ainsi de suite presque indéfiniment ([1]).

Nous ne donnons ici que le principe de l'appareil, sans entrer dans des détails de construction, admirablement bien conçus, mais qui nous entraîneraient dans de trop minutieuses descriptions. Nous nous bornerons à dire que les expériences faites un grand nombre de fois ont toujours donné les résultats les plus favorables. Mais si l'appareil est digne d'attention au point de vue de la pratique de la production, il est surtout remarquable au point de vue économique.

Examinons le prix de revient de l'hydrogène par ce procédé.

Pour produire un mètre cube d'hydrogène, il faut théoriquement 300 grammes de vapeur d'eau, soit pratiquement, en tenant compte des pertes, 1 kilogramme. La formation de ce kilogramme de vapeur d'eau coûte un demi-centime de com-

---

([1]) Au lieu de remplir le four M de minerai qui est susceptible de se réduire en poussière par l'usage, on pourrait employer des sphérules de fer métallique analogues à des grains de plomb. Dans ce cas on commencerait à faire fonctionner l'appareil par la décomposition de l'eau, puis on rentrerait dans les conditions de notre description.

bustible (calcul fait en comptant la houille à 30 fr. la tonne, ou le coke à 40 fr., prix de Paris). Ajoutons que cette vapeur d'eau, avant d'être décomposée, est employée à faire fonctionner les machines soufflantes, et que, par conséquent, la force motrice est gratuite.

Il faut, en outre, dans le cas que nous considérons, pour produire 1 mètre cube d'hydrogène, 570 grammes de carbone pur, pour donner naissance à l'oxyde de carbone nécessaire, chiffre théorique, ou 600 grammes en tenant compte des cendres. Admettons 800 grammes pour compenser les pertes. Ces 800 grammes de coke coûtent 3cent 2 ; le mètre cube d'hydrogène pur, à Paris, revient donc à 3cent, 7.

Si l'on considère la perte insignifiante du minerai réduit en poudre fine et hors de service, à la suite d'un long usage, on atteindrait peut-être le prix de 5cent, 5 à 5 centimes.

Ce prix serait réduit à la moitié ou au tiers si l'on opérait près des mines de houille, où le combustible ne coûte pas plus de 15 fr. la tonne.

Préparation de hydrogène par voie humide. — Les anciens aéronautes, qui utilisaient la méthode de production de l'hydrogène par voie humide, se servaient habituellement d'appareils qui représentaient grossièrement ceux que les chimistes utilisent dans les laboratoires. Un ou plusieurs tonneaux contenaient du fer et de l'eau, on y versait l'acide sulfurique nécessaire pour déterminer la formation de l'hydrogène. La réaction, d'abord trop tumultueuse, devenait d'autant plus lente que le sulfate de fer prenait naissance avec plus d'abondance, le métal s'encroûtant en quelque sorte du sel formé ; après le dégagement du gaz, une épaisse cristallisation s'amoncelait au fond des récipients, et souvent il fallait les briser pour en retirer le résidu. Cette méthode était grossière et barbare.

M. Giffard, après l'avoir utilisée lui-même, en a immédiatement saisi les inconvénients. Il a compris que pour obtenir, par cette réaction, un dégagement abondant et continu d'hydrogène, il fallait éliminer au fur et à mesure de sa naissance, le sulfate de fer résidu de l'opération et mettre sans cesse en présence de nouveaux éléments de la production du gaz.

Le second appareil de M. Giffard, moins remarquable au point de vue économique que le précédent, est un modèle de dispositions ingénieuses et d'organes bien appropriés.

La figure 2 et 3 en est la reproduction exacte et complète. Le générateur A est la pièce essentielle de l'appareil ; nous le décrirons dès à présent. C'est là que l'hydrogène prend naissance. La tournure de fer est introduite à l'aide du plan incliné B que l'on peut à volonté faire basculer. Elle tombe dans le large conduit C, disposé comme le gueulard d'un haut fourneau et mis à l'abri de l'air extérieur par une fermeture hydraulique mobile que l'on soulève au moment du remplissage à l'aide d'une corde enroulée dans la gorge d'une poulie D. (Voir aussi coupe latérale, fig. 4.) La tournure de fer remplit l'espace intérieur du vase A jusqu'à une plaque inférieure percée de trous et formant double fond. L'eau mélangée d'acide sulfurique arrive par le tube E à la partie inférieure du vase A. Elle s'y élève et dissout avec énergie la tournure; l'hydrogène produit, se dégage avec abondance et s'échappe par le tube G. Le sulfate de fer en dissolution s'écoule par le tube en U, H et se déverse par une canalisation LLL dans un grand bac M. L'eau chargée d'acide sulfurique soulève par bouillonnement la tournure de fer, et les éléments de la réaction se trouvent constamment en contacts i intime, que la production du gaz, à poids égal de substances, est trente fois environ plus considérable que dans l'emploi des appareils ordinaires (¹). Le

(¹) Le nouveau générateur d'hydrogène n'a pas un volume de beaucoup supérieur à celui d'un des tonneaux employés dans les grandes batteries à hydrogène. Or, en 1867, M. Giffard avait installé pour gonfler son ballon captif, une batterie de soixante tonneaux qui fonctionnaient alternativement par série de trente. Il fallait trente ouvriers pour les faire fonctionner. La production avec ces soixante tonneaux n'était pas supérieure à celle que l'on obtient avec le nouveau générateur soixante fois moins volumineux et qui fonctionne automatiquement avec le concours de deux ou trois opérateurs seulement.

vase A où s'opère la réaction est intérieurement garni d'épaisses feuilles de plomb sur lesquelles l'acide est sans action ; la réaction peut être des plus énergiques sans qu'il puisse en résulter aucun inconvénient. Telle est, en quelque

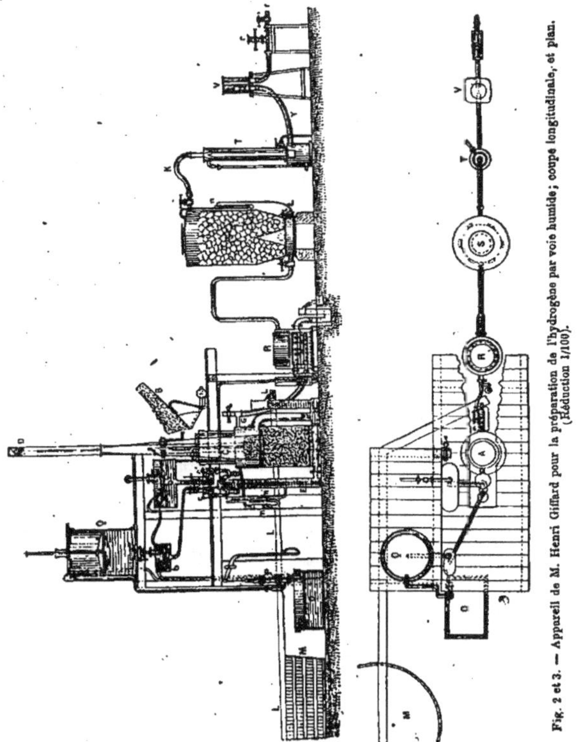

Fig. 2 et 3. — Appareil de M. Henri Giffard pour la préparation de l'hydrogène par voie humide; coupe longitudinale, et plan. (Réduction 1/100).

sorte, l'âme du système, mais on va voir que, pour en assurer le fonctionnement régulier, il a fallu le compléter par toute une série de dispositifs ingénieux et bien étudiés.

L'acide sulfurique amené dans des touries est déversé dans le réservoir G. Une pompe P le fait monter dans le bassin supérieur Q pourvu d'un flotteur qui en indique constamment le niveau.

Un tube inférieur muni d'un robinet doré, afin d'éviter les morsures du liquide corrosif, conduit l'acide sulfurique dans un grand godet *b*. L'eau de la ville est amenée de la même façon dans un godet *b'*. Deux flotteurs interceptent d'eux-mêmes l'écoulement des liquides quand ils ont atteint un certain niveau : ces flotteurs se soulèvent avec les liquides, et, quand les vases sont pleins, ils ferment l'ouverture des tuyaux au moyen de soupapes qu'ils font agir par l'intermédiaire de leviers articulés. Par une disposition très-élégante, si l'eau vient à manquer, le flotteur à eau, en s'abaissant, agit par une tige sur le flotteur à acide et détermine la fermeture du tube adducteur de ce dernier liquide. (Voy. détails fig. 5.). On voit que tout fonctionne automatiquement avec la plus grande régularité.

L'acide passe du vase *b* dans le vase *c* et l'eau dans le vase *c'* ; ces liquides se déversent dans ces récipients par des robinets à vis dont on peut règler le débit. Les vases *c* et *c'* sont munis à leur partie inférieure d'un ajutage à section invariable. En réglant l'écoulement des liquides dans ces vases, de manière que leur niveau reste constant, on est assuré que le débit par l'ajutage inférieur est parfaitement régulier (fig. 2 et 5). Des vases *c* et *c'*, l'eau et acide arrivent par l'intermédiaire de deux entonnoirs fixés à deux tubes en U dans le cylindre E, intérieurement garni de *chicanes*, qui faisant tomber les liquides alternativement à droite et à gauche, en opèrent le mélange intime. L'acide sulfurique et l'eau arrivent ainsi en proportions déterminées dans le récipient A où s'opère la réaction, comme nous l'avons indiqué précédemment. Deux manomètres *m*, *m'* indiquent, le premier, la pression dans l'intérieur du vase, le second, la résistance de frottement déterminée par l'écoulement du liquide dans le tube E.

L'hydrogène formé s'écoule par le tube G. Il se rend dans le laveur R. Le gaz s'échappe à travers une série de tubes percés de trous et immergés dans l'eau ; il traverse ainsi de bas en haut le liquide qui lui-même tombe méthodiquement en pluie à la partie supérieure de l'appareil et se déverse au dehors par le tube *p* contourné en forme de U.

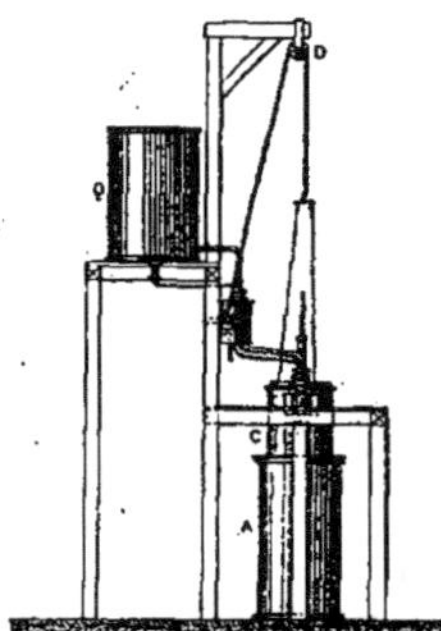

Fig. 4. — Coupe latérale de la figure 2.

Après avoir passé par le laveur, l'hydrogène traverse le dessiccateur S. C'est un grand cylindre rempli de chaux vive qui arrête la vapeur d'eau entraînée, ainsi que l'excès d'acide qui a pu échapper à l'action du laveur. Le gaz arrivé à la partie inférieure de ce dessiccateur traverse une plaque percée de trous au-dessus de laquelle on a entassé la chaux. Un manomètre différentiel *n* signale les obstructions qui peuvent se faire, et auxquelles on remédie facilement en *ringardant* la chaux vive par des ouvreaux que l'on dégage à la partie inférieure de l'appareil.

Du dessiccateur S, le gaz passe par le tube K dans le réfrigérant T. Il circule dans un tube contenu au milieu d'un cylindre formant un espace annulaire extérieur sans cesse traversé de bas en haut par un courant d'eau froide. Le gaz arrive enfin par le tube Y dans une cloche de verre V, contenant un système nouveau et ingénieux qui permet d'en mesurer le débit. C'est un large tube de cuivre disposé verticalement et dans lequel on a pratiqué une mince fente latérale. Ce tube renferme une soupape cylindrique creuse S (fig. 6), très-légère, qui peut y glisser de haut en bas et de bas en haut sans aucun frottement contre les parois.

Elle est, en un mot, absolument libre. Quand le gaz arrive dans le tube, il soulève cette soupape et s'échappe par la fente latérale; il la soulève d'autant plus
que le dégagement est plus abondant : la hauteur de fente démasquée se trouve
être la mesure directe du débit. Dans ce même vase V est installé un hygromètre
à cheveu h et un thermomètre; plongés dans le gaz même, ils en indiquent l'état
de sécheresse et de température. On y pend aussi une feuille de papier de tournesol bleu qui montre que le gaz n'est pas acide.

L'hydrogène se dégage enfin par le robinet r (fig. 2); le robinet r', placé à côté
de celui-ci, sert à faire les prises d'essai. Les expériences ont démontré que le gaz
offre à peu de chose près la densité théorique, et que, sauf des traces inapprécia-
bles de substances étrangères (¹), il est aussi pur qu'il est possible de l'obtenir
dans une opération industrielle.

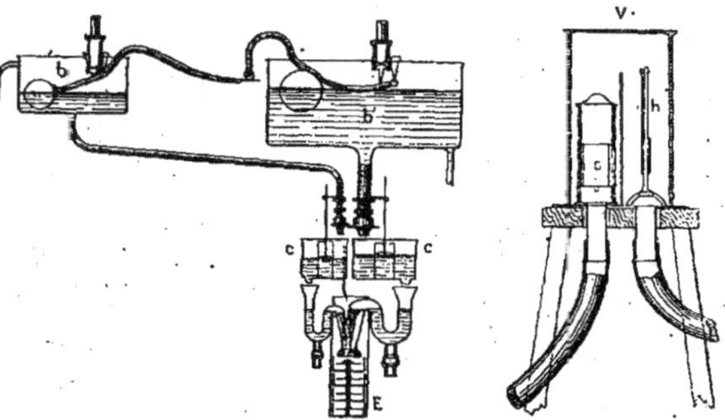

Fig. 5. — Détails des vases b et b' et des mesureurs d'eau et
d'acide c et c' de la figure 2.

Fig. 6. — Détails du vase V
de la figure 2.

Le liquide qui résulte de la réaction est saturé de sulfate de fer. Ce sel cristal-
lise. On le retire du bassin M où il s'est déposé, et on le livre au commerce. Les
eaux mères saturées à froid ne renferment que 5 pour 100 d'acide sulfurique en
excès. Elles constituent également une matière commerciale. En déduisant le
prix de vente de ces résidus, on arrive à obtenir l'hydrogène, par cette méthode,
à 30 centimes le mètre cube, c'est-à-dire au prix du gaz de l'éclairage livré à
Paris.

Quoique le premier appareil soit plus économique, M. Giffard est décidé à employer le second pour produire les vingt mille mètres cubes de gaz nécessaire au
gonflement du grand ballon captif de l'Exposition. Par un sentiment de prudence
qu'on ne saurait blâmer, M. Giffard veut éviter d'avoir un appareil à feu fonctionnant auprès d'une masse considérable de gaz combustible.

Ajoutons en terminant que le bel appareil dont nous venons de donner la description fonctionne dans l'usine de MM. Flaud et Cohendet, près du Champ de
Mars, et qu'à plusieurs reprises M. Giffard a gonflé des aérostats que l'on a vus
traverser Paris au sein de l'atmosphère, c'est au moyen de cet appareil aussi
nouveau qu'ingénieux, que nous avons exécuté notre dernière ascension.

(1) Cet hydrogène renferme des traces d'hydrogènes carboné, sulfuré, phosphoré et
arsénié. On pourrait facilement absorber les deux premiers gaz par un épurateur
contenant de la potasse et les deux derniers par de la ponce imbibée de bichlorure de
mercure.

INDEX DE BIBLIOGRAPHIE AÉRONAUTIQUE[1]

FAUJAS DE SAINT-FOND. — *Description des expériences de la machine aérostatique de MM. de Montgolfier et de celles auxquelles cette découverte a donné lieu.* — 1 vol. in-8° avec 9 planches en taille douce. — Paris, 1784.

FAUJAS DE SAINT-FOND. — *Première suite de la description des Expériences aérostatiques de MM. de Montgolfier.* — 1 vol. in-8° avec 5 planches en taille douce. — Paris, 1784.

Description de l'aérostat « l'Académie de Dijon. » — 1 vol. in-8° avec 4 planches en taille douce. — Dijon, 1784.

L'art de voyager dans les airs ou les Ballons. — 1 vol. in-8° avec un frontispice en taille douce. — Paris, 1784.

TIBÈRE CAVALLO. — *Histoire et pratique de l'aérostation.* Traduit de l'anglais. — 1 vol. in-8° avec 1 planche en taille douce. — Paris, 1786.

ROBERTSON. — *Ascension avec Sacharoff.* — *Annales de chimie;* tome 52, an XIII.

GAY-LUSSAC. — *Relation d'un voyage aérostatique.* — *Annales de chimie,* tome 52, an XIII.

DUPUIS DELCOURT. — *Mémoire sur l'aérostation et la direction aérostatique.* — 1 brochure in-8°. — Paris 1824.

HENRI GIFFARD. — *Application de la vapeur à la navigation aérienne.* — 1 broch. in-4° avec planche. — Paris, 1851.

(1) La bibliographie aéronautique est véritablement innombrable. Nous n'avons nullement la prétention de donner ici une énumération complète des ouvrages écrits sur ce sujet; notre but est simplement de fournir au lecteur quelques titres de livres qu'il pourra consulter avec fruit et parmi lesquels nous citons les plus importants.

Histoire des ballons. — 1 livraison illustrée de l'Instruction popularisée par l'Illustration — sous la direction de Bescherelle aîné. — Paris, 1859.

DUPUIS DELCOURT. — *Essai sur la navigation dans l'air.* — 1 broch. in-8°. — Paris, 1830.

DE GAUGLER. — *Les Compagnies d'aérostiers militaires sous la République.* — 1 brochure in-8°. — Paris, 1857.

DE PONTON D'AMÉCOURT. — *La conquête de l'air par l'hélice.* — 1 vol. in-8°. — Paris.

DUPUIS-DELCOURT. — *Nouveau Manuel complet d'aérostation.* — 1 vol. de la collection de l'Encyclopédie Roret avec 16 planches. — 1830.

JULIEN TURGAN. — *Les Ballons. Histoire de la locomotion aérienne depuis son origine jusqu'à nos jours.* — 1 vol. in-18 illustré. — Paris, 1851.

ARTHUR MANGIN. — *La navigation aérienne.* — 1 vol. in-18 illustré. — Tours, Mame, 1856.

LOUIS FIGUIER. — *Les Merveilles de la science.* — 4 vol. in-8° illustrés (Le tome II comprend les aérostats.) — Paris. Furne Jouvet et Cʲ. 1868.

DE SELLE DE BEAUCHAMP. — *Extraits des Mémoires d'un officier des aérostiers aux armées de 1793 à 1799.* — 1 vol. in-18. — Paris 1853.

F. MARION. — *Les Ballons et les voyages aériens.* — 1 vol. in-18 illustré de la Bibliothèque des Merveilles. — Hachette et Cʲ.

GASTON TISSANDIER. — *Naufrages aériens.* — 1 livraison du *Tour du Monde.* 747ᵉ livraison. — Hachette, 1875.

J. GLAISHER, FLAMMARION, W. DE FONVIELLE et GASTON TISSANDIER. — Voyages aérjens, 1 vol. grand in-8° richement illustré. — Paris, Hachette et C°., 1870.

NADAR. — *Les Mémoires du Géant.* — 1 vol. in-18. — Paris, 1864.

DE LA LANDELLE. — *Aviation ou navigation aérienne sans ballons.* — 1 vol. in-18. — Paris, E. Dentu, 1861.

W. DE FONVIELLE. — *La science en ballon.* — 1 vol. in-18. — Paris, Gauthier-Villars, 1869.

W. DE FONVIELLE. — *Aventures aériennes.* — 1 vol. in-18 illustré. — Paris, E. Plon, 1876.

GASTON TISSANDIER. — *En ballon pendant le siége de Paris. Souvenir d'un aéronaute.* — 1 vol. in-18. — Paris, Dentu 1871.

GASTON TISSANDIER. — *Les ballons dirigeables, Expériences de M. Henri Giffard en 1852 et en 1855 et de M. Dupuy de Lôme en 1872.* — 1 brochure in-18. — Paris, Dentu, 1872.

DUPUY DE LOME. — *Note sur l'aérostat à hélice construit pour le compte de l'Etat.* — 1 vol. in-4° avec 9 planches. Paris, Gauthier-Villars, 1872.

DELAMBRE — *De l'aérostation militaire.* — Entretien fait à la réunion des officiers le 28 mars 1872. — 1 broch. in-18. — Paris, 1872.

J. DURUOF. — *Aventures de M. et de madame Duruof. Les soixante ascensions de Duruof,* avec portraits, gravures. 1 broch. in-18. — Paris, A. Ghio 1875.

BUNELLE. — *Ascension de l'aérostat le Jules Favre à Odessa* le 19 avril 1874. — 1 broch. in-18-avec plan. — Odessa.

E. G. ROBERTSON. — *Mémoires récréatifs scientifiques et anecdotiques du physicien-aéronaute.* — 2 vol. in-8° avec planches et figures. — Paris, 1840.

E. ROBERTSON. — *Essai sur les voyages aériens* 1 vol. in-8°. — Paris, 1831.

DE CLERVAG. — *Les ballons pendant le siége de Paris. — Récits de 60 voyages aériens.* — 1 vol. in-18. — Paris, 1871.

ALFRED MARTIN. — *Sept heures cinquante minutes en ballon. — Souvenir du siége de Paris.* — 1 broch. in-18. — Paris, 1871.

ROLIER. — *Voyage en ballon de Paris en Norvége.* — 1 broch. in-32. — Toulouse.

E. FARCOT. — *Histoire du ballon le Louis Blanc.* — 1 vol. in-18. — Paris, 1871.

M. CÉZANNE. — *Relation d'un voyage aéronautique.* — 1 broch. in-8°. — Paris, 1872.

ARAGO. — Œuvres complètes. Voyez les chapitres sur les aérostats dans *les Voyages scientifiques.*

L'Aéronaute. — *Bulletin mensuel international de la navigation aérienne* fondé et dirigé par le docteur Hureau de Villeneuve. — Cette publication parue depuis 1868, forme tous les ans un fort volume in-8° illustré.

PUBLICATIONS ÉTRANGERES.

HATTON TURNOR. — *Astra castra. Experiments and adventures in the atmosphere.* — 1 vol. gr. in-1° richement illustré. — London, Chapman and Hall, 1865.

MONCK MASON. — *Aeronautica or Sketches illustrate of the theory and Practice of aerostation with Plates.* — 1 vol. in-8°. — London, 1838.

GARNERIN. — *Air, ballon et parachute.* — 1 vol. in-18, avec planche coloriée. — London, 1802.

Aeronautical society of great Britain. — Bulletin mensuel, format in-18.

ERRATA

Page 36, ligne 3. *Au lieu de* : efroyable, *lisez* : effroyable.
Page 40, ligne 8. *Au lieu de* : Green remplacé, *lisez* : Green a remplacé.
Page 61, ligne 27. *Au lieu de* : les différentes entreprises, *lisez* : les différentes expériences entreprises.
Page 73, légende de la gravure. *Au lieu du* renvoi page 60, *liséz* : page 71.
Page 96, légende de la gravure. *Au lieu de* : *j* treuil pour le câble, *lisez* : *b* treuil pour le câble.
Page 135, tableau. *Au lieu de* : Psychomètre, *lisez* : Psychromètre.

TABLEAU DE L'EXPLORATION DE L'ATMOSPHÈRE[1]

Dressé par Gaston TISSANDIER

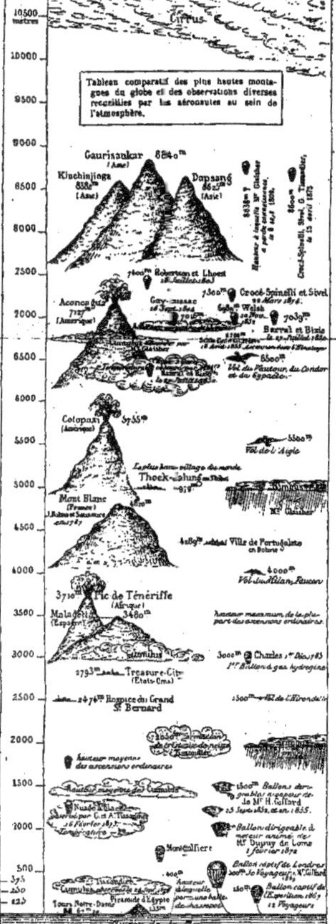

Il n'est personne qui, en songeant aux ascensions exécutées dans l'atmosphère, soit dans la nacelle d'un ballon, soit sur le versant des montagnes, n'ait cherché à se représenter exactement, par des comparaisons avec des objets matériels, l'importance des altitudes atteintes.

Le tableau ci-contre facilitera cette comparaison. Il ne nous paraît pas inutile de l'accompagner d'un texte explicatif qui en fera mieux comprendre l'intérêt.

A la partie inférieure du diagramme un trait horizontal indique le niveau de la mer, — nous avons immédiatement figuré la hauteur comparative des Tours de Notre-Dame (67 ᵐ,20) et de la grande pyramide d'Égypte. — Ces monuments humains font, il faut en convenir, maigre figure à côté des hautes cimes de l'Himalaya : le Dapsang ou le Gaurisankar, représentés à la partie supérieure du diagramme.

A 250 mètres on voit un banc de Cumulus, c'est celui que j'ai observé à l'altitude la plus rapprochée de la surface terrestre. Le ballon captif de Londres de M. Henri Giffard dépasse de beaucoup ce point. L'année prochaine, en 1878, on pourra donc avoir l'espoir de planer quelquefois au-dessus des nuages, dans la nacelle du ballon captif que va construire notre savant ingénieur

La Montgolfière, gonflée à l'air chaud, ne peut jamais s'élever à de grandes altitudes ; nous l'avons indiquée à la hauteur moyenne qu'elle peut atteindre dans les circonstances ordinaires.

Si nous continuons à monter dans l'atmosphère, nous trouverons l'altitude à laquelle on a observé, en ballon, la formation de la neige, de la pluie, etc., ces météores, on le voit, peuvent prendre naissance à des niveaux inférieurs à celui où l'on a construit dans les Alpes, l'hospice du Grand-Saint-Bernard ; on voit encore que l'hirondelle dans son vol peut monter au-dessus de la pluie ou de la neige. [On a vu voler des aigles bien plus haut, à 5,500 mètres d'altitude, des vautours ou des condors plus haut encore, jusqu'à 6,500 mètres.

En continuant notre ascension dans l'air nous allons rencontrer des pics déjà célèbres par leur altitude : le pic de Ténériffe en Afrique ; le Mont-Blanc, le Cotopaxi en Amérique. On voit qu'il y a des hommes qui vivent habituellement à des altitudes supérieures à celle où le Mont-Blanc plonge sa pointe extrême. Dans le massif montagneux du Thibet, le village de Thock-Jalung est construit à 4,970 mètres au-dessus du niveau de la mer. Les habitants sont accoutumés à l'action de la dépression atmosphérique que les hommes de la plaine ne sauraient impunément affronter. A cette altitude, la colonne mercurielle du baromètre aurait 41 centimètres seulement au lieu de 76, moyenne de sa hauteur au niveau de la mer.

Au delà du Cotopaxi, nous arrivons à rencontrer les aéronautes des hautes régions, Barral et Bixio, Gay-Lussac, Robertson et Lhoëst, Crocé-Spinelli et Sivel. Comme nous l'avons indiqué précédemment, Robertson, contrairement à ce que disent la plupart des traités aéronautiques, n'est pas monté à 7,400 mètres, mais à 7,170 mètres seulement. Il y a donc à faire à ce sujet une correction sur notre diagramme. Parmi ces grandes altitudes explorées par les aéronautes nous trouvons le point auquel les intrépides frères Schlagintweit sont arrivés le 18 août 1855. La hauteur de 6,766 mètres qu'ils ont atteinte est prodigieuse, et cette exploration est digne d'admiration, quand on songe aux fatigues et aux difficultés des ascensions en montagne.

Le volcan Aconcagua, en Amérique, vomit le feu et les laves à une hauteur de 7,127 mètres au-dessus du niveau de la mer.

Au-dessus des ballons de Gay-Lussac et de Robertson, nous ne trouvons plus, tout à fait à la partie supérieure du diagramme que MM. Glaisher, Crocé-Spinelli, Sivel et G. Tissandier. Le Zénith et le ballon du savant Anglais ont à peu de choses près atteint la même hauteur ; c'est le point le plus éloigné de la surface des mers où l'homme soit jamais parvenu. Le lecteur sait à quel prix on peut tenter la fortune dans ces régions désertes que le bruit de nul être vivant n'anime jamais.

Quelque considérable que soit l'altitude à laquelle il ait été possible jusqu'ici de monter dans l'atmosphère, nous devons faire remarquer qu'elle n'atteint pas tout à fait le sommet du Gaurisankar, la plus haute montagne de la chaîne de l'Himalaya et du monde terrestre.

Nous ferons observer en terminant combien est importante la supériorité du ballon sur la montagne, pour explorer les hautes régions de l'air. Pour en donner une juste idée il nous suffira de dire qu'il faut presque deux jours de marche fatigante pour atteindre le sommet du Mont-Blanc, tandis que dans la nacelle de l'aérostat on peut facilement arriver à la même hauteur en vingt minutes, tout en restant commodément assis sur la banquette de l'esquif aérien.

1. Nous avons dressé le diagramme ci-dessus pour le *Tour du Monde*. C'est à l'obligeance de MM. Hachette et Cⁱᵉ que nous en devons la reproduction.

LES BALLONS DU SIÉGE DE PARIS

SEPTEMBRE 1870 — FÉVRIER 1871.

N° d'ordre	NOMS DES BALLONS	VOLUME en m. cubes	AÉRONAUTES	PASSAGERS	DATE du voyage	DÉPART LIEUX	DÉPART HEURES	ARRIVÉE LIEUX	ARRIVÉE HEURES	POIDS des dépêches (kilos)	Pigeons	OBSERVATIONS
1	Le Neptune	1,200	J. Duruof, aéronaute.	Pas de passager.	13 sept.	Montmartre.	8 . mat.	Craconville, pr. Évreux (Eure).	11 . mat.	175	.	
2	Ville-de-Florence	1,400	G. Mangin, aéronaute.	Lutz.	13 .	Boulevard d'Italie.	11 . .	Versailles (Seine-et-Oise).	1 . soir.	200	2	
3	Les États-Unis	800 et 300	Louis Godard, aéronaute.	Courbe.	20 .	Usine à gaz, Villette.	10 30 .	Mantes (Seine-et-Oise).	1 . .	58	4	Deux aérostats expédiés l'un auprès de l'autre.
4	Le Céleste	786	G. Tissandier, chimiste.	Pas de passager.	30 .	Usine à gaz, Vaugirard.	9 30 .	Dreux (Eure-et-Loir).	11 30 mat.	80	3	Descente accidentée. Aéronaute, bras cassé.
5	Armand-Barbès	1,200	Trichet, aéronaute.	Gambetta et Spuller.	7 oct.	Montmartre.	11 . .	Montdidier, pr. Amiens (Somme)	2 45 soir.	10	16	Près de Gray a tapé oté à tiros facilated.
6	George-Sand	1,200	J. Revilliod, propriétaire.	Reynald, May, Cazaux ainé.	7 .	Montmartre.	11 . .	Crémery, pr. Amiens (Somme).	4 . .	.	15	
7	Louis-Blanc	1,200	Farcot, mécanicien.	Tracvlet, propriétaire de pigeons.	12 .	Montmartre.	9 . .	Beckern (Hainaut) (Belgique).	midi 10	123	2	
8	Washington	2,000	Bartaux, homme de lettres.	Van Roosebeke, pr. pigeons, Lefèbvre, cons. de Vienne.	12 .	Gare d'Orléans.	8 30 .	Cambrai (Nord).	11 . mat.	300	13	Trélango. Aéronaute blessé en tombant de la nacelle.
9	Jean-Bart	2,000	A. Tissandier, architecte.	Rans et Fernaud.	14 .	Gare d'Orléans.	1 15 soir	Nogent-sur-Seine (Aube).	5 . soir.	270	10	Échappé des lignes prussiennes qui les enjambaient.
10	G.-Cavaignac	2,000	Godard père, aéronaute.	De Kérivry et deux passagers.	18 .	Gare d'Orléans.	10 45 mat.	Brillon (Meuse).	2 . .	170	5	Heureuse descente. M. de Kérivry blessé.
11	Jules-Favre	2,000	L. Godard jeune, aéronaute.	Malapert, Sibout, Reull.	16 .	Gare d'Orléans.	7 30 .	Fais-Chapelle (Belgique).	midi 25	195	6	
12	Lafayette	1,400	Labadie, marin.	Dano, Barthélemy.	18 .	Gare d'Orléans.	9 30 .	Diean (Belgique).	3 45 soir.	170	4	Vent violent à la descente; l'aér. composé des vents. Ballon perdu.
13	Victor-Hugo	2,000	Nadal.	Pas de passager.	18 .	Jardin des Tuileries.	11 45 .	Près Bar-le-Duc (Meuse).	3 20 .	410	6	
14	République-Universelle	1,200	Jonas, marin.	A. Dubost et G. Promières.	19 .	Gare d'Orléans.	9 10 .	Mézières (Ardennes).	11 30 mat.	203	6	Descente périlleuse au-dessus des arbres.
15	Garibaldi	2,000	Iglésis, mécanicien.	De Journal.	22 .	Jardin des Tuileries.	11 30 .	Quincy-Segy (Hollande).	1 30 soir.	430	8	
16	Montgolfier	2,000	Servé, marin.	Le Bouédec, Col. Laplerre.	25 .	Gare d'Orléans.	8 30 .	Haligenberg (Hollande).	midi 20	190	12	
17	Le Vauban	2,000	Guillaume, marin.	Taffinger, Cassier, propriétaire de pigeons.	27 .	Gare d'Orléans.	9 . .	Vignoles (Meuse).	1 . soir.	120	13	
18	La Bretagne	2,000	René Cozon.	Worth, Manceau et Riedall.	27 .	Usine à gaz, Villette.	midi.	Verdun (Meuse).	3 . .	.	.	Enlèvement particulier. Pris par les Prussiens.
19	Colonel-Charras	2,000	Ollin.	Pas de passager.	29 .	Gare du Nord.	midi.	Montigny (Haute-Marne).	3 . .	480	5	
20	Le Fulton	2,000	Le Chesnac, marin.	Cesanne, ingénieur.	2 nov.	Gare d'Orléans.	8 30 mat.	(Maine-et-Loire).	2 30 .	750	6	Aéronaute mort à Tours 6 jours après sa descente.
21	Ferdinand-Flocon	2,000	Vidal.	Lemercier de Jauselis.	4 .	Gare du Nord.	2 . .	Neri, pr. Châteaubriant (Loire-Inf.)	3 45 .	130	6	
22	Le Galilée	2,000	Hosson, marin.	Élisane Antoine.	4 .	Gare du Nord.	2 . soir.	Près Chartres (Eure-et-Loir).	6 . .	410	7	Aéronaute et dépêches pris par Prussiens, ve...
23	Ville-de-Châteaudun	2,050	Ette, négociant.	Pas de passager.	6 .	Gare du Nord.	6 45 mat.	Médainville, près Volves.	5 . .	415	6	
24	La Gironde	2,000	Galley, marin.	Rerboul, Gambin, Barry.	8 .	Gare d'Orléans.	8 30 .	Creanville (Eure).	3 45 .	40	.	
25	Daguerre	2,200	Jobart, marin.	Pierron, ingénieur; Nobécourt, propr. de pigeons.	12 .	Gare d'Orléans.	9 15 .	Ferrières (Seine-et-Marne).	.	150	10	Ballon entièrement pris par les Prussiens.
26	Niepce	2,000	Pagano, marin.	Degros, Feralque, Point et Guocchi.	12 .	Gare d'Orléans.	9 15 .	Vitry (Marne).	2 30 soir.	.	.	Instruments (photo) descendus en bas...
27	Général-Uhrich	2,000	Lemoine, marin.	Thomas, propriétaire de pigeons, et 2 passagers.	18 .	Gare du Nord.	11 15 soir.	Louarche (Seine-et-Oise).	5 . mat.	60	24	Nuit entière perdu en ballon.
28	Archimède	2,000	J. Buffet, marin.	De Saint-Velry, Jaulas.	21 .	Gare d'Orléans.	minuit.	Casteiré (Hollande).	5 45 .	130	5	Nuit entière perdu en ballon.
29	Ville-d'Orléans	2,000	Rolier, inspecteur.	Un Franc-Tireur.	21 .	Gare du Nord.	11 . soir.	Près Christiania (Norwège).	1 . soir.	150	6	Voyage de 16 heures. Traversée de la mer...
30	Réalité	2,000	W. de Fonvielle, homme de lett.	De Vbuatray, d'Andrecourt, 2 autres voyageurs.	24 .	Usine à gaz, Vaugirard.	10 . .	Louvain (Belgique).	2 . .	.	.	
31	Le Jacquard	2,000	Prince, marin.	Pas de passager.	30 .	Gare d'Orléans.	11 . .	Lacoeno.	.	310	.	Perdu en mer.
32	Jules-Favre	2,000	Mortin, négociant.	Ducauroy.	30 .	Gare du Nord.	11 30 .	Belle-Île-en-Mer, pr. Bretagne.	.	60	10	Traversée d'un bras de mer. Aéronaute...
33	Bataille-de-Paris	2,000	Poirier, gymnaste.	Limajoux, Yves.	1er déc.	Gare du Nord.	8 15 mat.	Grandchamp (Bretagne).	midi.	.	.	Trajaige périlleux au ras de la mer.
34	Le Volta	2,000	Chapelain, marin.	Dr Jeannes, astronome.	2 .	Gare d'Orléans.	6 . .	Savenay (Loire-Inférieure).	11 30 mat.	.	.	Inst. d'optique emportés pour observations.
35	Le Franklin	2,050	Marcis, marin.	Comte d'Andrecourt.	4 .	Gare d'Orléans.	1 . .	Près Nantes (Loire-Inférieure).	8 . .	.	.	
36	Armée-de-Bretagne	2,000	Burel.	Lavoine, consul à Jersey.	5 .	Gare du Nord.	6 . .	Bouillé (Deux-Sèvres).	11 . .	460	1	Aéronaute blessé à la tête. Descente périlleuse.
37	Denis-Papin	2,000	Rosselin, marin.	Montgaillard, Delort et Robert.	7 .	Gare d'Orléans.	1 . .	Près le Mans (Sarthe).	7 . .	55	3	
38	Général-Renault	2,000	Joyguerey, gymnaste.	Lermanjat, Wolf.	11 .	Gare du Nord.	2 15 .	(Seine-Inférieure).	5 30 .	100	12	Mauvaise descente.
39	Ville-de-Paris	2,000	Delamarne.	Merci, Sillebault.	15 .	Gare du Nord.	4 . .	Wetzlar (Prusse).	1 . soir.	65	12	Fait prisonnier. Tombé en Prusse.
40	Parmentier	2,010	Paul, marin.	Un Franc-Tireur, Deudoult.	17 .	Gare d'Orléans.	1 15 .	Gourgasson (Marne).	7 . mat.	160	4	
41	Guttemberg	2,040	Perrothon, marin.	D'Almeida, Lévy, Louisy.	17 .	Gare d'Orléans.	1 30 .	Montpreux (Marne).	9 . .	.	5	
42	Davy	2,000	Chaumont, marin.	Deschamps.	18 .	Gare d'Orléans.	5 . .	Chustry, pr. Beaune (Côte-d'Or).	.	25	.	
43	Général-Chanzy	2,000	Werroke, gymnaste.	De l'Éprey, Jallias, Joufryen.	20 .	Gare du Nord.	2 30 .	Rottemberg (Bavière).	10 45 mat.	25	4	Fait prisonnier en Allemagne.
44	Lavoisier	2,000	Ledret, marin.	R. de Boisdeffre.	22 .	Gare d'Orléans.	2 30 .	Beaufort (Maine-et-Loire).	9 . .	175	8	
45	La Délivrance	2,000	Cauchet, commerçant.	Reboul.	23 .	Gare du Nord.	3 30 .	La Roche (Morbihan).	11 45 .	10	4	
46	Rouget-de-l'Isle	2,000	Jahn, marin.	Garnier, Giachant.	24 .	Gare d'Orléans.	2 . .	Alençon (Orne).	9 . .	.	.	
47	Tourville	2,040	Moullet, marin.	Miége, Delaien.	27 .	Gare d'Orléans.	4 . .	Eymoutiers (Haute-Vienne).	1 . soir.	140	4	
48	Le Bayard	2,045	Reginessi, marin.	Ducens.	29 .	Gare d'Orléans.	4 . .	La Mothe-Achard (Vendée).	11 10 mat.	110	4	La ballon a plané sur mer et est revenu à...
49	Armée-de-la-Loire	2,000	Lemoine.	Pas de passager.	30 .	Gare du Nord.	5 . .	Le Mans (Sarthe).	1 . soir.	150	.	
50	Merlin-de-Douai	2,000	L. Grisous.	Tache des Sablons, Grisous.	3 janv.	Gare du Nord.	4 . .	Massey (Cher).	11 . mat.	.	.	
51	Newton	2,000	Ours, marin.	Brousseau.	4 .	Gare du Nord.	4 . .	Digny (Eure-et-Loir).	.	170	4	
52	Duquesne	2,000	Richard, q.-mait. et 3 marins.	Pas de passager.	9 .	Gare d'Orléans.	3 30 .	Bisieu, près Reims (Marne).	11 . mat.	.	.	Tentative de direction avec hélice; a échoué.
53	Gambetta	2,000	Duvivier, marin.	De Pourcy.	9 .	Gare du Nord.	5 15 .	Clamecy, près Auxerre (Yonne).	1 30 soir.	340	2	
54	Kepler	2,000	Rous, marin.	Dupuy.	11 .	Gare d'Orléans.	3 30 .	Laval (Mayenne).	8 15 mat.	160	2	Descente sur des arbres. Aéronaute blessé.
55	Le Monge	2,000	Ragul.	Guigné.	13 .	Gare d'Orléans.	midi 10	Barfouille (Indre).	8 . .	.	.	
56	Général-Faidherbe	2,000	Van Roymortier.	Boval et cinq chiens.	13 .	Gare du Nord.	8 30 mat.	Saint-Avit (Gironde).	7 . soir.	60	1	Chiens destinés à revenir à Paris avec dépêches.
57	Vaucanson	4,000	Clariot, marin.	Valade, Delenis.	15 .	Gare d'Orléans.	1 . .	Arquingham (Belgique).	6 15 mat.	75	3	
58	Steenackers	2,000	Volbert, ingénieur.	Cobros.	18 .	Gare du Nord.	7 . .	Hyad (Hollande).	.	.	.	Deux tetaux de dynamite. Aéronaute blessé.
59	La Poste-de-Paris	2,000	Turblien, mécanicien.	Glorsy, Cavaillon.	19 .	Gare du Nord.	3 . .	Vaurey (Pays-Bas).	.	79	3	
60	Général-Bourbaki	2,000	Mengin jeune.	Boisaufrey.	20 .	Gare du Nord.	5 . .	Gassacourt, près Reims (Marne).	.	123	4	Ballon brûlé pour être sauvé.
61	Général-Daumesnil	3,000	Rablo, marin.	Pas de passager.	23 .	Gare de l'Est.	4 . .	Charleroi (Belgique).	1 10 mat.	330	5	
62	Torricelli	2,041	Isly, marin.	Pas de passager.	24 .	Gare de l'Est.	3 . .	Puchemont (Oise).	11 . .	239	3	
63	Richard-Wallace	2,300	R. Lacaze.	Pas de passager.	27 .	Gare du Nord.	8 30 .	Lacoeno.	.	213	2	Perdu en mer au vue de la Rochelle.
64	Général-Cambronne	2,000	Tristan, marin.	Pas de passager.	28 .	Gare de l'Est.	6 . .	Mayenne (Mayenne).	1 . soir.	20	.	

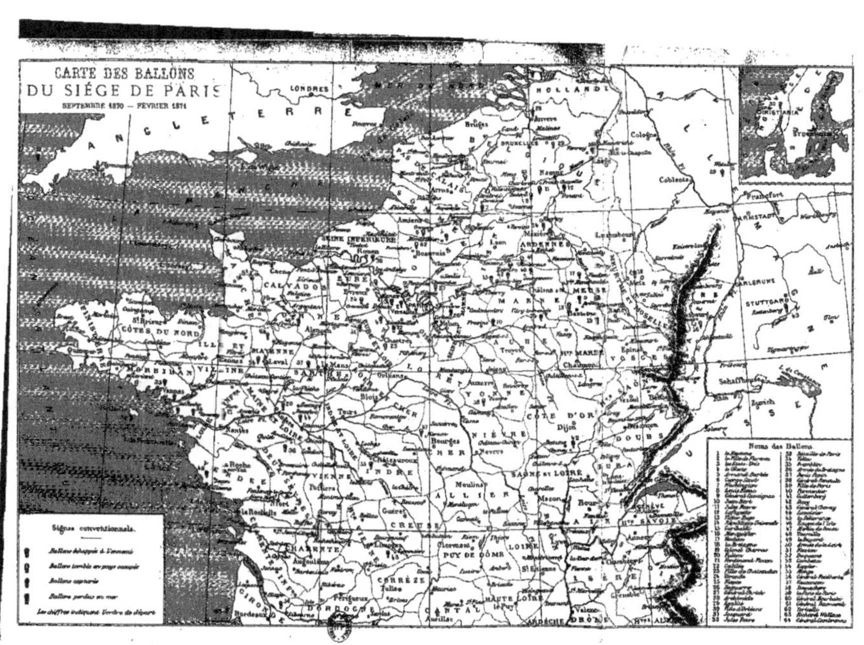

CARTE DES BALLONS
DU SIÉGE DE PARIS
SEPTEMBRE 1870 — FÉVRIER 1871
Signes conventionnels.
Ballon échappé à l'ennemi
Ballon tombé en pays occupé
Ballon capturé
Ballon perdu en mer
Les chiffres indiquent l'ordre de départ
Noms des Ballons

TABLE DES MATIÉRES

PREMIÈRE PARTIE

SIMPLES NOTIONS SUR LES BALLONS ET LA NAVIGATION AÉRIENNE

DEUXIÈME PARTIE

RÉCIT DE VINGT-QUATRE VOYAGES AÉRIENS

APPENDICE